Einsele/Finn/Samhaber

Mikrobiologische und biochemische
Verfahrenstechnik

© VCH Verlagsgesellschaft mbH, D-6940 Weinheim (Federal Republic of Germany), 1985

Vertrieb:
VCH Verlagsgesellschaft, Postfach 1260/1280, D-6940 Weinheim (Federal Republic of Germany)
USA und Canada: VCH Publishers, 303 N.W. 12th Avenue, Deerfield Beach, FL 33442 – 1705 (USA)

ISBN 3-527-26117-6

Einsele/Finn/Samhaber

Mikrobiologische und biochemische Verfahrenstechnik

Eine Einführung

VCH

Priv.-Doz. Dr. Arthur Einsele
Dr. Wolfgang Samhaber
Sandoz AG,
CH-4002 Basel
Schweiz

Prof. Dr. R. K. Finn
Cornell University
Dept. of Chemical Engineering
Ithaca, New York 14853
USA

Lektorat: Dr. Hans F. Ebel
Herstellerische Betreuung: Dipl.-Ing. (FH) Hans Jörg Maier

CIP-Kurztitelaufnahme der Deutschen Bibliothek

Einsele, Arthur:
Mikrobiologische und biochemische Verfahrenstechnik: e. Einf. / Einsele; Finn; Samhaber. – Weinheim; Deerfield Beach, Florida: VCH, 1985.
  ISBN 3-527-26117-6
NE: Finn, R. K.:; Samhaber, Wolfgang:

© VCH Verlagsgesellschaft mbH, D-6940 Weinheim (Federal Republic of Germany), 1985
Alle Rechte, insbesondere die der Übersetzung in andere Sprachen, vorbehalten. Kein Teil dieses Buches darf ohne schriftliche Genehmigung des Verlages in irgendeiner Form – durch Photokopie, Mikroverfilmung oder irgendein anderes Verfahren – reproduziert oder in eine von Maschinen, insbesondere von Datenverarbeitungsmaschinen, verwendbare Sprache übertragen oder übersetzt werden. Die Wiedergabe von Warenbezeichnungen, Handelsnamen oder sonstigen Kennzeichen in diesem Buch berechtigt nicht zu der Annahme, daß diese von jedermann frei benutzt werden dürfen. Vielmehr kann es sich auch dann um eingetragene Warenzeichen oder sonstige gesetzlich geschützte Kennzeichen handeln, wenn sie nicht eigens als solche markiert sind.
All rights reserved (including those of translation into other languages). No part of this book may be reproduced in any form – by photoprint, microfilm, or any other means – nor transmitted or translated into a machine language without written permission from the publishers. Registered names, trademarks, etc. used in this book, even when not specifically marked as such, are not to be considered unprotected by law.
Satz: Filmsatz Unger, D-6940 Weinheim
Druck: betz-druck gmbh, D-6100 Darmstadt 12
Bindung: Josef Spinner, Großbuchbinderei GmbH, D-7583 Ottersweier
Printed in the Federal Republic of Germany

Vorwort

Die Biotechnologie ist eigentlich uralt, eine graue Eminenz sozusagen. Pragmatisch wurde und wird sie seit Jahrhunderten zum Beispiel bei der Bier-, Wein- und Käseherstellung genutzt. Um wissenschaftliche Erkenntnisse bemüht man sich intensiv erst seit einigen Jahrzehnten. Heute ist die Biotechnologie zu einem der faszinierendsten Lehrgebiete geworden. Besonderes Aufsehen haben die Erkenntnisse der Gentechnologie erregt. Ihretwegen wird das zwanzigste Jahrhundert hie und da bereits als „Jahrhundert der Biotechnologie" apostrophiert.

Das Wort „Biotechnologie" entstand aus den Wörtern „Biologie" und „Technik". So möchte man erwarten, daß sich diese Gebiete innerhalb der Biotechnologie die Waage halten, doch gibt es Anzeichen dafür, daß man die biologischen Aspekte bisher überbewertet und die technische Seite eher vernachlässigt hat. Dies kann sich rächen: Es ist nur ein halber Erfolg, wenn die Gentechnologie zwar die Biosynthese eines Produktes ermöglicht, die Ingenieurwissenschaft dieses Potential aber nicht in größerem Maßstab ausnützen kann.

Dieses Buch führt in die mikrobiologische und biochemische Verfahrenstechnik ein und zeigt vor allem die Querverbindungen zwischen Biologie und Ingenieurwissenschaft auf. Vorausgesetzt werden Grundkenntnisse der Mikrobiologie, der Biochemie, des Stoff- und Energietransportes sowie der Meß- und Regeltechnik. Die Darstellung richtet sich in erster Linie an Studierende, ist aber auch für praktizierende Wissenschaftler gedacht, die sich mit den interdisziplinären Problemen der mikrobiologischen Verfahrenstechnik befassen. Das Manuskript entstand aus zahlreichen Vorlesungen, die die Autoren an der Eidgenössischen Technischen Hochschule in Zürich, an der Cornell University in Ithaca (USA) sowie an der Technischen Universität Wien gehalten haben.

Wir danken allen, die in irgendeiner Weise zum Gelingen des Buches beigetragen haben. Besonders erwähnt seien Frau Dr. Stephanie Bringer und die Herren Dres. K. Gschwend, H. Laederach, K. Ruhm und K. Weibel. Sie haben das Manuskript kritisch durchgesehen und uns dabei viele wertvolle Anregungen gegeben. Dank sagen wir auch Frau Felicitas Einsele. Sie hat mit uns um optimale Formulierungen gerungen und die Schreibarbeiten besorgt. Schließlich sei die gute Zusammenarbeit mit dem Verlag hervorgehoben: Herr Dr. H. F. Ebel und Frau Dr. I. Umminger haben das Manuskript sehr sorgfältig redigiert.

Basel/Ithaca, Frühjahr 1985

A. Einsele
R. K. Finn
W. Samhaber

Inhalt

1	*Allgemeine Mikrobiologie*	1
1.1	Bedeutung	1
1.2	Formen und Gestalt der Mikroorganismen	2
1.3	Der Stoffwechsel	3
1.4	Energetik	6
1.5	Transport	10
1.6	Regulation und Genetik	13
2	*Einteilung mikrobieller Prozesse*	17
2.1	Biomassegewinnung	17
2.1.1	Allgemeines	17
2.1.2	Zuckerhaltige Rohstoffe	19
2.1.3	Cellulose als Rohstoff	20
2.1.4	n-Alkane und Methanol als Rohstoff	22
2.2	Biosynthese von Stoffwechselprodukten	25
2.2.1	Primärmetaboliten	25
2.2.1.1	Alkohole, Ketone, Säuren, Methan	25
2.2.1.2	Aminosäuren, Nucleotide	28
2.2.1.3	Vitamine	29
2.2.1.4	Polysaccharide	29
2.2.2	Sekundärmetaboliten	30
2.3	Biotransformationen	33
2.4	Industrieller Einsatz von Biomasse an natürlichen Standorten	34

3	*Bioprozeßkinetik*	37
3.1	Wachstumsbedingungen und Wachstumsbestimmung	37
3.1.1	Nährlösungen als Grundlage des Wachstums	37
3.1.2	Quantitative Angaben über Nährlösungen	39
3.1.3	Einflüsse von Temperatur und pH-Wert	41
3.1.4	Wachstumsbestimmungen	44
3.1.4.1	Zellzahl	44
3.1.4.2	Zellmasse	45
3.2	Statische Kultur	48
3.2.1	Die Adaptions- oder lag-Phase	49
3.2.2	Exponentielles Wachstum	50
3.2.3	Übergangsphase	53
3.2.4	Stationäre Phase	54
3.2.5	Absterbephase	54
3.3.	Kontinuierliche Kultur	55
3.3.1	Grundlagen	55
3.3.2	Der Turbidostat	56
3.3.3	Der Chemostat	58
3.3.4	Abweichungen von der Theorie	60
3.3.5	Vorteile kontinuierlicher Kulturen	61
3.3.6	Auslegung einstufiger Systeme	62
3.3.7	Mehrstufige Systeme	63
3.4	Kinetik der Produktbildung	64
4	*Stofftransport in biologischen Systemen*	69
4.1	Allgemeine Betrachtungen	69
4.2	Newtonsche Systeme	72
4.2.1	Bestimmung des Sauerstoff-Transportkoeffizienten $K_L a$	74
4.2.1.1	Die steady-state-(Fließgleichgewichts-)Methode	74
4.2.1.2	Die dynamische Methode	75
4.2.1.3	Bestimmung von $K_L a$ durch die Sulfit-Methode	76
4.2.1.4	Vergleich und Beispiele	77
4.2.2	Faktoren, welche den Sauerstoff-Übergang in biologischen Systemen beeinflussen	78
4.2.3	Weitere Transportwiderstände	80
4.3	Nicht-Newtonsche Systeme	81
4.3.1	Darstellung der verschiedenen Fließverhalten	81
4.3.2	Auswirkungen auf den Stofftransport	84
4.3.3	Diffusion durch Zellaggregate und Biofilme	85

4.4	Nicht Sauerstoff-bezogener Stofftransport	87
4.5	Beispiele	89
5	***Sterilisation***	**91**
5.1	Einführung	91
5.2	Kinetik der Abtötung durch Hitzeeinwirkung	92
5.3	Sterilisation flüssiger Medien	94
5.3.1	Chargenweise Sterilisation mit Dampf	94
5.3.2	Kontinuierliche Sterilisation mit Dampf	98
5.3.3	Sterilisation mit Membranfiltern	101
5.3.4	Sterilisation durch chemische Substanzen	101
5.4	Sterilisation von Gasen	102
6	***Der Bioreaktor***	**105**
6.1	Belüften und Durchmischen	105
6.1.1	Einführung	105
6.1.2	Aspekte bei der Belüftung	106
6.1.3	Aspekte des Durchmischens	107
6.1.4	Mischzeiten	110
6.1.5	Scherkräfte	112
6.1.6	Sauerstoff-Eintrag	113
6.1.7	Nicht-Newtonsche Nährlösungen	116
6.1.8	Alternative Belüftungssysteme	118
6.2	Reaktorsysteme	118
6.2.1	Allgemeine Anforderungen an Bioreaktoren	118
6.2.2	Einteilungskriterien	123
6.2.3	Vergleich von Systemen	129
6.3	Maßstabübertragung	130
6.3.1	Einführung	130
6.3.2	Grundlagen	133
6.3.3	Praktische Anwendungen	138
6.4	Spezialreaktoren	142
6.4.1	Reaktoren mit fixiertem Biomaterial	142
6.4.2	Zellkulturen	147
7	***Prozeßleittechnik***	**151**
7.1	Gebietsumschreibung und Definitionen	151
7.2	Direkte Meßgrößen und deren Regelung	154

7.2.1	Physikalische Meßgrößen	154
7.2.2	Sensoren für chemische Meßgrößen	161
7.2.3	Sensoren mit fixiertem Biomaterial	171
7.3	Indirekte Meßgrößen	174
7.3.1	Indirekte Sensoren	174
7.3.2	Bilanzierungen	178
7.4	Spezielle Ausrüstungen	183
7.4.1	Gasanalyse	183
7.4.2	Chemostat-Technik	185
7.4.3	Dialyse	187
7.5	Prozeßrechnereinsatz	188
7.5.1	Allgemeines	188
7.5.2	Systemanalyse	189
7.5.3	Prozeßführung	191
7.5.4	Modellbildung und Optimierung	193
8	*Aufarbeitung*	195
8.1	Aufgabenstellung der Aufarbeitung	195
8.1.1	Generelle Gesichtspunkte	195
8.1.2	Trennoperationen und Systematik	196
8.2	Fest/flüssig-Trennung	200
8.2.1	Filtration	201
8.2.2	Flotation	212
8.2.3	Sedimentation	213
8.3	Isolierung	215
8.3.1	Zellaufschluß	216
8.3.2	Extraktion	217
8.3.3	Ultrafiltration zur Produktisolierung	219
8.4	Reinigung	222
8.4.1	Membrantrennprozesse als Reinigungsstufe	224
8.4.2	Kristallisation und Fällung	228
8.4.3	Chromatographie	228
8.4.4	Destraktion	234
8.5	Konzentrierung	234
8.5.1	Herstellung von Produktkonzentraten	235
8.5.2	Herstellung von Trockenprodukten	235
	Literaturverzeichnis	237
	Register	243

1 Allgemeine Mikrobiologie

1.1 Bedeutung

Eine Einführung in die biologische und biochemische Verfahrenstechnik ohne Bezugnahme zur Biologie, d. h. im speziellen zur Mikrobiologie und zur Biochemie, ist undenkbar. Eine entsprechende Aussage ist auch gültig für denjenigen, der sich mit der chemischen Verfahrenstechnik auseinandersetzt und deshalb auch auf die Chemie Bezug nehmen muß. Obwohl die biologische Verfahrenstechnik auf den Prinzipien der allgemeinen Verfahrenstechnik aufbaut, sind es doch gerade das Verständnis für die Biologie sowie die aus dem Zusammenwirken von Biologie und Verfahrenstechnik abgeleiteten Besonderheiten, die das Gebiet der Biotechnik so anspruchsvoll, aber auch so interessant machen. Zusammen mit der industriellen Mikrobiologie und der immer bedeutsamer werdenden Gentechnologie bildet die biologische Verfahrenstechnik das große Arbeitsgebiet, das man heute allgemein als Biotechnologie bezeichnet: sie ist der dem Ingenieur anvertraute Teilbereich der Biotechnologie.

Um biologische Verfahrenstechnik betreiben zu können, ist ein grundlegendes Verständnis des mikrobiellen Wachstums notwendig. In vielen Fällen sind es spezifische biologische Faktoren und Anforderungen, welche die biologische Verfahrenstechnik prägen und sie von der chemischen oder mechanischen Verfahrenstechnik unterscheiden.

Es wäre verfehlt, in diesem Einführungsteil die Mikrobiologie umfassend zu behandeln. Dafür gibt es zahlreiche Werke aus dazu berufener Feder (Schlegel, 1976; Stanier et al., 1973; Rehm, 1980; Präve et al., 1982). Vielmehr werden zweckgerichtet diejenigen Aspekte der Mikrobiologie angesprochen, welche für die später zu behandelnde Verfahrenstechnik relevant sind. Der Mikrobiologe wird dieses Kapitel überspringen; derjenige, der als Verfahrensingenieur zum ersten Mal mit der Biologie und den damit verbundenen Verfahren konfrontiert wird, mag darin Aspekte erläutert finden, welche beim Entwurf eines Verfahrens berücksichtigt werden müssen.

Die Mikrobiologie umfaßt das Studium derjenigen Lebewesen, welche zu klein sind, um mit dem bloßen Auge gesehen zu werden. Diese kleinsten Organismen, die Mikroorganismen, sind überall im täglichen Leben um uns. Auch viele technisch wichtige Prozesse wären ohne sie undenkbar. Aus der Sicht des Mikrobiologen lassen sich folgende Aspekte nennen, die für die Verfahrenstechnik von Bedeutung sein können: Die Form und Gestalt der Mikroorganismen, der Stoffwechsel und die Energetik mikrobieller Prozesse, die Stoffaufnahme und die Regulation biologischer Vorgänge.

1.2 Formen und Gestalt der Mikroorganismen

Mikroorganismen unterscheiden sich von Tieren und höheren Pflanzen außer durch ihre geringe Größe auch durch ihre geringe morphologische Differenzierung. Meistens sind sie einzellig. Mikroorganismen lassen sich aufgrund ihrer Zellstruktur in zwei abgrenzbare Gruppen unterteilen. Die erste umfaßt die höheren Mikroorganismen oder *Eukaryonten*. Ihre Zellorganisation gleicht denen der Tiere und Pflanzen. Zu den Eukaryonten gehören Algen, Pilze und Protozoen. Die zweite Gruppe wird von den niederen Mikroorganismen oder *Prokaryonten* gebildet; zu diesen gehören die Bakterien.

Es gibt eine große Anzahl verschiedener Arten von Eukaryonten und Prokaryonten, die zusammen eine systematische Ordnung bilden. Prokaryonten sind einfach strukturierte, kleine Zellen. Die typischen Dimensionen dieser Zellen, welche rund oder stäbchenförmig sind, betragen 0.5 bis 3 µm. Prokaryonten haben ein Zellvolumen von etwa 10^{-12} mL, wovon 50 bis 85% Wasser sind (vgl. Tab. 1-1). Die Masse eines Bakteriums beträgt etwa 10^{-12} g.

Tabelle 1-1. Morphologische Unterschiede verschiedener Zelltypen.

Zelltyp	Größenordnungen	Besonderheiten
Prokaryotische Mikroorganismen	1 µm Zellvolumen etwa 10^{-12} mL Zellmasse etwa 10^{-12} g	Viele Zellformen möglich, Einzeller oder Mycelbildner, sehr einfach organisierte Zellen, im Lichtmikroskop schwer differenzierbare Zellkomponenten, schnell wachsend
Eukaryotische Mikroorganismen	10 µm	Einzeller oder Mycelbildner, im Lichtmikroskop gut beobachtbar (Zellstrukturen), können morphologisch komplizierte Formen annehmen,
Pflanzenzellen	50 µm	fragil, langsam wachsend
tierische Zellen	50 bis 100 µm	sehr fragil (keine Zellwände), wachsen sehr langsam

Die Eukaryonten sind komplizierter strukturiert und etwa 10mal größer als Prokaryonten. Pilze haben die Eigenschaft, Hyphen (Zellfäden) auszubilden. Das aus vielen Hyphen zusammengesetzte Zellgebilde wird Myzel genannt. Oft wird dieses Myzel während eines biotechnischen Prozesses sehr engmaschig und formt sich zu Klumpen zusammen. Wie später besprochen wird, stellen die Myzelformationen größere Anforderungen an die Verfahrenstechnik als strikt einzellig wachsende Bakterien und Hefen.

Immer mehr gewinnt die Züchtung von tierischen, aber auch von pflanzlichen Zellen an Bedeutung. Obwohl ihre Zellstrukturen prinzipiell von denjenigen der Mikroorganismen zu unterscheiden sind, ist ihre Züchtung in Suspensionskultur mit ähnlichen Problemen verbunden, wie sie beim Arbeiten mit Einzellern auftreten. Typische Zellen höherer Organismen haben Ausmaße von 50 bis 100 µm. Ein besonderes Merkmal, mit dem sich der Verfahrenstechniker auseinandersetzen muß, ist ihre meist ausgeprägte Fragilität.

Die Gesamtheit der Zellen, die für eine biokatalytische Reaktion eingesetzt werden kann (Mikroorganismenzellen, pflanzliche oder tierische Zellen), wird im folgenden *Biomasse* oder Biomaterial genannt.

1.3 Der Stoffwechsel

Auffallend ist, wie enorm vielfältig die Nährstoffansprüche von Mikroorganismen sind. Man teilt die Mikroorganismen deshalb gemäß ihren Kohlenstoff-, Wasserstoff- und Energiequellen in Gruppen ein (vgl. Tab. 1-2).

Tabelle 1-2. Systematische Einteilung der Organismen nach ihrer Energie- und Kohlenstoffquelle sowie nach dem Wasserstoffdonator.

Einteilungskriterium	Quelle	Bezeichnung
Energiequelle	Licht	photosynthetisch
	Oxidation chemischer Substanzen	chemotroph
Kohlenstoffquelle	CO_2	autotroph
	organische Verbindungen	heterotroph
Wasserstoffdonator	anorganische Verbindungen	litotroph
	organische Verbindungen	organotroph

Organismen, die als Energiequelle zum Wachstum elektromagnetische Strahlung (Licht) verwenden können, werden als phototroph *(photosynthetisch)* bezeichnet. Erfolgt die Energiegewinnung durch Reduktions/Oxidations-Reaktionen der als Nährstoff dienenden Substrate, so werden die Organismen chemotroph oder *chemosynthetisch* genannt. Mikroorganismen, die anorganische Wasserstoff-Donatoren (Wasserstoff, Ammoniak, Schwefelwasserstoff, Eisen(II)-Ionen u. a.) nutzen können, werden als *lithotroph* bezeichnet. Im Gegensatz dazu stehen die *organotrophen* Organismen, welche organische Verbindungen als Wasserstoff-Donatoren brauchen. Ferner sind die Begriffe *autotroph* und *heterotroph* zu unterscheiden. Beide beziehen sich auf die Herkunft des Kohlenstoffes zur Synthese von Zellbausteinen. Wird der Zellkohlenstoff aus dem Kohlendioxid fixiert, so handelt es sich um autotrophe Organismen; wird er aber − wie in den meisten technisch relevanten Fällen − aus organischen Verbindungen bezogen, so nennt man den Organismus heterotroph.

Diese Ernährungsweisen, im besonderen die Aufnahme der für die Ernährung der Mikroorganismen wichtigen Stoffe, deren Umformung und schließlich die Synthesen von mikrobiellen Produkten, bilden zusammen den Stoffwechsel *(Metabolismus)*.

Vegetative Zellen sind sowohl während der Wachstumsphase als auch in Ruhezyklen (in denen keine Zellteilungen stattfinden) auf die ständige Zufuhr von Energie angewiesen. Die Energie zur Erhaltung der Lebensvorgänge und zur Neusynthese von Zellbestandteilen gewinnt die Zelle im Stoffwechsel d. h. durch eine gezielte Umsetzung von Substanzen in der Zelle selbst. Als Energiequellen dienen Nährstoffe, die aus der Umgebung, z. B. aus der Nährlösung im Bioreaktor, aufgenommen werden. Im Innern der Zelle findet dann eine ganze Reihe hintereinander geschalteter Enzymreaktionen statt. Diese Reaktionsfolgen *(Stoffwechselwege)* stellen die Energie für energieverbrauchende Prozesse und damit die chemischen Vorstufen für den Bau von Zellbestandteilen bereit.

Die Umsetzungen in der Zelle, die von einfachen Nährstoffen (beispielsweise Glucose und langkettigen Fettsäuren) oder auch von komplizierteren Verbindungen zur Neusynthese von Zellmaterial führen, lassen sich vereinfacht in drei Hauptabschnitte gliedern.

Abbau: Die aufgenommenen Nährstoffe werden in kleinere Bruchstücke zerlegt.

Intermediärstoffwechsel: Die Bruchstücke werden zu einer Reihe von organischen Säuren und Phosphatestern umgesetzt. Diese bilden die Bausteine der Zelle.

Synthese: Im Synthesestoffwechsel werden aus Bausteinen des Intermediärstoffwechsels polymere Makromoleküle (Nucleinsäuren, Proteine, Reservestoffe, Zellwandbestandteile), aus denen sich die Zelle zusammensetzt, aufgebaut.

Die Stoffwechselwege gehen ineinander über. Die Hauptstoffwechselwege sind bei nahezu allen Lebewesen ähnlich. Es gibt allerdings eine große Vielfalt von Variationen, bei denen einzelne Routen überwiegen oder andere Sequenzen verkümmert sind.

Die Stoffwechselpläne der Mikroorganismen lassen sich auf allgemeine Schemata zurückführen. Kohlenhydrate sind für die meisten Mikroorganismen die bevorzugte Kohlenstoff- und Energiequelle. Deshalb wird bei den meisten Experimenten Glucose als „Modellsubstrat" verwendet. Natürlich können auch noch andere Naturstoffe durch die Zelle verwertet werden, z. B. Cellulose, Alkohol, Alkane. Dies setzt aber voraus, daß besondere Stoffwechselwege vorhanden sind. Das Zusammenspiel der Stoffwechselwege ist in Abb. 1-1 an zwei Beispielen illustriert.

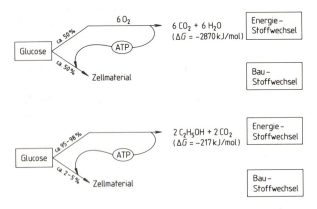

Abb. 1-1. Zusammenhang zwischen Energie- und Baustoffwechsel im Gesamtstoffwechsel von Mikroorganismen.

Für den Verfahrensingenieur ist es am einprägsamsten, zwischen *Energiestoffwechsel* und *Baustoffwechsel* zu unterscheiden. Im Energiestoffwechsel wird Energie erzeugt, welche die Zelle zur Erfüllung ihrer Aufgaben benötigt (vgl. Abschn. 1.4). Im Baustoffwechsel wird unter Ausnutzung der erzeugten Energie das Zellmaterial synthetisiert. Als Überträger der Energie dient Adenosintriphosphat (ATP); dessen Bedeutung wird eingehend in Abschn. 1.4 erläutert. Mikrobielle Produkte können sowohl im Energiestoffwechsel als auch im Baustoffwechsel entstehen (vgl. Abschn. 3.4, Produktkinetik, und Kap. 2).

Der obere Teil von Abb. 1-1 zeigt ein „klassisches" Beispiel für den aeroben Abbau von Glucose. Die Hälfte des Substrates wird unter Energiegewinnung zu Kohlendioxid oxidiert. Diese Energie reicht aus, um die andere Hälfte des Substrates in Zellmaterial umzusetzen. Der andere „klassische" Fall ist die anaerobe Verwertung von Glucose, bei der weniger Energie zur Verfügung steht. Dabei wird der größte Anteil des Substrates zu Ethanol und Kohlendioxid oxidiert. (Ethanol ist ein typisches mikrobielles Produkt des Energiestoffwechsels.) Der restliche kleine Anteil (2 bis 5% des Substrates) dient zur Synthese von Zellmaterial.

Hochmolekulare Nährstoffe werden schon außerhalb der Zelle durch ausgeschiedene *Enzyme* (Exoenzyme) zu kleineren Bruchstücken abgebaut, welche dann in die bekannten Stoffwechselwege eingeschleust werden. Auch die Stoffumsetzungen in der Zelle werden von Enzymen durchgeführt. Für die Umwandlung jedes Metaboliten (Zwischenprodukt im Stoffwechsel) in einen anderen ist ein spezielles Enzym erforderlich. Hinsichtlich weiterer Einzelheiten der einzelnen Stoffwechselschritte sei auf die Spezialliteratur verwiesen.

Enzyme sind Proteine, die als Katalysatoren (Biokatalysatoren) dienen. Ein Enzym hat wichtige Funktionen: Es muß den jeweiligen Metaboliten erkennen, die eigentliche Reaktion katalysieren und manchmal den betreffenden Abbau- oder Syntheseschritt regulieren (s. Abschn. 1.5). Die biochemische Reaktion basiert auf einer Bindung des Substrates, also des umzusetzenden Stoffes, an das Enzym selbst. Im allgemeinen wird durch ein Enzym die Umsetzung nur eines einzigen Substrates katalysiert. Diese Substratspezifität eines Enzyms wird begleitet von der Wirkungsspezifität. Sie bedeutet, daß von vielen möglichen Reaktionen, denen ein Metabolit unterliegen kann, von einem Enzym jeweils nur eine katalysiert wird.

Die Substratspezifität in Verbindung mit der Wirkungsspezifität verleiht den Biokatalysatoren ein ungeheures Potential. Diese Fähigkeiten werden in technischen Prozessen genutzt: Ein bestimmtes Enzym wird isoliert (und evtl. fixiert) und kann so eine ganz spezifische Reaktion, deren Ablauf unter Umständen auf rein chemischem Weg viel komplizierter wäre, wirkungsvoll ausführen (vgl. Abschn. 6.4.1).

Biokatalysatoren verkleinern – wie übrigens alle Katalysatoren – die Aktivierungsenergie von Reaktionen. So kann die gewünschte Reaktion am Enzym bei physiologischen Temperaturen ablaufen. Das Enzymprotein macht damit Stoffumwandlungen möglich, die sonst nur bei erhöhten Temperaturen oder unter anderen unnatürlichen (unphysiologischen) Bedingungen durchgeführt werden können. Hierin liegt ein großer Vorteil biologischer Reaktionen gegenüber rein chemischen. Letztlich sind aber alle Stoffumwandlungen in Natur oder Technik wesensverwandt und im Wortsinn „chemisch".

Zum Verständnis und zur verfahrenstechnischen Auslegung eines Prozesses mit Hilfe von Mikroorganismen müssen folgende Punkte unbedingt bekannt sein:

1. Welches ist die Kohlenstoffquelle zur Biosynthese?
    a) Kohlendioxid (als Hauptlieferant)
    b) Organische Verbindungen
2. Welches ist die Energiequelle zur Biosynthese?
    a) Licht
    b) Organische oder anorganische Substanzen, die oxidiert werden.
3. Ist das Wachstum oder die Biosynthese ohne Sauerstoff (Belüftung) durchführbar?

6   *1 Allgemeine Mikrobiologie*

a) Der Organismus ist *aerob,* d. h. er braucht Sauerstoff
b) Der Organismus ist *fakultativ anaerob* oder *obligat anaerob,* d. h. Sauerstoff ist nicht unbedingt notwendig oder kann sogar giftig sein.

Die Mehrheit der technisch relevanten mikrobiellen Prozesse läßt sich heute unter 1 b, 2 b und 3 a einordnen. Die anderen Fälle – sofern sich die natürliche Vielfalt überhaupt derartig vereinfachen läßt – treten in der Natur auf Schritt und Tritt auf, spielen aber (vorerst) für die technische Mikrobiologie eine untergeordnete Rolle. Eine Ausnahme machen die anaeroben Züchtungen im Bereich der Abfall- und Abwasserbiotechnologie; Beispiel B in Abb. 1-1.

1.4 Energetik

Die Grundsätze der klassischen Thermodynamik lassen sich nur auf geschlossene Systeme anwenden. Das sind Systeme, die mit ihrer Umwelt keine Materie austauschen und einen (thermodynamischen) Gleichgewichtszustand erreichen können. Die lebende Zelle muß man jedoch als offenes System ansehen, denn sie tauscht mit ihrer Umgebung Materie aus. Obgleich es den Anschein hat, als würden die chemischen Komponenten in der Zelle in immer gleicher Konzentration vorliegen, befinden sie sich doch meist nicht in einem wahren thermodynamischen Gleichgewicht, sondern in einem „Fließgleichgewicht". Die Geschwindigkeit, mit der eine bestimmte Substanz gebildet wird, entspricht genau der Geschwindigkeit, mit der diese Substanz wieder ausgeschieden oder abgebaut wird. Alle Mikroorganismen zeichnen sich, wie auch die anderen Lebewesen, durch eine weitere Eigenschaft aus: Sie sind hoch organisierte Systeme und erreichen dies, insgesamt betrachtet, auf Kosten der Entropie. Beispiel: Das Glucosemolekül wird gänzlich abgebaut (Erhöhung der Entropie), und die so gewonnene Energie wird genutzt, um ein anderes Molekül in ein hochorganisiertes System einzubauen (Erniedrigung der Entropie) (vgl. dazu Abb. 1-1).

Die Wärme ist die am weitesten verbreitete Energieform. Bei jedem physikalischen oder chemischen Vorgang wird Wärme aus der Umgebung aufgenommen oder an die Umgebung abgegeben. Einen wärmeabgebenden Prozeß nennt man *exotherm,* einen solchen, der Wärme aufnimmt, *endotherm.* Bei chemischen Reaktionen wird Energie als Wärme übertragen (Lehninger, 1970).

Wenn man einem System die Wärmemenge Q zuführt, so muß sich nach dem Gesetz der Energieerhaltung die zugeführte Energie in einer Änderung der Inneren Energie U des Systems oder in der geleisteten Arbeit A des Systems auswirken. Es gilt:

$$Q = \Delta U - A \qquad (1\text{-}1)$$
$$\Delta U = Q \;\; + A \qquad (1\text{-}2)$$

Gl. (1-2) bringt zum Ausdruck, daß der Wärmeaustausch zwischen dem System und seiner Umgebung durch eine entsprechende Änderung im Energiegehalt des Systems oder durch die in Beziehung zur Umgebung geleistete Arbeit – tatsächlich durch die Summe von beiden – ausgeglichen werden muß (erster Hauptsatz der Thermodynamik). (Als „Arbeit" kommt in erster Linie Volumenarbeit, d. h. Expansionsarbeit gegen die Atmosphäre, in Betracht.)

Obgleich die Wärme das einfachste und bekannteste Mittel zur Energieübertragung in der Verfahrenstechnik ist, ist sie zur Energieübertragung in biologischen Systemen nicht brauchbar. Dies beruht darauf, daß lebende Organismen isotherm sind, d. h. es gibt zwischen Teilen einer Zelle keine bedeutenden Temperaturunterschiede. Die Zelle funktioniert nicht wie eine Wärmemaschine, denn Wärme kann nicht von einem wärmeren zu einem kälteren Teil abfließen. Um verstehen zu können, wie Zellen unter isothermen Bedingungen Arbeit leisten, muß eine andere Art der Energie definiert werden, die *Freie Energie* (genauer: Freie Enthalpie, auch Gibbssche Freie Energie genannt) G.

Der zweite Hauptsatz der Thermodynamik vermittelt ein Maß, mit dem sich voraussagen läßt, warum und in welche Richtung ein physikalischer Vorgang ablaufen wird. Er definiert als weitere Größe (Zustandsfunktion) die Entropie S, die für den Ordnungszustand eines Systems charakteristisch ist. Je geordneter ein System ist, desto geringer ist seine Entropie und damit auch seine Stabilität. Es ist ein besonderes Verdienst der Thermodynamik, in der Entropie eine meßbare Größe für die Ordnung materieller Systeme gefunden zu haben (Näheres s. Lehrbücher der Physikalischen Chemie).

Chemische Prozesse verlaufen so, daß die Entropie dem höchstmöglichen Wert zustrebt. Ist dieser Wert erreicht, so herrscht Gleichgewicht. Damit ein System zusammen mit seiner Umgebung den entropiereichsten Zustand erreichen kann, muß es entweder Wärme aus seiner Umgebung aufnehmen oder an sie abgeben.

Wärmeinhalt (Enthalpie) H*⁾ und Entropie S stehen mit der oben genannten Freien Energie in Beziehung. Diese wird nämlich als neue Zustandsfunktion durch

$$G = H - TS \tag{1-3a}$$

eingeführt. Die in einem System ablaufenden Änderungen lassen sich demgemäß durch

$$\Delta G = \Delta H - T \cdot \Delta S \tag{1-3b}$$

beschreiben. Darin ist ΔG die Änderung der Freien Energie in einem System; ΔH ist die Enthalpieänderung oder die vom System aufgenommene Wärmemenge (bei einem Prozeß, bei dem sonst nur noch Volumenarbeit geleistet wird), T die absolute Temperatur und ΔS schließlich die Entropieänderung des Systems. Mikroorganismen brauchen Energie für zwei Arten von Arbeit, nämlich die chemische Arbeit und die Transportarbeit.

Die *chemische Arbeit* wird sowohl zur Selbsterhaltung als auch zum Wachstum gebraucht. Zur Synthese von großen und komplizierten Molekülen benötigt die Zelle viel Energie.

Transportarbeit leistet die Zelle, um Substanzen gegen ein Konzentrationsgefälle in die Zelle hinein oder aus der Zelle hinaus zu transportieren (aktiver Transport; vgl. Abschn. 1.5).

Der Organismus gewinnt die zur Leistung biologischer Arbeit notwendige Energie durch die Oxidation von Nährstoffen. Dabei ist folgende Tatsache wichtig: Sowohl unter

---

* Die Enthalpie H steht in enger Beziehung zur Inneren Energie U und ist wie diese eine Zustandsgröße, d. h. durch den Zustand des Systems eindeutig gegeben; sie wird zweckmäßig bei Prozessen verwendet, die unter konstantem Druck verlaufen (s. Lehrbücher).

aeroben als auch unter anaeroben Bedingungen wird die Energie, die bei der Oxidation frei wird, nicht als Wärme, sondern in Form von chemischer Energie gespeichert. Das Molekül *Adenosintriphosphat* (ATP, vgl. Abb. 1-2) spielt hierbei die zentrale Rolle. ATP ist der universelle Überträger chemischer Energie zwischen energieerzeugenden und energieverbrauchenden Reaktionen, entspricht also einer „internationalen Währung" auf dem Energiemarkt der Zelle.

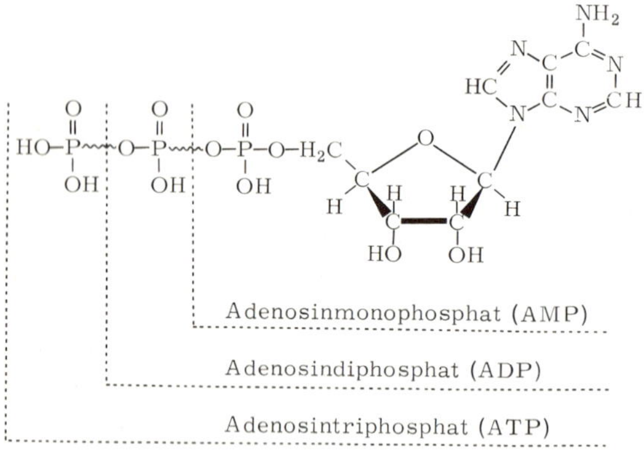

Abb. 1-2. Aufbau und Struktur des universellen Energieträgers in der Biologie: Adenosintriphosphat (ATP).

Adenosintriphosphat besteht aus einem Molekül Adenosin und drei Phosphatgruppen, von denen zwei durch Pyrophosphatbindungen energiereich sind, d. h. ein hohes Gruppenübertragungspotential besitzen. Adenosindiphosphat (ADP) hat zwei Phosphatgruppen und Adenosinmonophosphat entsprechend nur eine. Bei der Spaltung einer Pyrophosphatbindung, also beim Übergang von ATP zu ADP und von ADP zu AMP werden zwischen 40 und 50 kJ/mol frei oder in den Reaktionsprodukten gespeichert. Diese Angaben schwanken in den verschiedenen Lehrbüchern. Es sei hier darauf hingewiesen, daß die hohen Werte (bis 50 kJ/mol) unter physiologischen Bedingungen erreicht werden. Die kleineren Werte (30 kJ/mol), die oft angegeben werden, beziehen sich auf Standardbedingungen, welche aber in der Zelle nicht realisiert sind (Aiba et al., 1964; Thauer et al., 1977). Die Effizienz der Speicherung von chemischer Energie in Form von ATP während der biochemischen Oxidation ist bemerkenswert. Für die Oxidation (Verbrennung) von Glucose gilt:

$$\text{Glucose} + 6\,O_2 \rightarrow 6\,CO_2 + 6\,H_2O \qquad \Delta G = -2870\,\text{kJ/mol} \qquad (1\text{-}4)$$

Wird die Glucose mikrobiell oxidiert, so entstehen dabei die bereits erwähnten energiereichen ATP-Moleküle. Aufgrund der genauen Kenntnis der Stoffwechselwege, über welche die biologische Oxidation von Glucose stattfindet, läßt sich die Anzahl der gebildeten ATP-Moleküle berechnen.

Die Bilanz einer solchen Berechnung läßt sich folgendermaßen wiedergeben (P_i steht darin für „anorganisches Phosphat", Index i von engl. inorganic):

$$\text{Glucose} + 38\,P_i + 38\,\text{ADP} + 6\,O_2 \rightarrow 6\,CO_2 + 44\,H_2O + 38\,\text{ATP} \qquad (1\text{-}5)$$

Man erkennt, daß beim oxidativen Abbau von einem Molekül Glucose 38 Moleküle ADP je eine energiereiche Phosphatbindung ausbilden und somit Energie speichern können (Mandelstam et al., 1982). Unter der Annahme, daß die Freie Energie der zusätzlichen Pyrophosphatbindung im ATP je 50 kJ/mol (unter physiologischen Bedingungen) beträgt, ist die Änderung der Freien Energie in dieser mikrobiellen Oxidation, bezogen auf Glucose:

$$\Delta G = 38 \cdot 50 \text{ kJ/mol} = -1900 \text{ kJ/mol}$$

Die Energiekonservierung durch den mikrobiellen Stoffwechsel beträgt also 1900/2870 oder etwa 66%. Die restliche Energie erscheint als Wärme (Energiedissipation), welche aus der Umgebung der Zelle entfernt werden muß.

Die Kenntnis des Energiehaushaltes ist für den Verfahrensingenieur aus zwei Gründen wichtig: Erstens läßt sich daraus die Energiekonservierung in der Zelle berechnen, und zweitens kann daraus diejenige Wärmemenge Q_{gr} (biologische Reaktionswärme; Index von engl. growth) abgeschätzt werden, welche im Bioreaktor abgeführt werden muß (s. auch Bayer und Fuehrer, 1982). Die Berechnung der Energieproduktion aufgrund der gebildeten ATP-Moleküle ist für die praktische Anwendung oft ungeeignet, da die detaillierten Stoffwechselschemata nicht bekannt sind. Q_{gr} läßt sich aber annähernd auf der Basis einer Wärmebilanz berechnen. Diese Bilanz basiert auf folgender Überlegung: Wird die Verbrennungswärme einer Kohlenstoffquelle mit der Verbrennungswärme der mikrobiellen Biomasse, die auf diesem Substrat entstanden ist, verglichen, so ergibt sich als Differenz die beim eigentlichen Bioprozeß konservierte Wärmemenge (vgl. Abb. 1-3). Zur Berechnung müssen die folgenden Größen experimentell ermittelt werden:

- Die Verbrennungswärme des Substrates, ΔH_s
- Die Verbrennungswärme der auf diesem Substrat gewachsenen Zellen, ΔH_c (c vom engl. cell, Zelle)
- Der Ausbeutefaktor Y_s (in g/g), d.h. die Masse der entstandenen Zellen bezogen auf die Masse des verbrauchten Substrats.

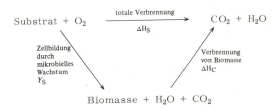

Abb. 1-3. Zusammenhang zwischen den Energiegehalten von Substrat, Biomasse und den Produkten der Oxidation (Verbrennung). – ΔH_s ist die Energiegewinnung durch Verbrennung des Substrates; ΔH_c diejenige für die Biomasseverbrennung; Y_s ist der Ausbeutefaktor.

Die Verbrennungswärme für das Substrat, ΔH_s, kann aus Handbüchern entnommen werden. Die Verbrennungswärme der Zellbiomasse, ΔH_c, stellt diejenige Wärmemenge dar, die während der Biosynthese in der Biomasse konserviert wird. Sie ist von der Zusammensetzung der Zellmasse abhängig. Für Berechnungen kann aber der folgende Wert für die Verbrennungswärme mikrobieller Biomasse eingesetzt werden (vgl. Prochazka et al., 1973):

$\Delta H_c = 22$ kJ/g (bezogen auf Trockensubstanz)

Diese Größenangabe für ΔH_c gilt auch angenähert für Pflanzen- und Säugetierzellen. Wie bereits bei der Berechnung der theoretischen ATP-Bildung erwähnt, muß die restliche Energie, welche nicht in der Biomasse konserviert wird, an die Umgebung abgeführt werden.

Schließlich bleibt noch der Ausbeutefaktor Y_s. Er kann aus der Substratabnahme und der Biomassezunahme berechnet werden. Somit kann aus den Größen ΔH_s, ΔH_c und Y_s der Wärmeausbeutefaktor Y (in g/kJ) ermittelt werden. Es gilt:

$$Y = \frac{Y_s}{\Delta H_s - Y_s \cdot \Delta H_c} \tag{1-6}$$

Für praktische Zwecke hat sich noch eine ganz andere Methode bewährt, nämlich die Berechnung der biologischen Reaktionswärme Q_{gr} (kJ $\cdot$ L^{-1} $\cdot$ min^{-1}) aufgrund des Gasstoffwechsels. Es hat sich gezeigt, daß die mikrobielle Reaktionswärme Q_{gr} proportional zur Sauerstoffaufnahme OUR (oxygen uptake rate) (mmol $\cdot$ L^{-1} $\cdot$ min^{-1}) ist (Cooney et al., 1968):

$$Q_{gr} = \Delta H_f \cdot OUR \tag{1-7}$$

Darin ist ΔH_f ein Proportionalitätsfaktor mit der Einheit kJ/mmol (bezogen auf Sauerstoff). Die Werte für ΔH_f schwanken in der Literatur zwischen 0.44 kJ/mmol (Luong and Volesky, 1982) und 0.55 kJ/mmol (Cooney et al., 1968). Beide Arbeiten weisen darauf hin, daß ΔH_f vom Organismus und vom verwendeten Substrat abhängig ist. Der Verfahrensingenieur findet hier eine erste gute Annäherung, um aufgrund des Sauerstoffbedarfs der Mikroorganismen deren biologische Reaktionswärme zu berechnen.

In anaeroben Wachstumssystemen läßt sich ein ähnliches Vorgehen anwenden. In diesen Züchtungen wurde ein Zusammenhang zwischen freigesetzter Wärme und der „Bildungsrate" für ein Produkt, eventuell auch mit der Substrataufnahme, gefunden (Luong and Volesky, 1982; Belaich et al., 1968; Cooney et al., 1968):

$$Q_{gr} = \Delta H_p \cdot Q_p \tag{1-8}$$

Darin ist ΔH_p die Bildungsenthalpie des Produkts (in kJ/mol) und Q_p ein Zahlenfaktor.

1.5 Transport

Die Mehrheit der unter den Aspekten des Stoffwechsels und der Energetik betrachteten biochemischen Reaktionen findet im Inneren der Zelle statt. Somit müssen alle Reaktionspartner, die an diesen biologischen Umsetzungen teilnehmen (z. B. Kohlenstoffquelle, Sauerstoff) an den Ort des Stoffwechsels transportiert werden. Ähnlich verhält es sich mit Stoffwechselprodukten, welche aus der Zelle hinaus transportiert werden müssen. Der Transport kann wie folgt unterteilt werden:

1. Transport von Molekülen, welche in der Nährlösung im Bioreaktor enthalten sind, zur Zelle hin;
2. Transport von Molekülen durch die Zellumhüllungen (Zellwand, Zellmembranen etc.) sowie schließlich in der Zelle selbst zum Ort des Stoffwechsels.

Der Transport innerhalb der Nährlösung des Bioreaktors („nicht-biologischer Transport") (1) wird gesondert in Kap. 4 behandelt. Der „biologische Transport" (2) ist Gegenstand dieses Abschnittes (vgl. auch Fiechter et al., 1981).

Die Trennung der beiden Teilaspekte des Transportes ist methodisch bedingt. Es ist aber unerläßlich, daß bei der Versorgung von Mikroorganismen mit Nährstoffen immer beide in Betracht gezogen werden. Der Verfahrensingenieur muß bei Stoff- und Energietransportberechnungen insbesondere den biologischen Transportphänomenen Rechnung tragen. Viele Nährstoff- und Metabolitkonzentrationen sind *intrazellulär* in einem sehr engen, genau definierten Verhältnis zu halten. Nur so verlaufen Stoffumsetzungen in der Zelle optimal. Außerhalb der Zellen *(extrazellulär)* liegen die gleichen Substanzen oft in ganz anderen Konzentrationen vor. Die Zellgrenzschichten (vor allem die Cytoplasma- oder Zellmembran) üben nämlich eine sehr wichtige Konzentrations-regulierende Funktion aus. Die Zellwand setzt kleinen Molekülen keinen nennenswerten Widerstand entgegen, hält aber Makromoleküle zurück. Die eigentliche Zellgrenzschicht, die für den selektiven Transport der Nährstoffe in das Zellinnere hinein oder aus diesem heraus verantwortlich ist, ist die Cytoplasmamembran. Für den Transport durch diese Membran sind vor allem drei verschiedene Transportmechanismen verantwortlich:

- passive Diffusion,
- erleichterte Diffusion,
- aktiver Transport.

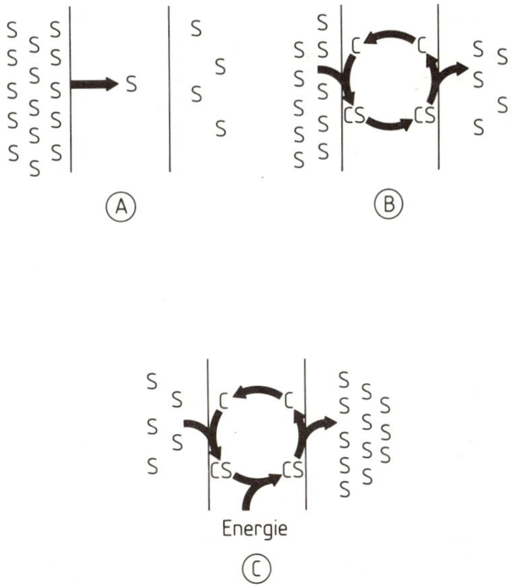

Abb. 1-4. Schematische Darstellung der drei grundsätzlichen Transportmechanismen durch die Zellmembran. – A Diffusion, B erleichterte Diffusion, C aktiver Transport; S bedeutet Substratmolekül und C bedeutet Carriermolekül.

Diese drei Transportmechanismen sind schematisch in Abb. 1-4 dargestellt und werden im folgenden besprochen. Im Fall der *passiven Diffusion* fließt Material aus einem Gebiet mit hoher Konzentration durch die Membran in ein Gebiet mit geringerer Konzentration. Durch passive Diffusion werden vor allem ungeladene Moleküle transportiert. Dieser Transportmechanismus tritt in der Biologie nicht allzu häufig auf. Die Diffusionsgeschwindigkeit ist proportional der Konzentrationsdifferenz, dem sogenannten treibenden Gefälle. Die passive Diffusion verläuft spontan. Die Änderung der freien Energie, ΔG, die diesen Transport aus einer Region der Konzentration C_2 in eine andere der Konzentration C_1 begleitet, ist gegeben durch:

$$\Delta G = RT \cdot \ln \frac{C_1}{C_2} \qquad (1\text{-}9)$$

Da C_1 kleiner ist als C_2, ist ΔG bei der passiven Diffusion negativ. Bedingt durch den komplizierten Aufbau der Cytoplasmamembran, welche die Zelle umhüllt, passieren nicht alle chemischen Substanzen die Membran gleich gut. Die Diffusionsgeschwindigkeit der meisten größeren Moleküle ist stark mit ihrer Lipidlöslichkeit korreliert. Dies überrascht keineswegs, denn im Aufbau der Membran spielen Lipide eine zentrale Rolle. Sie gestatten den lipidlöslichen Substanzen einen schnelleren Durchtritt.

Die *erleichterte Diffusion* ist ein weiterer Mechanismus für den Transport durch biologische Membranen. Man findet diesen Transporttyp nicht so häufig. Wie in Abb. 1-4 gezeigt, wird das Substrat an der äußeren Seite der Membran an einen Träger (Carrier-Molekül) gebunden. Dieses Carrier-Molekül diffundiert mit dem Substrat durch die Membran. Auf der anderen Seite fällt der Komplex auseinander, und das transportierte Molekül bleibt auf der inneren Seite der Membran. Diese Art des biologischen Transportes zeichnet sich durch verschiedene Charakteristika aus (Dills et al., 1980). Eine davon zeigt die Abb. 1-5: Während die Transportgeschwindigkeit im Fall der einfachen Diffusion proportional zur Substratkonzentration ansteigt, erreicht sie bei der erleichterten Diffusion ein Sättigungsniveau. Eine weitere Zunahme des „treibenden Gefälles" hat in diesem Fall keine Zunahme der Geschwindigkeit zur Folge, weil der Vorrat an Carrier-Molekülen begrenzt ist. Die erleichterte Diffusion kann deshalb mit einer Sättigungskurve der Michaelis-Menten-Enzymkinetik verglichen werden. Ebenfalls in Analogie zur Enzymkinetik ist hervorzuheben, daß die erleichterte Diffusion ein spezifischer Vorgang ist: Nur spezifische Moleküle werden transportiert, und spezifische Inhibitoren können diesen Transportprozeß auch hemmen.

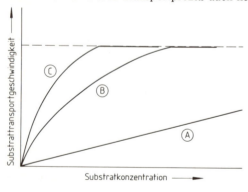

Abb. 1-5. Zusammenhang der Stofftransportgeschwindigkeit und der Substratkonzentration für verschiedene Transportmechanismen. – A Diffusion, B erleichterte Diffusion, C aktiver Transport.

Der *aktive Transport* durch eine Membran zeichnet sich durch zwei Besonderheiten aus: 1. werden Substanzen gegen einen Konzentrationsgradienten „bergauf" ins Zellinnere transportiert, und 2. benötigt dieser Transportprozeß Energie. Wie in Abschn. 1.3 ausgeführt, wird diese Energie durch den Stoffwechsel bereitgestellt. Etwa 2/3 aller Transportvorgänge finden auf der Basis von aktivem Stoffaustausch statt. Obwohl ein einzelnes Substrat mittels mehrerer Systeme in eine Zelle transportiert werden kann, spielt der aktive Transport die größte Rolle (Wilson, 1978). Dasselbe gilt auch für den Transport von Proteinen aus der Zelle hinaus (Proteinexport) (Michaelis and Beckwith, 1982).

Transportsysteme sind in Bakterien besonders gut untersucht worden. So ist es nicht erstaunlich, daß drei verschiedene Transportklassen für den aktiven Transport entdeckt worden sind (Wilson, 1978). Im ersten Fall ist der Transport eines Moleküls durch eine Membran mit einer chemischen Modifikation des Moleküls während des Transportes verbunden. Ein gut definiertes derartiges System ist das Phosphotransferase-System (PTS): Der Transport von Glucose durch die Zellmembran ist mit einer chemischen Modifikation des Moleküls verbunden; es entsteht ein Glucosephosphatester (vgl. Roseman et al., 1982). Im zweiten Fall wird das Molekül ebenfalls gegen einen Konzentrationsgradienten transportiert, eine chemische Veränderung findet jedoch nicht statt. Alle Proteine, welche zum Transport benötigt werden, sind an die Zellmembran gebunden und in Membranvesikeln lokalisiert. Etwa 40% aller bei *Escherichia coli* bekannten Transportsysteme gehören zu diesen Membrangebundenen Transportsystemen, darin eingeschlossen der Transport für Zucker und Aminosäuren. Auch im dritten Fall wird das Molekül ohne Veränderung transportiert; allerdings benötigen diese Transportmechanismen mindestens ein Bindungsprotein, welches für das Substrat spezifisch ist. Dieses Protein ist nicht mit den vorhin erwähnten Membranvesikeln verbunden. Auf diese dritte Art werden Zucker, Vitamine und Ionen transportiert. Bei *Escherichia coli* werden wiederum etwa 40% der Transporte auf diese Weise durchgeführt.

Es ist unklar, nach welchen Kriterien einer dieser drei Substrattransportmechanismen ausgewählt wird. Oft kann das gleiche Molekül auch auf verschiedene Arten transportiert werden. Indessen ist offensichtlich, daß die Energiegewinnung zur Durchführung des Transportes in den drei Fällen auf verschiedene Weise erfolgt (Wilson, 1978).

1.6 Regulation und Genetik

Die vereinfacht dargestellten Vorgänge in den Abschnitten Stoffwechsel, Energetik und Transport sind in der Realität ein engmaschiges, sehr fragiles und kompliziertes Netzwerk von vielen tausend einzelnen Reaktionen. Damit alle diese Abläufe harmonisch ineinander übergehen, ist ein ebenso feines Netzwerk von Regulationsvorgängen notwendig. Wie bereits erwähnt, bestimmen Proteine in ihrer Funktion als Enzyme das gesamte Geschehen in der Zelle. Jede biochemische Reaktion in der Mikroorganismenzelle wird letzten Endes durch ein spezifisches Enzym katalysiert. Die Gesamtheit dieses Enzym-Netzwerkes (etwa 2000 Enzyme gehören dazu) in der Zelle, welches die metabolischen Prozesse bewirkt, unterliegt der *biologischen Regulation*. Die Fähigkeit einer Zelle, die Reaktionen des Metabolismus zu katalysieren und zu regulieren, ist auf Informationsträgern in der Zelle festgehalten. Es ist von grundsätzlicher Bedeutung, daß diese Informationen, spezifische Enzymstrukturen zu bilden, auch auf nachfolgende Zellen (Tochterzellen) übertragen werden. Die Gesetzmäßigkeiten dieser Informationsübertragung von einer Generation auf die andere sind Gegenstand der *Genetik*.

Welche Auswirkungen haben nun die biologische Regulation und die Genetik auf die Verfahrenstechnik biologischer Prozesse? Grundsätzlich sind zwei verschiedene Regelmöglichkeiten zu unterscheiden:

1. die Aktivierung oder die Hemmung (Inhibition) der Aktivität eines in der Zelle vorhandenen Enzyms, und
2. die Induktion oder die Repression der Enzymaktivität durch Veränderung der Synthesegeschwindigkeit eines Enzyms. In diesem Fall wird bereits die Synthese der Enzymproteine beeinflußt.

Mikroorganismen haben die Fähigkeit, die verschiedensten Kohlenstoff- und Energiequellen zu verwerten. Alle diese Fähigkeiten müssen aber im Informationsgehalt (Genom) der Zelle gespeichert sein. Wie bereits erwähnt, wird jede Reaktion durch ein spezifisches Enzym katalysiert. Wenn also ein Organismus beispielsweise die Fähigkeit hat, 50 Substrate zu verwerten, so müssen im Informationsgehalt der Zelle alle Sequenzen für diese 50 Abbauwege gespeichert sein. Die fortwährende Produktion aller Enzyme, für welche genetische Informationen vorhanden sind, wäre aber eine Verschwendung von Energie. Die Gesamtheit der Enzyme ist deshalb aufgeteilt in die induzierbaren Enzyme, welche nur gebildet werden, wenn das spezifische abzubauende Substrat oder das spezifische Ausgangsprodukt für eine Synthese vorliegt, und in die konstitutiven Enzyme, welche immer in der Zelle vorhanden sind. Die Umgebung hat also bereits einen Einfluß auf die Enzymregulation, und zwar einerseits in Form der *Enzyminduktion,* der Anregung einer Enzymsynthese, und andererseits in Form der *Enzymrepression*. Von Enzymrepression spricht man, wenn ein in der Nährlösung vorliegendes Produkt oder Substrat die Enzymsynthese unterdrückt; sehr oft regulieren Endprodukte die biochemischen Reaktionen in dieser Weise. Induktion und Repression betreffen meist alle an einem bestimmten Abbau- oder Biosyntheseweg beteiligten Enzyme. Die zu einem spezifischen Syntheseweg gehörenden Enzyme werden also in der Regel koordiniert gebildet oder reprimiert. Diese Regelmechanismen auf der Stufe von Enzym-Biosynthesen wirken langsam; man nennt sie auch *Grobregulation*.

Die *Feinregulation* geschieht auf der Ebene der Veränderung der katalytischen Aktivität von Enzymen. In der Regel werden auf diese Weise Schlüsselenzyme des Stoffwechsels – vorwiegend konstitutive Enzyme – reguliert. Durch die Regulierbarkeit der Enzymaktivität läßt sich die Katalyse sehr rasch an veränderte Situationen im Stoffwechsel anpassen.

Die Mehrzahl der Enzyme reagiert bei gegebenen konstanten Bedingungen nur auf Veränderungen der Substrat- oder Produktkonzentration. Die Enzymaktivität, d. h. die relative Geschwindigkeit der Umsetzung, nimmt zunächst mit ansteigender Substratkonzentration zu und erreicht schließlich ein Plateau (Abb. 1-6). Diese Beziehung nennt man Sättigungskinetik oder Michaelis-Menten-Kinetik.

Diesen Enzymen mit einfachen Regulationsmechanismen stehen kompliziertere, regulatorische Enzyme gegenüber. Der Aktivitätsverlauf von regulatorischen Enzymen ist meistens nicht hyperbolisch, sondern sigmoid (vgl. Abb. 1-6). Sigmoide Aktivitätskurven zeigen

Abb. 1-6. Zusammenhang zwischen Enzymaktivität und Substratkonzentration für regulatorische Enzyme; ⊕ Aktivator, ⊖ Inhibitor.

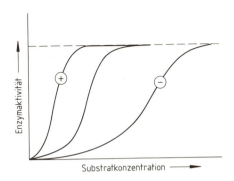

an, daß ein Enzym aus Untereinheiten aufgebaut ist. Die Enzymaktivität, d. h. der durch die Enzyme hervorgerufene Umsatz, reagiert sehr empfindlich auf kleine Änderungen der Substratkonzentration (der Kurvenverlauf ist im mittleren Konzentrationsbereich sehr steil). Durch kleinste Veränderungen der Substratkonzentration wird die Enzymaktivität stark erhöht oder vermindert. Viele regulatorische Enzyme gehören zu den *allosterischen Enzymen* (s. Lehrbücher der Biochemie). Eine übersichtliche Darstellung der Regulation in mikrobiellen Systemen, insbesondere im Hinblick auf die Produktbildung, gibt Demain (1970).

Alle Regelmechanismen haben im Prinzip zur Folge, daß die Mikroorganismen ihre Nährstoffe sparsam verwenden, keine Energie verschwenden und keine unnötigen Stoffe bilden. Eine Chance der biologischen Verfahrenstechnik besteht nun aber gerade darin, abnormes Regelverhalten zu technisch interessanten Prozessen auszunützen. So kann z. B. die Ausscheidung vieler Stoffwechsel- und Sekundärmetaboliten als Folge einer Fehlregulation (z. B. Überproduktion) des Stoffwechsels betrachtet werden.

Unter der Voraussetzung, daß von einem Organismus die Stoffwechselwege sowie deren Regulation bekannt sind, kann man einen Hochleistungsstamm selektionieren. Der Biotechnologe macht sich dabei zunutze, daß fehlregulierte Mutanten den einen oder anderen Stoff überproduzieren, anhäufen oder ausscheiden.

Für den Verfahrensingenieur ist es wichtig zu wissen, daß sowohl Substrate wie auch Produkte als Effektoren in die biologische Regulation eingreifen können. Dies wirkt sich oft in einer Herabsetzung der Reaktionsgeschwindigkeit und damit in einer Minderbildung des gesuchten Produktes aus.

Beispiele:

Wird ein Produkt in mehreren Schritten synthetisiert, so kann die Produktsynthese dadurch reguliert werden, daß das Substrat ein Enzym am Beginn der gesamten Sequenz inhibiert (Substrathemmung). Eine andere oft anzutreffende Regelstrategie ist die Inhibition des Enzyms durch das Endprodukt (Endprodukthemmung).

Substrathemmung kann verfahrenstechnisch umgangen werden, indem das Substrat beispielsweise portionsweise zugegeben wird. Eventuell läßt sich ein gewünschtes Produkt auch mit einer anderen Kohlenstoffquelle herstellen, wobei dieses andere Substrat keine Hemmung hervorruft.

Die Endprodukthemmung hat oft einen negativen Effekt auf einen Prozeß. Durch die Leistungssteigerung von Stämmen können derart hohe Produktbildungsgeschwindigkeiten erzeugt werden, daß eine starke Endprodukthemmung resultiert.

Die Kenntnis der Regulationsmechanismen eröffnet aber auch große Möglichkeiten für den Genetiker. Im letzten Teil dieses Abschnitts sollen daher einige Aspekte der *Genetik* angesprochen werden. Ein Ziel der genetischen Untersuchungen ist es, durch experimentelle Manipulationen eine Leistungssteigerung im Mikroorganismus zu erreichen. Insbesondere das Auffinden einer Mutante, welche sich durch ein abnormales Regulationsverhalten auszeichnet, ist für einen technischen Prozeß erfolgversprechend. Eine *Mutation* ist eine zufällige oder eine experimentell erzeugte Veränderung des Informationsgehaltes einer Zelle, welche auf die Nachkommen dieser Zelle vererbt wird. Bis zu einem gewissen Grad treten Mutationen spontan auf. Die natürliche Mutationsrate ist allerdings sehr niedrig; sie liegt bei einer Mutation pro 10^6 Genduplikationen.

Technisch bedeutsamer als die spontane Mutation ist die Erzeugung von Mutanten mit chemischen oder physikalischen Methoden. Dazu werden entweder chemische Substanzen oder ionisierende Strahlen eingesetzt. Eine Mutation kann sich sowohl positiv als auch negativ auswirken. Viele der heute industriell wichtigen Organismen sind durch gezielte Mutation von Wildstämmen gewonnen worden. Eines der bekanntesten Beispiele ist *Penicillium chrysogenum* für die Penicillinproduktion.

Die in-vivo-Technik, die Technik am lebenden Mikroorganismus, ist zu unterscheiden von der in-vitro-Technik. Letztere ist eine Errungenschaft neuester Zeit; man nennt sie auch Rekombinationstechnik. Sie basiert im wesentlichen darauf, daß mit Hilfe komplizierter Verfahren eine ganz spezifische Erbinformation aus dem Genom einer Zelle herausgeschnitten und in das Genom einer anderen Zelle eingebaut werden kann. Diese „Gentechnologie" hat sich innerhalb der Biotechnologie zu einem selbständigen, zukunftsreichen Gebiet entwickelt (Esser, 1981).

Sowohl die biologische Regulation als auch die Genetik spielen beim Entwurf eines biologischen Verfahrens eine große Rolle. Der Verfahrensingenieur muß sich dessen bewußt sein.

2 Einteilung mikrobieller Prozesse

2.1 Biomassegewinnung

2.1.1 Allgemeines

Die ungenügende Ernährung eines Großteils der Weltbevölkerung zwingt dazu, neue Wege zur Erschließung von Nahrungsmitteln zu suchen. Insbesondere ist ein Mangel an hochwertigen Proteinen zu verzeichnen. Hier setzt die Biotechnologie ein, denn Mikroorganismen spielen bei der Synthese von Proteinen eine große Rolle. Biotechnische Verfahren zur Herstellung von mikrobieller Biomasse gehören zu den bekanntesten und wichtigsten Bioprozessen.

Unter Biomasse versteht man die in einem biotechnischen Prozeß gewachsenen Zellen (s. Abschn. 1.2). Es kann sich sowohl um Bakterien- oder Hefezellen als auch um Myzelien oder Algenzellen handeln. Diese in einem submersen Verfahren entstandene mikrobielle Biomasse aus Einzelzellen ist grundsätzlich zu unterscheiden von pflanzlicher, vielzelliger Biomasse, die ihrerseits den Mikroorganismen als Substrat dienen kann. Im Hinblick auf den Proteingehalt wird die Einzeller-Biomasse sowohl zur tierischen wie auch zur menschlichen Ernährung verwendet. Deshalb hat sich schon früh der Begriff „Einzellerprotein" eingebürgert. Im anglo-amerikanischen Sprachraum verwendet man dafür den Begriff „Single Cell Protein", abgekürzt SCP. Diese Bezeichnung ist allerdings nicht immer zutreffend, da der Proteingehalt dieses Materials nur 25% bis 80% beträgt. Noch verwirrender wird die Situation, wenn man versucht, ein angereichertes oder ein reines Protein, etwa durch Extraktion getrockneter Mikroorganismen, zu gewinnen. Korrekterweise müßte man dann den Begriff „Protein aus Einzellerprotein" wählen. Es wurde deshalb vorgeschlagen, anstelle von Einzellerprotein von Einzellerbiomasse zu sprechen, entsprechend anstelle von Single Cell Protein (SCP) von Single Cell Biomass (SCB). Die Verwendung des Ausdruckes „Protein" sollte dann nur Konzentraten und Isolaten mit hohem Proteingehalt vorbehalten bleiben.

Eine Übersicht über die Möglichkeiten zur Synthese von mikrobiellem Protein gibt Abb. 2-1. Die Einzellerbiomasse ist einer großen Konkurrenz anderer Nahrungsmittel ausgesetzt, beispielsweise den Biomasseprodukten aus der Land- und Fischereiwirtschaft. Obwohl diese Konkurrenzprodukte in ihrer Zusammensetzung und Verwendung der mikrobiellen Biomasse sehr ähnlich sind, haben biotechnische Verfahren zur Herstellung von Nahrungsmitteln oder Nahrungsmitteladditiven aus Einzellerbiomasse Vorteile:

- Die hohen Wachstumsgeschwindigkeiten ergeben höhere Raum-Zeit-Ausbeuten;
- der Gehalt an hochwertigen Proteinen ist höher;
- billige Rohstoffquellen können mit großer Effizienz verwendet werden;
- die Produktion mikrobieller Biomasse ist industrialisierbar und unabhängig von Umweltfaktoren.

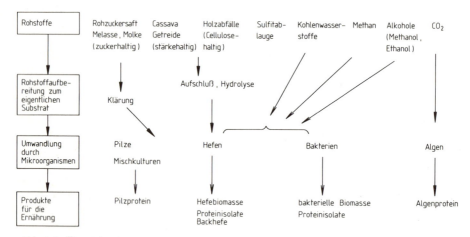

Abb. 2-1. Übersicht über die mikrobielle Gewinnung von Einzellerbiomasse als Nahrungsmittel.

Es ist von Fall zu Fall zu entscheiden, welche Mikroorganismenart für die Biomassegewinnung am geeignetsten ist. Gegenwärtig haben die Hefen eine größere Bedeutung, denn deren Biomasse läßt sich ohne zusätzliche Aufarbeitung als Beifutter für tierische Nahrung verwenden. Bakterien haben infolge ihrer größeren spezifischen Wachstumsgeschwindigkeit einen höheren Anteil an Nucleinsäuren als beispielsweise Hefen. Dies kann für die Verwendung als Nahrungsmittel-Protein nachteilig sein. Auch lassen sich Bakterien infolge ihrer geringen Abmessungen schlechter von der wässerigen Phase trennen als Hefezellen.

In den meisten Fällen wird mikrobielle Biomasse in Form von abgetöteten Zellen verwendet. Aber auch Möglichkeiten für den Einsatz lebender Biomasse sind erwähnenswert, z. B.:

- Starterkulturen in der Lebensmittelbranche: In der Milchwirtschaft werden Rein- oder Mischkulturen von Mikroorganismen zur Herstellung von Käse oder Sauermilchprodukten verwendet;
- Mikroorganismen für therapeutische Zwecke: Lebende Mikroorganismen werden zur Therapie der gestörten Darmflora verwendet.

Hier wird die Tatsache ausgenutzt, daß die Zellen noch aktiv und teilungsfähig sind.

Im folgenden werden nur Fälle der technischen Verwendung toter mikrobieller Biomasse näher beschrieben.

Der Hauptrohstoff für die Mehrzahl technisch relevanter Verfahren zur Herstellung mikrobieller Biomasse ist das Kohlenstoff-enthaltende Substrat (die „Kohlenstoffquelle"). Es ist deshalb sinnvoll, die Verfahren nach der Art der Kohlenstoffquelle zu klassifizieren.

2.1.2 Zuckerhaltige Rohstoffe

Unter zuckerhaltigen Rohstoffen für die mikrobielle Synthese versteht man solche, die Mono- oder Disaccharide in größeren Anteilen enthalten. Darunter fallen viele Abfallprodukte bei lebensmittelherstellenden Prozessen, z. B. Melasse und Molke, aber auch Pulpen- oder Abfallkonzentrate bei der Herstellung von Fruchtprodukten (Citrus, Ananas, Cassava usw.) oder bei der Verarbeitung von stärkehaltigen Produkten (Kartoffeln oder Mais). Ferner sind auch prozeßspezifische Nebenprodukte als Rohstoffe geeignet, z. B. Sulfit-Ablaugen oder Holzzucker-Hydrolysate. Derartige Kohlenstoffquellen werden schon seit längerer Zeit zur technischen Herstellung von Biomasse verwendet. Weit entwickelt ist beispielsweise die Technologie zur Herstellung von Futterhefe auf der Basis von Sulfit-Ablauge, einem Abfallprodukt der Zellstoff-Industrie.

Vielfach hat die Entwicklung dieser Prozesse einen engen Zusammenhang mit der Beseitigung und Nutzung von Abfällen oder Abwässern aus anderen Prozessen. Abb. 2-2 zeigt das Prinzip der Herstellung von mikrobieller Biomasse auf der Basis von Mono- oder Disacchariden. Das Prozeß-Schema ist relativ einfach. Auch die technische Durchführung stellt bei der Verwendung von zuckerhaltigen Rohstoffen wenig Ansprüche. Diese Feststellung gilt nur bedingt für den Reaktor selbst, denn oftmals werden, um eine ausreichende Sauerstoffversorgung zu gewährleisten (bei sehr hohen Zellkonzentrationen), erhebliche Aufwendungen für die Belüftung notwendig.

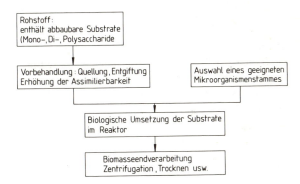

Abb. 2-2. Verfahrensschema zur Herstellung von Einzellerbiomasse.

Anders verhält es sich bei der Verwendung stärkehaltiger Rohstoffe als Zuckerquelle. In der Regel ist ein Vorbehandlungsschritt, z. B. eine Verzuckerung (Hydrolyse) durch Zusatz von Enzymen oder Säuren, notwendig.

Entscheidend für die Verwirklichung eines Verfahrens ist die Wahl eines optimalen Mikroorganismus. Ein Verfahren ist dann erfolgreich, wenn der Organismus das abzubauende Substrat spezifisch und mit großer Effizienz (hoher Ausbeute) umsetzen kann. Ferner muß der Stamm auch während einer länger dauernden (kontinuierlichen) Produktion genetisch stabil sein. Schließlich sollten die Zellen technisch möglichst einfach zu handhaben und vor allem leicht von der Nährlösung abzutrennen sein. Da sich Hefen leichter aufarbeiten lassen als Bakterien (vgl. Abschn. 1.2), sind viele Verfahren auf der Basis von Hefen entstanden. Unter den Hefen gehören die *Candida*-Arten zu den wichtigsten Biomasse-Produzenten.

2.1.3 Cellulose als Rohstoff

Cellulose ist ein lineares Homopolymer aus Glucose-Bausteinen, welche durch β-1,4-glykosidische Bindungen verknüpft sind. Cellulose kommt in der Natur nicht in reiner Form vor. Selbst die Baumwolle, welche bis zu 90% aus Cellulose besteht, enthält noch 10% andere Bestandteile (z. B. Proteine und Mineralsalze). Als Rohstoff für die Produktion von mikrobieller Biomasse wird vor allem pflanzliche Vielzeller-Biomasse eingesetzt. Deshalb ist diese Cellulose immer von anderen Stoffen wie Hemicellulosen und Lignin begleitet. Hemicellulosen sind Polymere von Galactose, Mannose, Xylose, Arabinose und Harnstoff. Die Hemicellulosen sind wie die Cellulosen ein weit verbreiteter Naturstoff. Lignin, der dritte Hauptanteil pflanzlicher Biomasse, ist ein natürliches Polymer, das durch Kondensation von Conyferylalkohol und anderen Substanzen entsteht. Lignin umgibt die Cellulosefasern mit einem dreidimensionalen Netz und hemmt dadurch den mikrobiellen Abbau.

Die Cellulose gehört – als „grüne Biomasse" – zu denjenigen Rohstoffen, die weltweit in sehr großen Mengen vorkommen. Da die Pflanzen immer wieder neu gebildet werden, ist dieser Rohstoff eine praktisch unerschöpfliche Quelle nutzbarer Energie, und seine Bedeutung als Substrat für die biotechnische Umsetzung nimmt immer mehr zu. Bevor die Pflanze als Rohstoff für mikrobielle Prozesse genutzt werden kann, muß ihre Biomasse allerdings in eine Form gebracht werden, in der sie für die Mikroorganismen optimal zugänglich ist. Wie bereits erwähnt, erschweren die zusätzlich zur Cellulose vorhandenen Stoffe (vor allem das Lignin) die Substrat-Vorbereitung (vgl. Abb. 2-2). Dadurch wird die Rohstoffaufbereitung zum kostenintensivsten und zum geschwindigkeitsbegrenzenden Schritt.

Cellulosehaltiges Material kann unter Anwendung physikalischer, chemischer oder biochemischer Methoden vorbehandelt werden. Alle Methoden zielen darauf ab, das Substrat zu zerkleinern, aufzuschließen und die Cellulose in Glucose-Einheiten zu spalten. Diese schließlich können mikrobiell umgesetzt werden.

Eine mechanische Vorbehandlung besteht im Zermahlen des Cellulose-haltigen Materials zu feinsten Partikeln, um so den Angriff durch die Cellulose-spaltenden Enzyme zu erleichtern. In einer weiteren physikalischen Methode wird die Cellulose mit Dampf behandelt. Diese Behandlung wird bei 160–170 °C vorgenommen; sie dauert mehrere Stunden und führt zur Quellung der Cellulose. Die am häufigsten angewandte Vorbehandlung aber ist die Quellung mit Alkalien; hierbei findet eine Umstrukturierung der Cellulose statt. Alle Vorbehandlungen führen zu einer drastischen Reduktion des Polymerisationsgrades, welcher bei unbehandelter Cellulose zwischen 1000 und etwa 10 000 Glucose-Einheiten pro Molekül schwankt. Während der Hydrolyse nimmt er auf etwa 100 bis 200 Einheiten ab. Der einfach zu hydrolysierende Anteil der Cellulose wird oft als „amorphe" Cellulose bezeichnet; der verbleibende, schwer zugängliche Anteil ist die „kristalline Region".

Schließlich ist noch die Rohstoffaufbereitung mit Hilfe von spezifischen Mikroorganismen oder deren Enzymen zu beschreiben. Es gibt eine ganze Reihe von Cellulose-abbauenden Enzymen, die sog. *Cellulasen*. Mikroorganismen, welche für die Verwertung von Cellulose eingesetzt werden, müssen Enzymsysteme mit hohen Cellulase-Aktivitäten besitzen. Da der enzymatische Abbau von Cellulose sehr kompliziert ist, wird er nicht durch ein einzelnes Enzym katalysiert, sondern durch einen Enzymkomplex. Cellulase-Systeme bestehen also aus verschiedenen Komponenten. Eine Möglichkeit des Einsatzes von Cellulose-abbauenden Enzymen zeigt Abb. 2-3. Grundsätzlich ist zwischen dem enzymatischen Angriff auf lösliche und auf unlösliche Cellulose zu unterscheiden (nach Bisaria and Ghose, 1981):

1. Endo-β-1,4-glucanglucanasen: Diese Enzyme können lösliche oder gequollene sowie teilweise abgebaute Cellulosen hydrolysieren. (Die Enzyme besitzen auch eine Komponente, welche für den Abbau von kristalliner Cellulose verantwortlich sein könnte).
2. Exo-β-1,4-glucanasen: Diese Enzyme spalten entweder Cellobiose-Einheiten ab (durch die β-1,4-Glucancellobiohydrolase, CBH), oder sie spalten Glucosemoleküle von den nicht reduzierenden Enden der Celluloseketten ab (β-1,4-Glucanglucohydrolasen).
3. Cellobiasen oder β-1,4-Glucosidasen: Diese Enzyme spalten Cellobiose oder andere Cellodextrine in Glucose-Einheiten.

```
                                          1
                                        ─→ Cellobiose
                 1    Cellulose mit   2                4
kristalline    ─→    freien Endgruppen ─→ Cellobiose  }─→ Glucose
Cellulose             (reaktiv)        3
                                        ─→ Glucose
```

Abb. 2-3. Enzymatische Aufarbeitung des Rohstoffs Cellulose im Hinblick auf die Verwertung der daraus entstehenden Glucose (Bisaria and Ghose, 1981). – 1 Endo-β-1,4-glucanglucanase, 2 β-1,4-Glucancellobiohydrolase, 3 β-1,4-Glucanglykohydrolase, 4 β-1,4-Glucosidase.

Mikroorganismen, welche zur Celluloseverwertung eingesetzt werden können, müssen diese Cellulasesysteme besitzen. In Frage kommen unter anderem thermophile Actinomyceten und Bakterien aus Wiederkäuermägen (Pansenflora). Am besten untersucht sind die Cellulase-Systeme von *Trichoderma viride* und *Trichoderma reesei*.

Häufig ist der Celluloseabbau mit dem Ligninabbau verbunden, oder anders ausgedrückt: Der Ligninabbau kann eine Voraussetzung für den Celluloseabbau sein. Ligninabbauende Enzyme sowie die entsprechende Prozeßführung sind aber noch wenig untersucht.

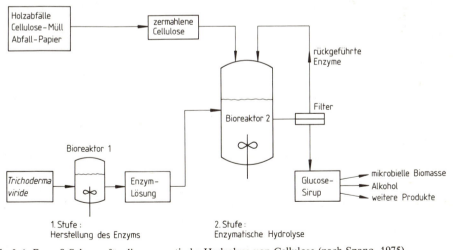

Abb. 2-4. Prozeß-Schema für die enzymatische Hydrolyse von Cellulose (nach Spano, 1975).

Abb. 2-4 zeigt eine mögliche Prozeßführung zum enzymatischen Abbau von Cellulose. In einer ersten Stufe wird kontinuierlich *Trichoderma viride* (mit dem entsprechenden Cellulase-System) produziert. In einer zweiten Stufe erfolgt die enzymatische Hydrolyse der Cellulose. Die aufbereiteten Cellulose-haltigen Rohstoffe werden zur Hydrolyse der zweiten Stufe beigegeben. Der in der zweiten Stufe entstehende Glucosesirup wird dann der weiteren mikrobiellen Verwertung zugeführt. Im Vordergrund stehen dabei sowohl die Herstellung von Einzellerbiomasse (z. B. Futterhefen) als auch die gezielte mikrobielle Umsetzung des Glucosesirups zu Metaboliten (z. B. Alkohol).

Obwohl sich zahlreiche biotechnische Prozesse zur Verwertung von Cellulose-haltigen Rohstoffen in der Entwicklungsphase befinden, werden Projektierungen großtechnischer Anlagen nur zögernd verwirklicht. Derartige Prozesse sind noch nicht wirtschaftlich, obwohl die Gewinnung von mikrobieller Biomasse auf Cellulose-Basis (aus Zeitungspapier oder aus Abwässern und Abfällen der Papierfabriken) aussichtsreich ist.

2.1.4 n-Alkane und Methanol als Rohstoff

n-Alkane sind gesättigte, geradkettige Kohlenwasserstoffe. Sie werden auch Paraffine genannt. Die kurzkettigen Homologe, welche bei Raumtemperatur flüssig sind, bilden die Reihe n-Pentan, n-Hexan, n-Heptan und n-Octan. Diese kurzkettigen Kohlenwasserstoffe zerstören häufig die Struktur von Membranproteinen und gelten deshalb für die Mehrzahl der Mikroorganismen als toxisch. Demzufolge werden für die mikrobielle Verwertung vor allem die längerkettigen Alkane im Bereich von 9 bis 18 Kohlenstoffatomen verwendet. Da reine n-Alkane als Substrate zu teuer sind, werden Alkangemische (Gasöl) als Rohstoffe für großtechnische mikrobielle Biosynthesen eingesetzt. Diese Gemische enthalten 10 bis 30% an verwertbaren n-Alkanen; der restliche Teil besteht aus nicht abbaubaren Kohlenwasserstoffen.

Die ersten Hinweise, daß Mikroorganismen Alkane als Substrat verwerten können, gehen auf Just et al. (1951) zurück. Die praktische Umsetzung in technische Prozesse erfolgte erst in den 60er Jahren. Damals erlebte die mikrobielle Verwertung von Erdölen im Hinblick auf eine Produktion von Einzellerbiomasse einen ungeahnten Aufschwung. Obwohl der Pe-

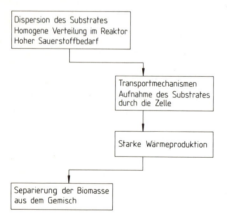

Abb. 2-5. Apparative Problemkreise bei der Herstellung mikrobieller Biomasse aus Kohlenwasserstoffen.

tromikrobiologie zur Biomasseproduktion heute nur noch geringe Bedeutung zukommt, haben apparative Fragestellungen im Zusammenhang mit der mikrobiellen Verwertung von Alkanen die mikrobielle Verfahrenstechnik enorm stimuliert. Einige Schwerpunkte sind in Abb. 2-5 zusammengestellt.

Rein apparative Probleme entstehen bei der Dispersion der wasserunlöslichen Phase in der Nährlösung. Der Substratnachschub zur Zelle ist nur dann gewährleistet, wenn die Kohlenstoffquelle als feinste Emulsion allen Zellen zugänglich gemacht wird. Es wurden einige neue Rühr- und Mischvorrichtungen für Bioreaktoren entwickelt, welche die Verbesserung des flüssig-fest-Stofftransportes zum Ziele hatten (vgl. Kap. 6). Da Alkane keinen Sauerstoff enthalten, kann die mikrobielle Oxidation nur dann erfolgreich sein, wenn auch dem erhöhten Bedürfnis nach Sauerstoff im Bioreaktor nachgekommen wird. Schließlich entsteht bei der mikrobiellen Oxidation von Alkanen mehr Wärme als beispielsweise bei der Oxidation von Glucose (vgl. Abschn. 1.2). Diese Wärme muß durch geeignete apparative Maßnahmen abgeführt werden.

Viele Untersuchungen befassen sich mit der Aufnahme von n-Alkanen als Substrat durch die Zelle. Nach den bisherigen Ergebnissen ist sowohl eine Aufnahme von emulgiertem Substrat als auch eine Aufnahme in Form einer echten Lösung (einzelne Moleküle) oder in submikroskopischer Form (Molekülaggregate, Micellen) denkbar. Eine ausführliche Behandlung von verschiedenen Forschungsergebnissen findet sich bei Rehm und Reiff (1981) und bei Einsele (1983).

Kohlenwasserstoff-abbauende Organismen verfügen über spezielle Stoffwechselwege. Unter den Hefen gehören *Candida*-Arten (Saccharomycopsis) zu den wichtigsten Vertretern, welche n-Alkane abbauen. Alkanketten können sowohl einseitig (monoterminal) als auch beidseitig (bi- oder diterminal) oxidiert werden. Dabei entsteht in jedem Fall die der Anzahl der Kohlenstoffatome des Substrates entsprechende Fettsäure. Diese wird durch die sog. β-Oxidation zu Einheiten mit zwei Kohlenstoffatomen, dem Acetyl-CoA, abgebaut, welches schließlich in den Zellmetabolismus einfließt. Detaillierte Ausführungen über einzelne Reaktionsfolgen, welche von Organismus zu Organismus stark variieren, finden sich in Rehm (1977).

Die Aufarbeitung mikrobieller Biomasse, welche auf Kohlenwasserstoffen gewachsen ist, stellt spezielle Probleme. Die vier Phasen (Wasser, Luft, Feststoffe und wasserunlösliches Substrat) sind nicht so einfach voneinander abzutrennen. Dies gilt insbesondere für die mikrobielle Verwertung von „Gasöl", weil in diesem Fall nach dem eigentlichen Bioprozeß noch unverwertbare, wasserunlösliche Stoffe vorliegen. Die Einzellerbiomasse kann nur verwertet werden, wenn die nicht abbaubare Erdölfraktion restlos entfernt ist.

Abb. 2-6 zeigt ein Prozeß-Schema für die kontinuierliche Herstellung von mikrobiellem Protein auf der Basis von Gasöl. Es handelt sich um ein Verfahren der British Petroleum Company. Substrat, Mineralsalze und weitere Wachstumsfaktoren werden dem Bioreaktor über separate Leitungen zugeführt. Der dem Bioreaktor kontinuierlich entnommene Produktstrom wird in einem aufwendigen Verfahren aufgearbeitet. Zunächst werden die nicht verwertbaren Substratfraktionen mit Hilfe von Dekantern und Zentrifugen aus der Nährlösung entfernt. Anschließend werden die restlichen Spuren von Kohlenwasserstoffen in einer Gegenstromextraktion entzogen. Diese zusätzlichen Maßnahmen sind notwendig, da der Kohlenwasserstoff-Gehalt des Endproduktes weniger als 0.5% betragen muß.

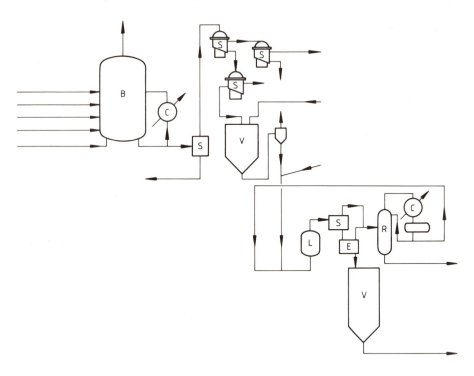

Abb. 2-6. Prozeß-Schema für die Herstellung von Einzellerbiomasse aus Erdöl (nach einem Verfahren der British Petroleum Comp.). — S Separator, C Kühler oder Kondensor, B Bioreaktor, E Verdampfer, V Vorlage- oder Lagertank, L Auslaugung, R Rückgewinnung.

Die mikrobielle Herstellung von Biomasse auf der Basis von n-Alkanen ist zur Zeit harter Kritik ausgesetzt. Zwei Punkte sind maßgebende Grundlagen dafür: Erstens bestanden von Anfang an Bedenken im Hinblick auf die mögliche Entstehung kanzerogener Stoffe während des Abbaus von Kohlenwasserstoffen. Obwohl die Verwendung von Biomasse als tierisches Futteradditiv getestet worden ist, hemmte doch die Möglichkeit der Verschleppung kanzerogener Stoffe eine weitere Verbreitung. Zweitens sind durch die Erdölkrisen der 70er Jahre die Preise für Erdöle derart in die Höhe geklettert, daß die revidierten Produktgestehungskosten für mikrobielle Einzellerbiomasse dieses Substrat nicht mehr rentabel erscheinen ließen. Aus diesen Gründen wurden die vor allem in Italien entstandenen Großanlagen stillgelegt. Es scheint, daß dieses Kapitel in der westlichen Hemisphäre abgeschlossen ist. Dagegen gibt es einzelne Hinweise dafür, daß die Aktivitäten in den Oststaaten noch weitergeführt werden.

Aus der technischen Erdölmikrobiologie stammen aber Entwicklungen, die zu anderen technisch interessanten Prozessen geführt haben: Neben der Verwertung von *Methan* ist vor allem die mikrobielle Oxidation von *Methanol* zu Einzellerbiomasse erwähnenswert. Sowohl in England als auch in Deutschland sind Entwicklungen im Gang oder bereits abgeschlossen, welche großtechnische Anlagen zur Herstellung von bakterieller Biomasse auf der Basis von Methanol zum Ziele haben (vgl. Papoutsakis et al., 1978).

2.2 Biosynthese von Stoffwechselprodukten

Stoffwechselprodukte werden eingeteilt in *Primärmetaboliten* und *Sekundärmetaboliten*. Primärmetaboliten sind die niedermolekularen Bausteine der Zelle. So sind z. B. Aminosäuren, Nucleotide und Zucker Bausteine von Proteinen, Nucleinsäuren und Gerüstsubstanzen. Primärmetaboliten sind für alle Zellen lebensnotwendig und sind deshalb in allen Zellen vorhanden. Im Gegensatz dazu treten Sekundärmetaboliten nicht bei allen Organismen auf. Sekundärmetaboliten sind Stoffwechselprodukte von Mikroorganismen, Pflanzen oder Tieren, für die bisher oft noch keine Funktion im Stoffwechsel des Produzenten erkennbar ist.

2.2.1 Primärmetaboliten

Die biologische (biochemische) Herstellung primärer Stoffwechselprodukte steht in Konkurrenz zum chemischen Produktionsverfahren. Zwei Gründe sprechen oft gegen eine mikrobiologische Synthese:

1. Der chemische Prozeß verursacht geringere Kosten.
2. In der Regel werden Primärmetaboliten nur in ganz geringen Mengen in der Zelle produziert; es ist deshalb notwendig, zunächst Mutanten zu gewinnen, denen bestimmte – hemmende – Regulationsmechanismen fehlen („überproduzierende Stämme") (vgl. Abschn. 1.4).

Neue Verfahrensentwicklungen für biochemische Herstellungswege sind nur dann sinnvoll, wenn das Produktionsverfahren von neuen Voraussetzungen ausgeht, z. B. von der Verwendung neuer Kohlenstoffquellen, die eine neue wirtschaftliche Grundlage in Aussicht stellen. Die Konkurrenzsituation zwischen chemischer und biologischer Synthese hat sich aufgrund der sprunghaft gestiegenen Energiepreise (vor allem für Erdöl) allerdings verändert. Infolgedessen ist die Herstellung auf mikrobiellem Weg für eine ganze Anzahl primärer Metaboliten (z. B. Alkohole, Ketone oder Säuren) wieder interessant geworden. Diese Situation wird zugunsten der Biotechnologie noch stark verbessert, wenn man Abfallprodukte oder preisgünstige Rückstände aus der Verarbeitung landwirtschaftlicher Produkte als Rohstoffe einsetzen kann.

Zu den wichtigsten Primärmetaboliten gehören:

- Grundchemikalien wie Alkohole, Ketone, Säuren, Methan
- Aminosäuren, Nucleotide
- Vitamine

2.2.1.1 Alkohole, Ketone, Säuren, Methan

Von einzelnen Ausnahmen abgesehen sind biotechnische Prozesse zur Gewinnung von einfachen organischen Verbindungen, die als Lösungsmittel oder als Ausgangssubstanz für chemische Synthesen dienen können, noch nicht konkurrenzfähig gegenüber den Syntheseverfahren der Petrochemie. Ein eindrucksvolles Beispiel dafür ist die Butanol-Aceton-Gärung; die bereits etablierten Prozesse wurden Ende der 40er Jahre vor allem in der westlichen Welt gänzlich zugunsten der chemischen Totalsynthese aufgegeben. Generell kann man sagen, daß die Gewinnung von organischen Verbindungen auf biotechnischem Weg nur in denjenigen Fällen günstiger ist als die chemische Synthese, in denen es sich um den Aufbau komplizierter Moleküle – etwa von Aminosäuren, Nukleotiden und anderen – handelt.

Durch die Verwendung von Ethanol als Kohlenstoffquelle zur Herstellung von mikrobieller Biomasse oder als Treibstoffzusatz oder -ersatz für Fahrzeuge hat die biotechnische Herstellung dieses Primärmetaboliten einen großen Aufschwung erlebt. Die heutigen Verfahren zur Herstellung von Ethanol aus Zucker- oder Stärke-haltigen Rohstoffen erreichen bis zu 95% der theoretischen Ausbeute, bezogen auf die verwertbaren Zucker. Bei allen Verfahren liegt die maximal im Prozeß erreichbare Alkoholkonzentration bei etwa 10% (Volumenanteile der wäßrigen Lösung). Sowohl Organismen-spezifische wie auch verfahrenstechnische Verbesserungen sind zu erwarten. Auf der biologischen Seite werden genetisch veränderte Hefen entwickelt. Damit kann einerseits das Substratspektrum erweitert (z. B. Pentosen) und andererseits das Temperaturoptimum erhöht werden (eine Erhöhung der Temperatur beschleunigt den Prozeß und bringt eine Einsparung an Kühlwasserkosten). Andere biologische Entwicklungen umfassen die Erhöhung der Alkoholtoleranz der Hefen sowie die Beeinflussung der Flockulierungseigenschaften, wodurch die Abtrennung erleichtert und verbilligt würde. Schließlich werden Verfahren mit Bakterien *(Zymomonas mobilis)* mit einiger Aussicht auf Erfolg studiert. Einerseits weisen Bakterien die größeren Reaktionsgeschwindigkeiten auf, andererseits ist aber die Abtrennung dieser Mikroorganismen oft sehr kostspielig.

Die Herstellung von Alkoholen mit Hilfe der Biotechnologie bedarf noch zahlreicher verfahrenstechnischer Verbesserungen. Diese zielen vor allem auf eine kontinuierliche Abtrennung des Alkohols aus der Kultivationsbrühe hin. Um das zu erreichen, werden die Vakuumdestillation, die Umkehrosmose sowie die Flüssig/Flüssig-Extraktion angewendet. Durch eine geeignete Art der Konzentrierung sind wesentliche Energieeinsparungen möglich; gleichzeitig wird durch die Entfernung des Alkohols die Produktion verbessert. Eine gute Übersicht über Entwicklungen zur Verbesserung dieser Technologien geben Maiorella et al. (1981). Aus dieser Veröffentlichung ist die Abb. 2-7 entnommen. Sie zeigt zwei mögliche Prozeßführungen zur Abtrennung des mikrobiell synthetisierten Alkohols, nämlich die kontinuierliche Alkoholextraktion mit einem Lösungsmittel und die kontinuierliche Entfernung des Alkohols mittels Membranen (vgl. Kap. 8).

Primärmetaboliten wie Alkohol oder Glycerin können auch mit Hilfe von immobilisierten Zellen in Festbett- oder Wirbelbett-Reaktoren hergestellt werden.

Einen neuartigen Weg beschreiten Prozesse, deren Ziel es ist, mikrobiell *Wasserstoff* zu produzieren. Wasserstoff gilt wegen seiner umweltfreundlichen Verbrennung als idealer Energieträger. Ein mögliches Herstellungsverfahren ist die photobiologische Wasserstoffproduktion. Der Weg, durch Eingriffe in den Photosyntheseapparat von grünen Pflanzen, aber auch von Algen und photosynthetischen Bakterien, molekularen Wasserstoff freizusetzen, wird bereits erprobt. Gegenüber der biologischen Alkoholgewinnung aus Glucose hat die Erzeugung von Wasserstoff durch photosynthetische Bakterien eine Reihe von Vorteilen: Erstens ist die Energieausbeute größer, da die Lichtenergie in den Prozeß einfließt, und zweitens ist zur Gewinnung des Wasserstoffs kein zusätzlicher Destillationsprozeß notwendig.

Abb. 2-7. Prozeß-Schema für die mikrobielle Gewinnung von Ethanol (nach Maiorella et al., 1981). – I Bioprozeß mit kontinuierlicher Lösungsmittelextraktion, II Bioprozeß mit kontinuierlicher Membranseparation; B Bioreaktor, T Tank, PS Trennkolonnen.

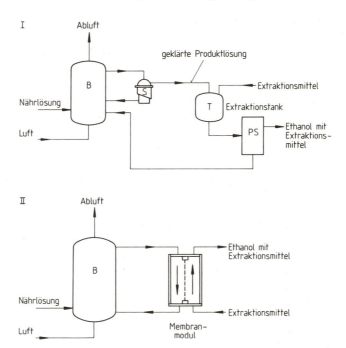

Schließlich ist als Primärmetabolit *Methan* zu erwähnen, welches im Bereich der Biotechnologie ebenfalls eine immer größere Rolle spielt. Im Gegensatz zu den meisten in diesem Abschnitt erwähnten mikrobiellen Prozessen ist die Methanbildung ein anaerober Vorgang. Die mikrobielle Methanbildung kommt in der Natur häufig vor, und zwar überall dort, wo organisches Material in Abwesenheit von Sauerstoff umgesetzt wird („Sumpfgas", „Grubengas"). Im technischen Maßstab wird dieser anaerobe, mikrobielle Prozeß schon seit vielen Jahren zur Stabilisierung von Klärschlamm benutzt. Über 50% der organischen Bestandteile des Klärschlamms werden von anaeroben Bakterien zu Kohlendioxid und Methan umgesetzt. Diese Mischung der beiden Gase nennt man *Biogas*. Die Herstellung von Methan in Form von Biogas genießt in jüngster Zeit großes Interesse. Dabei sind zwei Gründe entscheidend:

1. Die sonst für die Sauerstoffversorgung erforderliche Energie muß hier nicht aufgewendet werden;
2. das anfallende Biogas mit einem Heizwert von etwa 1000 bis 1500 J/m³ kann zu Heizzwecken genutzt werden (vgl. Bruhne und Sahm, 1981).

Eine Anzahl von organischen Säuren kann mit Hilfe von Schimmelpilzen aus billigen Rohstoffen wie Melasse und Stärke hergestellt werden: Citronensäure, Oxalsäure und Gluconsäure werden unter bestimmten Kultivationsbedingungen von *Aspergillus niger* produziert, Itaconsäure von *Aspergillus tereus,* Bernsteinsäure, Äpfelsäure und Fumarsäure von Zygomyceten.

Die größte wirtschaftliche Bedeutung hat die Citronensäure. Zur Produktion benutzt man sowohl Oberflächenkulturen wie auch Submerskulturen, wobei sich letztere durchgesetzt haben. Diese Verfahren sind ausführlich bei Rehm (1980) beschrieben. In einer Submerskultur wächst das Myzel in Form von Pellets (Klümpchen) von 1 bis 2 mm Durchmesser. Unter anderem spielt die Belüftung dieses komplizierten biochemischen Systems eine wichtige Rolle, ohne die eine genügende Sauerstoffversorgung innerhalb der Pellets nicht gewährleistet werden kann. So ist die Produktionsgeschwindigkeit nicht zur Myzelmenge, sondern zur Pelletgröße und zur Pelletzahl proportional. Der optimale pH-Wert für die Citronensäureproduktion liegt bei pH 2 bis 3. Bei nur schwach sauren Bedingungen werden anstelle von Citronensäure Oxalsäure und Gluconsäure gebildet.

2.2.1.2 Aminosäuren, Nucleotide

Wie bereits allgemein für Primärmetaboliten erwähnt, gilt auch für Aminosäuren, daß sie sowohl chemisch als auch auf biotechnischem Weg hergestellt werden können. Obwohl die chemischen Verfahren zur Aminosäure-Produktion sehr hohe Ausbeuten erbringen, haben sie doch den Nachteil, zu einer racemischen Mischung von D- und L-Isomeren zu führen. Da nur die L-Isomere für die Ernährung geeignet sind, müssen umfangreiche Aufwendungen für die Isomerentrennung erbracht werden. Dies ist einer der entscheidenden Gründe dafür, daß viele Aminosäuren heute – vor allem in Japan – großtechnisch auf biotechnischem Weg hergestellt werden. Ein zweiter Grund ist, daß neue Stämme isoliert wurden, die bisher ungenutzte Kohlenstoffquellen für die mikrobielle Aminosäure-Produktion erschließen.

Mikrobiell können Aminosäuren auf zwei Wegen gewonnen werden: Entweder durch direkte mikrobielle Produktion, bei der das Kohlenstoff-Gerüst der Aminosäure aus Rohstoffen wie Sacchariden oder auch n-Alkanen aufgebaut wird, oder durch mikrobiologische Transformation, bei der eine geeignete Vorstufe der Aminosäure enzymatisch zu der gewünschten Aminosäure umgesetzt wird (z. B. Decarboxylierung von Diaminopimelinsäure zu Lysin). Die direkte mikrobielle Produktion hat aber einstweilen noch die größere Bedeutung; so werden vor allem L-Glutaminsäure und L-Lysin in größerem Umfang in solchen mikrobiellen Verfahren hergestellt [vgl. dazu die ausführliche Behandlung bei Rehm, (1980) und Fritsche (1978)].

Das wohl typischste Beispiel für die mikrobielle Herstellung einer Aminosäure ist die Glutaminsäure: Bis zu 90% werden auf biotechnischem Weg produziert. Hauptproduzenten sind die Stämme von *Corynebacterium glutamicum*. Die Züchtung erfolgt bei 30 °C in zwei Schritten. Im ersten findet das Wachstum, im zweiten die Produktbildung statt. Bei Substratkonzentrationen von 100 g/L werden Glutaminsäure-Ausbeuten von 50 g/L erreicht. Die molare Ausbeute liegt bei 50 bis 70%. Es ist auch möglich, die Glutaminsäure auf der Basis von Paraffinen herzustellen. Stämme, die zur Assimilation von Alkanen befähigt sind, bilden Glutaminsäure in Mengen von bis zu 20 g/L, wobei die gewichtsmäßige Ausbeute bezogen auf n-Hexadecan 70% beträgt. Die Produktion von Aminosäuren in hohen Konzentrationen ist ein typischer Fall von Überproduktion (vgl. Abschn. 1.4).

Mikrobiell produziertes L-Lysin wird in großen Mengen in der Nahrungs- und Futtermittelindustrie eingesetzt. Als Produktionsstamm wird eine Homoserin-bedürftige Mutante von *Corynebacterium glutamicum* verwendet. Dieser Stamm vermag unter geeigneten Bedingungen bis zu 50 g/L Lysin zu produzieren. Als Ausgangs-Rohstoff werden Glucose oder Melasse in Mengen von 150 g/L eingesetzt. Die Überproduktion von Lysin wird durch eine genotypische Optimierung ermöglicht (Mutationsschritt). Im Prozeß sind geeignete verfahrenstechnische Bedingungen (phänotypische Optimierungen) einzuhalten, damit die genetische Potenz ausgenutzt werden kann. Es sind dies:

1. Die Dosierung des Homoserins: Homoserin wird zum Wachstum gebraucht. Es muß jedoch in einer wachstumslimitierenden Konzentration zugesetzt werden, damit keine Endprodukthemmung eintritt.
2. Die Dosierung des Biotins: Bei suboptimalen Biotinkonzentrationen wird statt Lysin Glutaminsäure gebildet.

Diese beiden Verfahren zur Herstellung von Aminosäuren zeigen eindrucksvoll, daß sich verfahrenstechnische Aspekte entscheidend auf die Effizienz eines Prozesses auswirken können. Ähnliches gilt auch für die mikrobielle Herstellung von *Nucleotiden,* welche ebenfalls durch direkte, mikrobielle Umsetzungen hergestellt werden. GMP (Guanosin-5'-monophosphat), IMP (Inosin-5'-monophosphat) und XMP (Xanthosin-5'-monophosphat) sind Geschmack-und Aromastoffe. Sie ergeben vor allem zusammen mit Glutaminsäure einen stark geschmacksteigernden Effekt.

2.2.1.3 Vitamine

Obwohl viele Vitamine von Mikroorganismen synthetisiert werden können, werden gegenwärtig nur Cobalamin (Vitamin B_{12}), Ergosterin (Provitamin D_2), Riboflavin (ein Vitamin des B_2-Komplexes) und L-Ascorbinsäure (Vitamin C) auf mikrobiellem Weg hergestellt. Sorbit wird durch mikrobielle Transformation (s. Abschn. 2.3) zu Sorbose, einem Zwischenprodukt der Ascorbinsäure-Synthese, oxidiert. β-Karotin (Provitamin A) kann chemisch synthetisiert werden; seine mikrobielle Synthese ist daher von untergeordneter Bedeutung. In der Literatur sind viele mikrobielle Vitamin-Synthesen beschrieben; der wirtschaftliche Erfolg dieser Verfahren blieb meistens aus (vgl. Rehm, 1980).

2.2.1.4 Polysaccharide

Dextran und Xanthan haben von allen mikrobiell synthetisierten Polysacchariden die größte wirtschaftliche Bedeutung erlangt. Voraussetzung für die wirtschaftliche Nutzung ist aber, daß das Polysaccharid extrazellulär in größeren Mengen anfällt. Dextran ist ein Makromolekül aus Glucose-Einheiten mit meist α-1,6-glycosidischen Bindungen und wird vor allem durch *Leuconostoc mesenteroides* gebildet. Es spielt eine große Rolle als Blutplasmaersatz.
Beim Xanthan handelt es sich um ein β-1,4-glycosidisch verknüpftes D-Glucosyl-Grundgerüst mit Seitenketten aus drei Einheiten von D-Mannose und D-Glucuronsäure im Verhältnis 2:1. Der bekannteste Xanthan-Produzent ist *Xanthomonas campestris.*
Für die Verfahren zur Herstellung mikrobieller Polysaccharide ist kennzeichnend, daß mit zunehmender Produktkonzentration die Viskosität im Bioreaktor stark steigt. Dadurch

wird sowohl die Versorgung wie auch die Entsorgung der Zellen schwieriger. Diese Verfahren sind typisch für diejenigen Prozesse, die mit kleinen Produktkonzentrationen operieren und deshalb vornehmlich in großen Bioreaktoren und mit einem entsprechend großen Arbeitsaufwand durchgeführt werden müssen (vgl. Sanford und Laskin, 1977).

2.2.2 Sekundärmetaboliten

Sekundärmetaboliten sind Stoffwechselprodukte, die im Metabolismus der Zellen, in denen sie produziert werden, keine erkennbare Funktion haben. Sie treten nicht bei allen Organismen auf, geben aber in ihrer enormen Vielfalt einen Eindruck von der Vielfalt der Lebewesen an sich. Die einzelnen Sekundärmetaboliten haben eine enge taxonomische Bedeutung. Sekundärmetaboliten werden nur bei bestimmten Kulturbedingungen und Entwicklungsphasen der Zellen gebildet. Aufgrund ihrer sehr oft komplizierten Struktur sind sie chemisch nur schwer oder gar nicht zu synthetisieren. Das Preisniveau der Sekundärmetaboliten ist deutlich höher als dasjenige der Primärmetaboliten. Somit ist die Wertschöpfung bei den Produktionen von Sekundärmetaboliten, bezogen auf die Ausgangsstoffe, größer. Sekundärmetaboliten können nach ihrer physiologischen Aktivität oder nach ihrer chemischen Struktur unterteilt werden. Unter physiologischer Aktivität ist der Wirkstoffcharakter, den viele Sekundärmetaboliten besitzen, zu verstehen. Im sekundären Stoffwechsel erzeugte Wirkstoffe können in die folgenden Gruppen eingeteilt werden:

- Antibakterielle Metaboliten
- Antifungale Metaboliten
- Metaboliten mit Antitumorwirkung
- Metaboliten mit spezieller pharmakologischer Wirkung.

Unter dem Begriff *Antibiotika* werden allgemein Verbindungen verstanden, die von Mikroorganismen gebildet werden und die auf andere Organismen (Mikroorganismen, tierische, pflanzliche oder menschliche Zellen) in geringer Konzentration hemmend oder abtötend wirken.

Eine Unterscheidung der Sekundärmetaboliten nach ihrer chemischen Struktur ist ebenfalls möglich. Die Sekundärmetaboliten zeigen in bezug auf die chemische Struktur eine außerordentliche Mannigfaltigkeit. Es gibt unter ihnen sowohl aliphatische, aromatische und heterocyclische Verbindungen als auch Aminosäure-, Peptid- und Zucker-Derivate. Sekundärmetaboliten werden wie die Biopolymere der Zellen aus Substanzen des Primärmetabolismus aufgebaut und sind deshalb mit dessen Sequenzen eng verbunden. Die Sekundärmetaboliten können aufgrund ihrer Beziehung zum Primärstoffwechsel eingeteilt werden in:

- Polyketide
- Isoprenoide
- Zucker-Derivate, Glykoside
- Aminosäure-Derivate, Peptide und Peptid-Derivate
- Nucleosid-Derivate.

Tabelle 2-1. Einige wichtige Sekundärmetaboliten und deren Ausgangsprodukte.

Sekundärmetabolit	Ausgangsprodukt
Cephalosporine	Peptid-Derivate
β-Lactame	Peptid-Derivate
Gramicidin S	Polypeptid-Antibiotika
Tyrocidin	
Bacitracin	
Polymix	
Actinomycin	
Valiomycin	
Griseofulvin	Polyketide
Tetracycline	Polyketide
Streptomycine	Makrolid-Antibiotika

Tabelle 2-1 ist eine Zusammenstellung einiger wichtiger Sekundärmetaboliten.

Sowohl Wachstumsprozesse als auch die Synthesen von Sekundärmetaboliten benötigen Energie und Reduktionsäquivalente. Beide Prozesse konkurrieren also um die gleichen Intermediärprodukte. Die Physiologie des Stoffwechsels von Sekundärmetaboliten ist in diejenige des Primärmetabolismus einzubeziehen. Durch die Prozeßführung lassen sich sowohl der Primär- als auch der Sekundärstoffwechsel beeinflussen.

Die Bildungsgeschwindigkeit von Sekundärmetaboliten hängt entscheidend von bestimmten Wachstumsphasen ab. Die Produktbildung setzt im allgemeinen nach Abschluß des Wachstums ein. In dem Zusammenhang sind die Begriffe Tropho- und Idiophase eingeführt worden. In der ersten, der Trophophase, werden die Nährstoffe zur Bildung von Zellbestandteilen – also zum Wachstum – genutzt. Ist der das Wachstum limitierende Nährstoff aufgebraucht, so wird das Wachstum abgebrochen, und die restlichen Nährstoffe werden zur Bildung von Sekundärmetaboliten verwendet. Ein Organismus bildet in der Regel mehrere Sekundärmetaboliten. Diese können in der Zelle bleiben oder werden ausgeschieden. Der Übergang von der Wachstums- zur Produktionsphase erfolgt allmählich, wobei während des Übergangs morphologische Veränderungen auftreten.

Da in einer Population Zellen verschiedenen Alters vorliegen, sind auch mehrere Entwicklungsstadien anzutreffen. Oft kann deshalb die eigentliche Produktionsphase nicht exakt von der Wachstumsphase unterschieden werden. Bei Myzelien bestimmen Wachstumsgeschwindigkeit, Alter, Verzweigungsgrad, Kolonieform und -größe die Produktivität der einzelnen Teile.

Sekundärmetaboliten werden aufgrund der folgenden Voraussetzungen gebildet:

- Bereitstellung der benötigten Bausteine;
- Synthese oder Aktivierung der spezifischen Enzyme des Sekundärmetabolismus;
- Intakte Regulationsmechanismen (Induktion oder Repression, Katabolitrepression oder Endprodukthemmung).

Oft wird eine Produktion durch die Zugabe von Präkursoren gefördert. Präkursoren sind Produktvorstufen, die ohne wesentliche Veränderungen eingebaut werden. Ihre Struktur kann mit derjenigen des Produkts (oder einer Teilstruktur davon) nahezu identisch sein. Beispielsweise spielte die Verwendung von Maisquellwasser bei der Entwicklung des Penicillin-Produktionsprozesses eine wichtige Rolle. Durch die Zugabe dieses Maisquellwassers konnte die Ausbeute an Penicillin G wesentlich gesteigert werden. Erst später fand man, daß diese Steigerung u. a. auf das im Maisquellwasser enthaltene Phenylalanin zurückzuführen ist. Die Aminosäure Phenylalanin wird vom Organismus *(Penicillium sp.)* als aktivierte Phenylessigsäure bei der Penicillin-Synthese eingebaut. Aufgrund dieser Erkenntnis wird heute bei der Penicillin-Produktion Phenylessigsäure dem Prozeß ständig beigefügt. Damit wird außer einer verbesserten Ausbeute erreicht, daß fast ausschließlich Penicillin G gebildet wird. Ein anderes Beispiel ist die Phenoxyessigsäure, welche als Präkursor zu Penicillin V führt. Dieses Penicillin ist säurefest, wird daher im Magen nicht abgebaut und kann oral verabreicht werden. Präkursoren spielen beim Entwurf einer Nährlösung zur industriellen Produktion von Sekundärmetaboliten sowohl prozeßtechnisch wie ökonomisch eine wichtige Rolle.

Die Herstellung von Sekundärmetaboliten stellt meist hohe Anforderungen an die Verfahrenstechnik. Neben den Genetikern, die an der Verbesserung der Mikroorganismenstämme arbeiten, haben Verfahrensingenieure dazu beigetragen, daß heute manche Sekundärmetaboliten in Konzentrationen bis zu 30 g/L im Bioreaktor mikrobiell synthetisiert werden können. Dabei sind zwei Arbeitsbereiche betroffen:

1. Verbesserung des Stofftransportes, insbesondere der Sauerstoffversorgung der (oft myzelartigen) Organismen bei möglichst hohen Zelldichten; Berücksichtigung der Fragilität von Myzelien; Optimierung der Nährlösungszusammensetzung; Aktivierung der Impfkultur.
2. Verbesserung der Prozeßführung aufgrund der Kenntnisse der Biogenese und Biosynthese des Metaboliten.

Viele der in diesem Kapitel erwähnten Bioprozesse arbeiten mit Nährlösungen oder Kultivationsbrühen mit nicht-Newtonschem Verhalten. Der Stoffaustausch in derartigen Systemen und die Konsequenzen für den Entwurf von Bioreaktoren werden speziell in Abschn. 6.4 behandelt.

Die Bedeutung von Sekundärmetaboliten steigt ständig. Die Entwicklung derartiger Wirkstoffe kann schnell verlaufen, aber zwischen der Entdeckung im Labor und der Einführung des Produktes auf dem Markt (Substanzen in Tab. 2-1) können 5 bis 10 Jahre vergehen. Weltweit werden jährlich etwa eine Million Mikroorganismen einem Screening unterworfen. Dabei handelt es sich hauptsächlich um die Gruppen der Actinomyceten und der Deuteromyceten (fungi imperfecti). Viele der bisher eingeführten mikrobiellen Sekundärmetaboliten – insbesondere solche mit spezieller pharmakologischer Anwendung – wurden nicht aufgrund eines zielgerichteten Screenings gefunden, sondern durch eine nachträgliche breite Prüfung einer aus anderen Gründen isolierten Substanz. Antibiotika sind bisher nur ein kleiner Teil aller bekannten Sekundärmetaboliten.

Eine besondere Stellung nimmt die Produktion von *Peptiden* und *Proteinen* ein.

Die Zahl der Peptide und Proteine, die in den vergangenen Jahren als biologisch effektiv erkannt worden sind, hat sprunghaft zugenommen. In neuerer Zeit sind durch die Erfolge der Technik mit rekombinanter Desoxyribonukleinsäure (DNA) sowie der Hybridomzelltechnik Wege eröffnet worden, die eine Produktion dieser Stoffe in ausreichender Menge ermöglichen. Dadurch ist das Interesse an Proteinen und Peptiden als Hormone, Diagnostika oder Therapeutika (Insulin, Interferon, monoklonale Antikörper, Lymphokine, Impfstoffe u. a.) enorm gestiegen. Dies wiederum stimuliert die Ausarbeitung und die Optimierung entsprechender Produktionsverfahren.

2.3 Biotransformation

Unter Biotransformationen versteht man ein- oder mehrstufige Reaktionen, bei denen mit Hilfe von Mikroorganismen oder den daraus isolierten Enzymsystemen eine Substanz in eine andere umgewandelt wird. Biotransformationen sind mikrobiologische Stoffumwandlungen im engeren Sinne. Natürlich können im Grunde genommen alle Reaktionen, die durch Mikroorganismen bewirkt werden, als mikrobielle Stoffumwandlungen bezeichnet werden. Unter Biotransformationen sind aber spezifisch diejenigen Reaktionen zu verstehen, bei welchen:

1. Stoffe umgesetzt werden, die der Organismus selbst nicht benötigt oder die für ihn stoffwechselfremd sind;
2. nur einzelne Reaktionsschritte ausgeführt werden und das Produkt von den Organismen nicht weiter verwertet werden kann;
3. in den wenigsten Fällen ein Wachstum der Zellen erfolgt.

Zusammengefaßt: Biotransformationen sind Reaktionen, bei denen enzymatisch eine einfache Änderung im Molekül vorgenommen wird, ohne daß das entstehende Molekül über einen eigenen Stoffwechsel verfügt.

Grundsätzlich lassen sich alle Reaktionen (Oxidationen, Reduktionen, Decarboxylierungen, Desaminierungen usw.) in der Form von Biotransformationen durchführen. Voraussetzung ist allerdings, daß die enzymatische Reaktion gezielt durchgeführt werden kann. Das hauptsächliche Ausgangsmaterial für Biotransformationen sind Kohlenhydrate und Steroide. Allerdings wird nur ein kleiner Teil der entdeckten Umsetzungen auch technisch genutzt.

Die bekanntesten, technisch wichtigen Biotransformationen umfassen:

- Hydroxylierung an verschiedenen Positionen
- Einführung einer Doppelbindung
- Abspaltung von Seitenketten
- Oxidation zum Keton
- Dehydrierung
- Isomerisierung, Aromatisierung.

Vor allem auf dem Gebiet der Nebennierenrindenhormone (z. B. Cortisone, Hydrocortisone) wurden – durch mikrobielle Reaktionen an Steroiden – außerordentlich wirksame Stoffe entwickelt.

Die Biotransformation ist jedoch der großen Konkurrenz der chemischen Transformation und Synthese ausgesetzt. Wie bereits bei anderen mikrobiellen Prozessen erwähnt, gilt hier in besonderem Maße, daß nur solche Biotransformationen tragbar sind, die wirtschaftlich den entsprechenden chemisch-synthetischen Verfahren überlegen sind. Einige Eigenschaften verschaffen den enzymatischen Reaktionen gegenüber chemisch katalysierten Reaktionen eindeutig Vorteile:

- Die katalytische Aktivität eines Enzyms kann hochspezifisch sein und beschränkt sich in der Regel auf einen Reaktionstyp, so daß keinerlei Nebenreaktionen auftreten.
- Mikrobiell können Positionen innerhalb eines Moleküls angegriffen werden, die wegen mangelnder Aktivierung chemisch nicht reagieren oder dazu mehrere Hilfssynthesen benötigen.
- Mikrobielle Transformationen können ein Verfahren oft vereinfachen; Reaktionen, die chemisch in mehreren Stufen durchgeführt werden müssen, lassen sich mikrobiell oft in weniger Stufen (oder in einer einzigen) durchführen.
- Mikrobielle Transformationen laufen unter milden Reaktionsbedingungen ab.

Hinsichtlich der Verfahrensform lassen sich Biotransformationen wie folgt einteilen:

- Biotransformationen mit fixierten Zellen;
- Biotransformationen mit isolierten und immobilisierten Enzymen;
- Biotransformationen mit wachsenden Zellen.

Die neueste Entwicklung geht eindeutig in Richtung fixierten Biomaterials (s. Abschn. 7.4). Bei dieser Art des Vorgehens wird nämlich die Transformationskapazität der Zellen besser ausgenützt als bei der Verwendung freier Zellen. Ferner wird die Stabilität und damit die Produktivität verbessert.

2.4 Industrieller Einsatz von Biomasse an natürlichen Standorten

Alle bisher genannten mikrobiellen Prozesse laufen als Monokultur in eigens dafür hergestellten, oft sterilisierbaren Reaktionsgefäßen ab.

Der Einsatz von Biomasse an natürlichen Standorten wird seit dem Altertum praktiziert. Die gezielte industrielle Nutzung aber setzte erst vor etwa 25 Jahren ein und erreicht heute in Form der Erzlaugung im Biobergbau große Ausmaße. In den USA werden mehr als 10% der Gesamtproduktion im Bergbau davon erfaßt.

Viele Bakterien, welche Metalle aus minderwertigen Erzen herauslaugen, sind chemolithoautotroph, das heißt: sie gewinnen die zum Leben benötigte Energie aus der Oxidation anorganischer Substanzen und assimilieren den Kohlenstoff in Form von Kohlendioxid aus der Atmosphäre (vgl. Systematik in Tab. 1-2).

Ein wichtiger Vertreter dieser Gruppe ist *Thiobacillus ferrooxidans*. Dieser Organismus bezieht die Energie zum Wachsen nicht nur aus der Oxidation von Sulfit zu Sulfat, sondern auch aus der von Eisen(II)-Ionen zu Eisen(III)-Ionen. Das Bakterium ist für die mikrobielle Laugung von Erzen unentbehrlich, doch wurde gezeigt, daß Mischkulturen von *T. ferrooxidans* und *T. thiooxidans* das Erz noch effizienter auslaugen als jeder der beiden allein.

Entsprechend den Lagerstätten, dem pH-Wert und der Temperatur der Umgebung wechseln die Organismenarten der Mischkultur (Brierley, 1978; Kelly et al., 1979).

Der Laugungsprozeß an sich kann durch direkten enzymatischen Angriff auf die Mineralien erfolgen. Die biologischen Reaktionsschritte sind alle Teil eines komplexen Systems, dessen Funktionsfähigkeit von hydrologischen, geologischen, physikalischen und technischen Faktoren abhängt. Auf der technischen Seite wachsen die Aufwendungen ins Riesenhafte. Die kommerziell betriebene Haldenlaugung umfaßt Millionen Tonnen sulfidischen Abraummaterials; als Transportmittel dienen Lastzüge und Eisenbahn, als Lager- und Reaktionsstätten ganze Täler. Die Versorgung und Auswaschung der Organismen erfolgt über ausgedehnte Sprinklersysteme; ein reich verzweigtes Kanalsystem sorgt für das Auffangen der Kulturbrühe. Zur Aufarbeitung wird das Abraumwasser eingedickt, die Metallkomplexe werden gefällt und mit organischen Lösungsmitteln extrahiert. Trotz allen Fortschritts bleibt die Haldenlaugung im wesentlichen ein unkontrollierter Prozeß. Gegenwärtig nutzt man die erzlösenden Bakterien für die Gewinnung von Kupfer und Uran.

Einen doppelten Effekt hat die Anwendung biologischer Technologien bei der Reinigung von Metall-haltigen Industrie-Abwässern. Man kann dabei nicht nur die Abwässer klären, sondern zugleich wertvolle und/oder hochgiftige Metalle rückgewinnen. Gegenwärtig untersucht man Bakterien, Pilze und Algen, die in geringen Konzentrationen vorhandene anorganische Ionen anreichern. Sie tun dies auf dreierlei Weise: Einige adsorbieren die Metall-Ionen an ihrer Oberfläche, andere assimilieren die Metalle, und wieder andere transformieren die Metalle mit Hilfe von Enzymkomplexen.

3 Bioprozeßkinetik

3.1 Wachstumsbedingungen und Wachstumsbestimmung

3.1.1 Nährlösungen als Grundlage des Wachstums

Unter Wachstum versteht man die irreversible Zunahme der lebenden Substanz. Diese geht mit einer Vergrößerung und/oder Teilung der Zelle einher. Bei vielzelligen Organismen nimmt die Größe und die Anzahl der Zellen zu. Bei der Aufstellung von Wachstumskinetiken einzelliger Organismen wird vereinfachend oft nur die Zunahme der Zellzahl berücksichtigt. Grundsätzlich ist aber auch bei Einzellern die Zunahme der Zellzahl von derjenigen der Zellmasse zu unterscheiden.

Mikroorganismen wachsen nur in wäßrigem Milieu. Zur Synthese von Zellsubstanz sind die in der wäßrigen Phase vorhandenen Nährstoffe notwendig. Diese Nährstoffe können in die folgenden Kategorien aufgeteilt werden:

Hauptelemente: C, H, O, N, P, K, S
Spurenelemente: Ca, Mg, Fe, Mn, Mo, Zn, Cu, Co, Ni, V, B, Cl, Na, Si
Wachstumsfaktoren: Vitamine, Hormone.

Viele der nur in Spuren benötigten Elemente sind in den Salzen der Hauptelemente als Verunreinigungen vorhanden. Der Bedürfnisnachweis dieser Spurenelemente ist deshalb oft schwierig zu erbringen. Die Gesamtheit aller Elemente und organischen Verbindungen, die zum Wachstum benötigt und in einer wäßrigen Lösung für die Mikroorganismenkultur angesetzt werden, nennt man die Nährlösung oder das Medium, seltener auch Kultivationsbrühe. Es gehört mit zu den Aufgaben der mikrobiologischen Verfahrenstechnik, für ein gegebenes Wachstumssystem ein optimales Medium zu entwerfen.

Man unterscheidet zwei Arten von Nährlösungen, *synthetische* und *komplexe*. Läßt sich eine Nährlösung aus definierten chemischen Verbindungen herstellen, so spricht man von einer synthetischen Nährlösung. Dabei ist wichtig, daß die notwendigen essentiellen Elemente nicht nur qualitativ, sondern auch quantitativ in der richtigen Zusammensetzung vorliegen. In Tab. 3-1 sind zwei Beispiele für synthetische Nährlösungen aufgeführt.

Tabelle 3-1. Zusammensetzung von Nährlösungen (Beispiele).

Typus	Bestandteil	Menge
A. Synthetische Nährlösungen		
für *Escherichia coli*	Glucose	5.0 g
	KH_2PO_4	1.4 g
	$(NH_4)_2SO_4$	2.0 g
	$MgSO_4 \cdot 7\,H_2O$	0.2 g
	$CaCl_2$	10.0 mg
	$FeSO_4 \cdot 7\,H_2O$	0.5 mg
	Wasser	ad 1000 mL
für *Hefen*	Glucose	10.0 g
	$(NH_4)_2 SO_4$	2.0 g
	$(NH_4)_2 HPO_4$	0.64 g
	KCl	0.29 g
	$MgSO_4 \cdot 7\,H_2O$	0.15 g
	$CaCl_2 \cdot 2\,H_2O$	94 mg
	$CuSO_4 \cdot 5\,H_2O$	0.78 mg
	$ZnSO_4 \cdot 7\,H_2O$	3.0 mg
	$MnSO_4 \cdot 2\,H_2O$	3.5 mg
	$FeCl_3 \cdot 6\,H_2O$	4.8 mg
	Biotin	0.01 mg
	m-Inosit	20 mg
	Ca-Pantothenat	10 mg
	Vit. B_1	2 mg
	Vit. B_6	0.5 mg
B. Komplexe Nährlösungen		
Hefeextrakt-Pepton-Medium	Bacto-Beef-Extrakt	3 g
für Bakterien	Bacto-Trypton	5 g
	Glucose	1 g
	Wasser	ad 1000 mL
Hefeextrakt-Pepton-Glucose-Medium	Hefeextrakt	10 g
für Hefe	Bacto-Pepton	20 g
	Glucose	20 g
	Wasser	ad 1000 mL

Komplexe Medien enthalten zusätzlich Extrakte aus pflanzlichem oder tierischem Material wie Pepton, Maisquellwasser, Fischmehl oder Serum. Das Wachstum in solchen „natürlichen" Nährlösungen kann besser sein als in synthetischen. Komplexe Nährlösungen haben jedoch den Nachteil, daß ihre exakte Zusammensetzung nicht bekannt ist. Tab. 3-1 zeigt auch zwei Beispiele für komplexe Nährlösungen. Schließlich gibt es noch sehr anspruchsvolle Zellen (z. B. Pflanzen- oder Tierzellen), die spezieller Zusatzstoffe bedürfen, welche die Zelle selbst nicht synthetisieren kann. Derartige als Wachstumsfaktoren bekannte Stoffe können die Herstellung einer Nährlösung nicht nur komplizieren, sondern auch verteuern.

Es sei hier vermerkt, daß viele Organismen auch auf Kohlendioxid angewiesen sind, welches zur Synthese von Zellbestandteilen verwendet wird. Das Kohlendioxid-Bedürfnis wird oft nicht erkannt, da Kohlendioxid in größeren Mengen beim Abbau von Substanzen gebildet wird.

Die Nährstoffansprüche von Mikroorganismen können sich sowohl quantitativ als auch qualitativ als Funktion der Kulturbedingungen ändern. Außerdem wird auch die Zugänglichkeit der Zelle für Nährstoffe durch die Temperatur, den pH-Wert und die osmotischen Verhältnisse beeinflußt.

Beim Entwurf einer Nährlösung sind also für den Verfahrensingenieur folgende allgemeine Fragestellungen wichtig:

- Wie groß kann bei komplexen Nährlösungen der Anteil an undefinierten Substanzen sein?
- Sind diese Substanzen (vor allem bei komplexen Medien) das ganze Jahr über in gleichbleibender Qualität erhältlich?
- Können synthetische Nährlösungen zu einem noch vernünftigen Preis hergestellt werden?
- Wie verhalten sich pH-Wert und Pufferkapazität des Mediums?

3.1.2 Quantitative Angaben über Nährlösungen

In Tab. 3-1 sind einige gebräuchliche Nährlösungen angegeben worden. Im folgenden werden anhand von Massenbilanzen einige quantitative Aussagen über deren Zusammensetzung gemacht. Für die Zusammenstellung einer Nährlösung müssen vor allem zwei Dinge bekannt sein:

1. Die Zusammensetzung der Produkte des mikrobiellen Prozesses
2. die Effizienz der Aufnahme von Nährlösungsbestandteilen.

Der erste Schritt bei einer Nährlösungskomposition ist die Ermittlung der elementaren Zusammensetzung der Zelle. Diese elementaren Baustoffe müssen im Medium vorhanden sein, damit die Zellsubstanz überhaupt produziert werden kann. Wenn für einen bestimmten Mikroorganismus eine solche Elementaranalyse nicht vorliegt, kann auf allgemeine Angaben zurückgegriffen werden. Tab. 3-2 gibt typische elementare Zusammensetzungen von mikrobieller Biomasse wieder.

Diese Bestandteile müssen *mindestens* im Medium vorhanden sein. Mit Ausnahme von Kohlenstoff, Wasserstoff und Sauerstoff kann eine Nährlösung auf der Basis von Tab. 3-2 approximativ zusammengesetzt werden. Kohlenstoff wird meist als wachstumsbegrenzender Stoff beigegeben. Die Kohlenstoffkonzentration bildet aber die Basis für die Mengenberechnung aller anderen Elemente. Die wichtigste Beigabe zum Medium ist neben dem Kohlenstoff der Stickstoff. Aus der Stickstoffquelle wird der Stickstoffanteil aller Proteine, Nucleinsäuren

Tabelle 3-2. Typische elementare Zusammensetzung von Mikroorganismen-Trockenmasse

Element	Prozentualer Anteil in der Trockenmasse (%)
Kohlenstoff	50
Stickstoff	7 bis 12
Phosphor	1 bis 3
Schwefel	0.5 bis 1.0
Magnesium	0.5

und Zellwandpolymere synthetisiert. Stickstoff kann sowohl durch anorganische Verbindungen (Ammoniak, Ammoniumphosphate, Nitrate) als auch durch organische (Harnstoff) zugeführt werden. Das quantitative Verhältnis von Kohlenstoff- zu Stickstoffquelle hat einen großen Einfluß auf die Zusammensetzung der produzierten Zellmasse. Bei überschüssiger Kohlenstoffquelle werden mehr Reservestoffe in den Zellen gebildet, z. B. in der Form von Glykogen. Bei einer Stickstofflimitation sinkt der Proteingehalt der Zellen. Die Zellen sind also in der Lage, das Wachstum, je nach Vorliegen von mehr oder weniger Stickstoff, in gewissen Grenzen zu regulieren, was sich allerdings auf die Produktqualität auswirken kann.

Phosphor wird normalerweise der Nährlösung in Form von anorganischen Phosphaten zugegeben. Organische Phosphate wie Glycerophosphate oder Phospholipide werden seltener verwendet. Die Phosphate werden von der Zelle aufgenommen und zur Synthese von Nucleinsäuren und Phospholipiden verwendet.

Die Schwefelquelle in der Nährlösung dient der Zelle zum Aufbau von schwefelhaltigen Bausteinen wie z. B. Aminosäuren oder Coenzymen. Die Wachstumsausbeute (bezogen auf die Trockensubstanz) beträgt etwa 300 g/g für Schwefel.

Schwefel wird als anorganische Verbindung (Sulfate) oder in Form von organischen Verbindungen (Cystein oder Methionin) zugegeben. Schwefel liegt oft im Überschuß vor, denn wenn der Stickstoff in Form von Ammoniumsulfat zugegeben wird, so sind beispielsweise für die Produktion von 30 g Hefetrockensubstanz 12 g Ammoniumsulfat nötig, damit die

Tabelle 3-3. Annäherungswerte für Spurenelementkonzentrationen in Nährlösungen (Massenanteil des Elements, bezogen auf Trockensubstanz, in mg/g).

Element	Anteil (mg/g)
Ca	100
Fe	15
Mn	5
Zn	5
Cu	1
Co	1
Mo	1

Stickstoff-Bedürfnisse gestillt werden können. Dies bedeutet aber, daß etwa 3.0 g Schwefel vorliegen, also etwa ein 10facher Überschuß.

Die Bedürfnisse für Spurenelemente sind im allgemeinen nur qualitativ bekannt. Oft ist es schwierig, überhaupt ein solches Bedürfnis nachzuweisen, da einige Spurenelemente in genügender Menge als Verunreinigungen in den anderen Nährlösungsbestandteilen enthalten sind. Tab. 3-3 gibt Richtwerte für Beimengungen von Spurenelementen an. Zu geringe Spurenelementdosierungen lassen sich oft am langsameren Wachstum der Mikroorganismen erkennen; sie haben selten eine Auswirkung auf die effektiven Ausbeuten. Zu hohe Konzentrationen an Spurenelementen können toxisch sein (meistens sind Konzentrationen von mehr als 10^{-4} mol/L toxisch). Ferner können chemisch eng verwandte Ionen (z. B. Calcium(II)- und Strontium(II)-Ionen) antagonistisch wirken und um Bindungsstellen konkurrieren. Solche Ionenpaare behindern sich, z. B. bei der aktiven Aufnahme in die Zelle, gegenseitig.

Der *Stabilität* von Nährlösungen sollte allgemein Beachtung geschenkt werden. Die wichtigsten Aspekte, welche die Nährlösungsstabilität beeinflussen, sind:

- Zusammensetzung der Komponenten sowie deren Reaktionen untereinander;
- Einflüsse der Temperatur, vor allem während der Dampfsterilisation;
- Einfluß des pH-Wertes auf Löslichkeitsprodukte;
- Einfluß von Licht und Sauerstoff.

Besonders Aminosäuren und Vitamine, aber auch andere Wachstumsfaktoren, sind hitzelabil und werden durch die Hitzesterilisation weitgehend zerstört. Eine Sterilfiltration ist für diese Komponenten eher angebracht. Ferner ist bekannt, daß Zucker durch eine Bräunungsreaktion zersetzt werden, wenn sie in Anwesenheit von anorganischen Salzen und organischen Stoffen hitzesterilisiert werden. Es ist deshalb von Vorteil, wenn Kohlenhydrat-Lösungen getrennt von den übrigen Bestandteilen sterilisiert werden.

Von den anorganischen Salzen sollten Ammoniumsalze bei einem pH-Wert <7 sterilisiert werden, da sich sonst Anteile verflüchtigen können. Auch die pH-abhängige Löslichkeit von Phosphaten muß beachtet werden, denn Ausfällungen können zu Wachstums-limitierenden Phosphat-Konzentrationen führen.

3.1.3 Einflüsse von Temperatur und pH-Wert

Die Temperatur in einer Zelle ist gleich der Temperatur des sie umgebenden Mediums. Der pH-Wert in der Zelle kann dagegen von demjenigen des Mediums verschieden sein.

Die Temperatur hat Einfluß auf die Reaktionsgeschwindigkeit in der Zelle, die Art des Metabolismus, die Nährstoffansprüche und die Biomassezusammensetzung. Der Einfluß der Temperatur auf die spezifische Wachstumsgeschwindigkeit*[)] eines Bakteriums ist in Abb. 3-1

---

* Häufig, vor allem in der Biochemie, spricht man von „Rate" und meint damit „Geschwindigkeit", also Veränderung in der Zeit. Wir wollen in diesem Text das Wort Rate vermeiden, da es oft auch noch in anderem Sinn (Anteil) gebraucht wird. dx/dt ist dann die Wachstumsgeschwindigkeit (nicht Wachstumsrate), sie wird meistens in $gL^{-1} h^{-1}$ angegeben [vgl. auch Präve, P., Faust, U., Sittig, W. und Sukatsch, D. A. (1982), S. 139]. Wachstumsgeschwindigkeiten lassen sich (ähnlich wie die Reaktionsge-

gezeigt. Im Bereich unterhalb des Temperaturoptimums bewirkt eine Erhöhung der Temperatur um 10 °C eine Verdoppelung der spezifischen Wachstumsgeschwindigkeit (Temperaturkoeffizient $Q_{10} = 2$). Bereits 10 bis 25 °C unter dem Optimum geht die spezifische Wachstumsgeschwindigkeit praktisch auf null zurück. Die meisten Boden- und Wasserbakterien sind mesophil, d. h. ihre Temperaturoptima liegen zwischen 20 und 45 °C. Einige Bakterien, vor allem Sporenbildner, wachsen erst bei Temperaturen oberhalb 45 °C optimal und werden als thermophil bezeichnet. Ihnen stehen die psychrophilen Organismen gegenüber, welche ein Temperaturoptimum unter 20 °C besitzen.

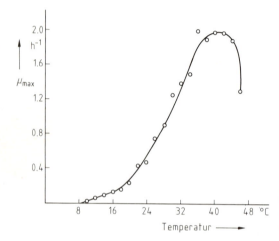

Abb. 3-1. Maximale spezifische Wachstumsgeschwindigkeit (μ_{max}) von *Escherichia coli* als Funktion der Wachstums-Temperatur (aus Pirt, 1975).

Die rasche Abnahme der spezifischen Wachstumsgeschwindigkeit im oberen Extrembereich der Temperatur (vgl. Abb. 3-1) ist zurückzuführen auf die teilweise oder vollständige Denaturierung der makromolekularen Zellbestandteile, besonders der Proteine, die im denaturierten Zustand ihre Funktion als Strukturkomponente oder Katalysator nicht mehr erfüllen. Thermophile Bakterien müssen deshalb hitzestabile Enzyme haben, welche ein Wachstum bei Temperaturen von bis zu über 90 °C erlauben.

Die Wachstumstemperatur kann die Wachstumsausbeute beeinflussen. So bewirkt ein Absenken der Temperatur bei Bakterien eine Zunahme der Ausbeute bezüglich der Kohlenstoff- und Energiequelle. Umgekehrt sinkt die Ausbeute mit zunehmender Temperatur, was auf der Zunahme des Erhaltungsstoffwechsels beruht (vgl. Kap. 1).

---

schwindigkeiten der chemischen Kinetik) in der Form $dx/dt = k \cdot f(x_1, x_2 \ldots x_n)$ ausdrücken, d. h. die Geschwindigkeit ist in der Regel eine Funktion der Konzentrationen eines oder mehrerer Reaktionspartner. k wird in der Biochemie die spezifische Wachstumsgeschwindigkeit (spezifische Wachstumsrate) genannt. (In der Reaktionskinetik ist der Begriff Reaktionsgeschwindigkeitskonstante geläufig.) Die spezifische Wachstumsgeschwindigkeit ist die Geschwindigkeit, mit der sich die Zelldichte x bei der Zelldichte $x = 1$ g/L ändert. „Spezifisch" bezieht sich also auf das Vorliegen der Zelldichte $x = 1$ g/L (in der chemischen Reaktionskinetik: alle Partner liegen in der Einheitskonzentration 1 mol/L vor). Die spezifischen Wachstumsgeschwindigkeiten hängen im allg. von den momentanen Reaktionsbedingungen ab, sie sind u. U. auch nur während eines Teils der Wachstumsphase (Reaktion) konstant.

Die Einflüsse der Temperatur auf das Wachstum und die Aktivität biologischer Systeme müssen also auf zwei verschiedenen Ebenen erklärt werden:

1. Temperaturstabilität von Strukturen und Strukturkomponenten der Zellen;
2. Temperaturabhängigkeit der biochemischen Reaktionsgeschwindigkeiten.

Wie bereits erwähnt, sind intrazellulärer und extrazellulärer pH-Wert nicht unbedingt identisch. Dies ist darauf zurückzuführen, daß Wasserstoff- und Hydroxid-Ionen die Plasmamembran nicht frei durchdringen können.

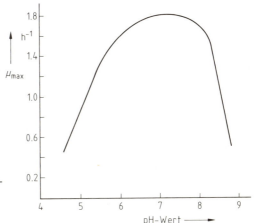

Abb. 3-2. Maximale spezifische Wachstumsgeschwindigkeit (μ_{max}) von *Escherichia coli* als Funktion des pH-Wertes der Nährlösung (aus Pirt, 1975).

Abb. 3-2 zeigt den Einfluß des pH-Wertes auf die spezifische Wachstumsgeschwindigkeit für den gleichen Organismus wie in Abb. 3-1.

Im Gegensatz zur Temperaturabhängigkeit ist die pH-Abhängigkeit nahezu symmetrisch bezüglich des Optimums. Optimales Wachstum ist innerhalb von 1 bis 2 pH-Einheiten, Wachstum überhaupt in einem Bereich von 2 bis 5 pH-Einheiten möglich. Das zeigt, daß die Zelle innerhalb weiter Grenzen den intrazellulären pH-Wert, entgegen einem äußeren Gefälle, konstant halten kann.

Dennoch hat der pH-Wert des umgebenden Milieus besonderen Einfluß auf den Organismus:

- Er kann das Endprodukt des Metabolismus ändern;
- er kann die elementare oder molekulare Zusammensetzung ändern;
- die Zellmorphologie kann beeinflußt werden;
- die Zusammensetzung der Zellwand und der Zellumhüllung wird verändert.

Durch den pH-Wert können also sowohl die Nährlösungszusammensetzung (s. Abschn. 3.1.2) als auch die Zellen selbst beeinflußt werden. Die Einhaltung mehr oder minder enger pH-Bereiche ist deshalb für die optimale Kultivierung von Mikroorganismen wichtig.

3.1.4 Wachstumsbestimmungen

Für die Beobachtung, die Messung oder die quantitative Auswertung des Wachstums stehen verschiedene Methoden zur Verfügung. Das Wachstum von einzelligen Mikroorganismen läßt sich auf zwei Arten messen: entweder durch die Bestimmung der Anzahl der Zellen oder durch die Bestimmung der Zellmasse. Die Ergebnisse beider Messungen werden – als Zellkonzentration bzw. als Zelldichte – auf das Volumen bezogen und in L^{-1} (auch mL^{-1}) bzw. gL^{-1} angegeben (vgl. Abschn. 3.2.2). In der Praxis ist die Zunahme der Zellzahl meist der Zunahme der Zellmasse proportional. Dies ist dann nicht der Fall, wenn sich die durchschnittliche Masse der Zellen während des Wachstums verändert. Einerseits kann die Masse der Einzelzellen variieren (je nach Zelltyp) und andererseits kann die Zellmasse während des Wachstums unproportional zur Zellzahl zunehmen, wenn z. B. Speicherstoffe gebildet werden.

3.1.4.1 Zellzahl

Bei der Bestimmung der Zellzahl wird unterschieden zwischen Gesamtkeimzahl und Lebendkeimzahl. Die Bezeichnung „lebend" oder „tot" ist nicht ganz korrekt, denn mit den gebräuchlichen Methoden wird lediglich festgestellt, ob die Zellen vermehrungsfähig oder -unfähig sind, nicht aber deren potentielle oder aktuelle Stoffwechseltätigkeiten geprüft. Eine Population, die nicht wächst, aber potentiell zu Wachstum und Vermehrung fähig ist, bezeichnet man als ruhende Kultur. Man erhält eine ruhende Kultur durch Waschen der Organismen und Überführen in eine Stickstoff-freie Lösung.

Die *Gesamtzellzahl* kann man durch direkte mikroskopische Zählung erhalten. Man verwendet dazu sog. Zählkammern, die aus dicken, planen Objektträgern mit eingeschliffenen Netzquadraten bestehen. Auf diesen Objektträgern können die in einem definierten, sehr kleinen Volumen enthaltenen Mikroorganismen direkt ausgezählt werden. Bei automatisierten Zellzählungsgeräten (Coulter Counter) wird der folgende Effekt zu Hilfe genommen: Die Zellen befinden sich in einer Elektrolyt-Lösung und werden durch eine sehr enge Öffnung gepumpt. Die einzeln durch diese Öffnung tretenden Zellen verändern beim Durchtritt die elektrische Leitfähigkeit und können so gezählt werden. Der Vorteil einer solchen elektronischen Zählvorrichtung ist, daß damit eine große Anzahl Zellen gezählt werden kann, während bei der mikroskopischen Methode aus möglichst vielen Einzelzählungen ein Mittelwert gebildet werden muß.

Die Bestimmung des Wachstums auf der Basis der *Lebendkeimzahl* ist aufwendig und infolge der vielen Manipulationen (Verdünnungsreihe) ungenau; zudem sind die Resultate erst Tage nach der Probenahme erhältlich. Außerdem eignen sich diese Methoden nur für Einzelzellkulturen. In der mikrobiologischen Verfahrenstechnik werden diese Methoden wenig angewendet. Es soll jedoch kurz darauf eingegangen werden. Zur Erfassung der Lebendkeimzahl eignen sich zwei Methoden: die Plattenmethode und die Filtermethode. Beide Bestimmungen basieren darauf, daß eine vermehrungsfähige Zelle sich auf einem festen Nährboden zu einer makroskopisch sichtbaren Kolonie entwickelt. Die Zahl der Kolonien ist dann ein direktes Maß für die Zahl der Zellen, die in einem bestimmten Volumen einer Mikroorganismensuspension enthalten waren.

Bei der Plattenmethode wird das zu erfassende Volumen (z. B. 1 mL) gleichmäßig auf einem Nährboden verteilt oder im Plattengußverfahren in den Nährboden eingegossen. Diese Platten werden zur Bebrütung in den Wärmeschrank gegeben und nach einigen Tagen, je nach Organismus, wird die Anzahl der Kolonien festgestellt.

Im Falle der Filtermethode wird ein bestimmtes Volumen einer Mikroorganismensuspension durch ein Membranfilter abgesaugt. Die Organismen bleiben auf der Filteroberfläche, welche anschließend auf einen Nährboden zur Bebrütung gegeben wird. Wiederum entsteht aus jeder vermehrungsfähigen Einzelzelle eine Kolonie. Die Anzahl der Kolonien kann nach einigen Tagen ermittelt werden.

3.1.4.2 Zellmasse

Der einzige Weg zur direkten Bestimmung der Zellmasse besteht in der Messung der *Zelltrockenmasse* in einem gegebenen Kulturvolumen. Vorausgesetzt, daß die chemische Zusammensetzung der Zellen konstant bleibt, kann die Bestimmung der Zellmasse auch über die Erfassung einer proportionalen Größe erfolgen. Dazu kann eine einzelne, chemische Komponente dienen, z. B. kann der Kohlenstoff-, Stickstoff- oder Proteingehalt bestimmt werden. Diese Methoden gehören zu den wenigen, die für die Bestimmung der Zellmasse von Myzelzellen oder sonstigen filamentösen Organismen zur Verfügung stehen.

Zur Bestimmung der Mikroorganismentrockenmasse müssen die Zellen zunächst von der Nährlösung getrennt werden. Dies geschieht durch eine Zentrifugation, die bei Hefen ca. 3 min, bei Bakterien eher länger dauert. Die Zellen werden anschließend gewaschen und schließlich bei 105 °C bis zur Gewichtskonstanz getrocknet (üblicherweise 12 h). Die Bestimmung ist erschwert oder gar unmöglich, wenn die Nährlösung neben den Zellen noch andere Feststoffe enthält. Dann werden nicht nur die Zellen, sondern auch die Feststoffpartikel separiert und mitgewogen. Obwohl die Bestimmung der Trockenmasse die bevorzugte Methode zur Wachstumsmessung ist, hat sie doch unübersehbare Nachteile: die Resultate sind praktisch erst einen Tag später zugänglich und deshalb für Prozeßeingriffe nicht geeignet; ferner ist die Bestimmung für kleine Zellmengen (kleiner als 50 mg) ungenau.

Die Bestimmung der *Naßmasse* (Naßgewicht) ergibt raschere, aber weniger zuverlässige Resultate. Meistens werden die Zellen durch ein Membranfilter abfiltriert und anschließend im nassen Zustand gewogen. Der in dieser Methode mitgewogene Anteil an Wasser (extra- und intrazellulär) beträgt 70–80% der Gesamtmasse der abfiltrierten Zellen. Die Trockensubstanz beträgt rund 25% der Naßmasse. Diese Methode muß sehr gut standardisiert werden, damit immer der gleiche Anteil Wasser mitgewogen wird.

Wenn chemische Zellkomponenten in einem konstanten Verhältnis vorkommen, so können sie zur Bestimmung des Wachstums herangezogen werden. Zu diesem Zweck dienen hauptsächlich der Stickstoff- oder der Proteingehalt. Der Stickstoffgehalt von Biomasse kann mit der Kjeldahl-Methode sehr genau bestimmt werden. Allerdings ist Vorsicht am Platz, da der Stickstoffgehalt pro Zelle im Verlauf des Wachstums variieren kann. Er unterscheidet sich vor allem bei wachsenden und ruhenden Zellen. Gleiches gilt auch für die Bestimmung der Proteine in den Mikroorganismen. Die bekanntesten in der Spezialliteratur beschriebenen Methoden zur Bestimmung des Proteingehaltes sind die Folin-Ciocalteu-Methode (Stickland, 1951; Layné, 1957) und die Biuret-Methode (Lowry, 1951; Layné, 1957).

Indirekte Methoden beruhen darauf, daß ein Effekt, den die Mikroorganismen hervorrufen, zur Quantifizierung der Zellen herangezogen wird. Am gebräuchlichsten ist die Erfassung der Lichtstreuung. Die *Trübungsmessung* war auch eine der ersten Methoden, welche eine sofortige Aussage über den Verlauf des Wachstums erlaubte. Da der Brechungsindex von Mikroorganismen sich sehr stark von demjenigen der sie umgebenden Phase unterscheidet, streuen Mikroorganismen das Licht, und eine derartige Suspension erscheint trüb. Die sichtbare Trübung beginnt, wenn eine Zellkonzentration von etwa 10^6/mL erreicht ist. Die Trübung kann entweder durch Erfassen des Lichtdurchlasses (Absorptionsmessung) oder durch Erfassen des gestreuten Lichtes (Nephelometrie) bestimmt werden. Diese Methode läßt sich bei einzelligen Organismen wie Bakterien, Hefen, Sporen oder auch Säugetierzellen sehr einfach anwenden. Die Grenzen der Methode werden erreicht, wenn die optische Dichte von Myzelien zu messen ist oder wenn Feststoffbestandteile im Medium vorhanden sind.

Eine Vielzahl biologischer und physikalischer Faktoren beeinflußt das Ausmaß der Trübung einer Zellsuspension. Das Verhältnis zwischen der Intensität des eingestrahlten (I_0) und des durch die Suspension durchgelassenen Lichts (I_t) (t von engl. transmission) ist mit der Biomassekonzentration (Zelldichte) (x) und dem Lichtweg (l) wie folgt verbunden:

$$\log\left(\frac{I_0}{I_t}\right) = A x l . \tag{3-1}$$

Der Ausdruck $\log(I_0/I_t)$ wird *optische Dichte* oder auch *Absorption* genannt. Der Faktor A ist für kleinere Bakterienkonzentrationen konstant, nimmt aber bei höheren Konzentrationen infolge sekundärer Strahlungen in der Suspension ab.

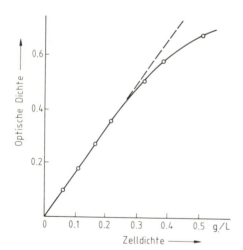

Abb. 3-3. Zusammenhang zwischen Absorption und Zelldichte. Die Funktion ist linear bis zu einer Konzentration von ca. $0.3\ \text{g} \cdot \text{L}^{-1}$.

Abb. 3-3 zeigt ein Beispiel für eine Abhängigkeit der optischen Dichte von der Bakteriendichte.

Bei der Nephelometrie wird das in einem rechten Winkel gestreute Licht (I_s) gemessen. Es gilt:

$$\log\left(\frac{I_0}{I_s}\right) = -Bxl, \qquad (3\text{-}2)$$

wobei B über einen größeren Bereich konstant ist als A.

Die Nephelometrie ist besonders geeignet zur Bestimmung von kleinen Zellkonzentrationen (Zellzahl $< 10^7/\text{mL}$). Das Ausmaß der Lichtstreuung sowie die Richtung des gestreuten Lichtes sind von den folgenden Faktoren abhängig:

- Form und Größe der zu bestimmenden Partikel;
- Wellenlänge des Lichtes;
- Differenz zwischen den Brechungsindizes für Partikel und Medium.

Diese Effekte wurden von Powell (1963) zu den folgenden zwei Regeln zusammengefaßt:

1. Die totale Streulichtmenge nimmt zu mit größer werdendem Verhältnis von Partikeldurchmesser (d_p) zu Wellenlänge (λ):

$$I_s \sim \frac{d_p}{\lambda}. \qquad (3\text{-}3)$$

   Es ist deshalb zweckmäßig, zur Messung die kleinstmögliche Wellenlänge zu wählen. Es hat sich in der Praxis bewährt, Licht von 540 nm zu verwenden. Bei kleineren Wellenlängen kann die Absorption von Licht überhandnehmen.
2. Die Streulichtmenge hängt nicht nur von der Differenz der Brechungsindizes von Partikeln und wässeriger Phase ab, sondern auch von der Konzentration der gelösten Stoffe in der Nährlösung.

Wegen der komplexen Zusammenhänge sind die Beziehungen der durch diese Methode gewonnenen Meßwerte (also der indirekten Wachstumsgrößen) zu den direkten Wachstumsgrößen (z. B. Zelltrockensubstanz) nicht allgemeiner Natur; sie sind von Fall zu Fall neu zu ermitteln.

Schließlich können auch Stoffwechselgrößen, die direkt mit dem Wachstum zusammenhängen, zur Wachstumsbestimmung herangezogen werden. Durchgeführt werden vor allem:

- Beobachtung der Sauerstoffaufnahme;
- Messung der Kohlendioxid-Abgabe;
- Registrierung der Säurebildung (beispielsweise durch die Erfassung der Base-Zugabe für die Konstanthaltung des pH-Wertes der Nährlösung).

Diese Methoden werden oft dann verwendet, wenn andere Mittel versagen, z. B. bei sehr geringen Zellkonzentrationen.

3 Bioprozeßkinetik

Die verschiedenen Methoden zur Bestimmung bakterieller Biomasse unterscheiden sich u. a. in der minimalen Zellmenge, welche für eine genaue Messung notwendig ist. Diese Minimalmengen unterscheiden sich durch einen Faktor 10^7 (vgl. Tab. 3-4)!

Tabelle 3-4. Vergleich der Sensitivität verschiedener Methoden zur Bestimmung bakterieller Biomasse (Auszüge aus Pirt, 1975). – Angegeben ist die Menge an Trockensubstanz (in mg), die mindestens gebraucht wird, damit der Meßfehler <2% ist.

Methode	Minimale Trockensubstanzmenge (mg)
Trockensubstanzbestimmung	50
Biuret-Methode zur Proteinbestimmung	1.0
Proteinbestimmung nach Folin-Ciocaltreu	0.1
Trübungsmessung	0.1
Zellzählung	10^{-5}

3.2 Statische Kultur

Die *statische* oder *chargenweise* Kultur (oft auch Batch-Kultur genannt) spielt in der biologischen Verfahrenstechnik eine größere Rolle als die kontinuierliche Züchtungsweise. Die Mehrheit der technisch relevanten Bioprozesse basiert auf chargenweisen Ansätzen.

Folgendes Vorgehen ist typisch für statische Kulturen: Einem flüssigen Medium mit entsprechender Zusammensetzung wird Impfgut zugegeben. Die zugegebenen Zellen beginnen in der Nährlösung zu wachsen und sich zu teilen. Dem Ansatz wird – außer Belüftungsgas – nichts zugegeben und auch nichts entnommen (deshalb wird diese Kulturform auch statisch genannt). In dieser Betrachtung sind natürlich die kleinen Zugabemengen für die pH-Wert-Korrektur oder zur Schaumbekämpfung sowie die notwendigen Probeentnahmen ausgenommen. Eine typische Wachstumskurve (Veränderung der Zellmasse mit der Zeit) ist in Abb. 3-4 dargestellt.

Das Wachstum durchläuft beim Batch-Verfahren mehrere charakteristische Phasen. Nach einer *Adaptations-* oder *lag-Phase*, in welcher keine Zunahme der Zellzahl (oder auch der Zellmasse) zu verzeichnen ist, folgt eine Phase mit sehr raschem Wachstum. In dieser zweiten Phase nimmt die Zellzahl exponentiell zu; man nennt diesen Abschnitt daher die *exponentielle Wachstumsphase*. Trägt man nicht die Zellzahl (Zellkonzentration, Zelldichte), sondern deren Logarithmus auf, so ergibt sich ein gerader Kurvenabschnitt (Bereich II in Abb. 3-4); im Hinblick darauf wird diese Phase gelegentlich auch „logarithmisch" genannt. In einem geschlossenen System kann das Wachstum aber nicht beliebig fortgesetzt werden. Es bricht mehr oder weniger abrupt ab, und zwar als Folge des Substratmangels, der Anhäufung toxischer Substanzen oder eventuell der Veränderung der Umweltbedingungen. Über eine *Übergangsphase* mündet die exponentielle in die *stationäre* Phase ein. Je nach Art der Wachstumslimitierung ist diese Phase länger oder kürzer. In der stationären Phase hat die Kultur ih-

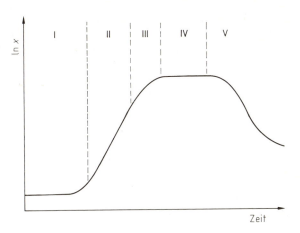

Abb. 3-4. Die Phasen eines mikrobiellen Batch-Wachstumsprozesses, Logarithmus der Zelldichte aufgetragen gegen die Zeit. — I lag-Phase, II Exponentielle Phase, III Übergangsphase, IV stationäre Phase, V Absterbephase.

re maximale Zellkonzentration erreicht. Diesem Abschnitt kann sich noch eine *Absterbephase* anschließen, in welcher eine (ggf. exponentielle) Abnahme der Zellzahl erfolgen kann.

Jede Phase kann für die Auslegung eines Bioprozesses interessant sein. So kann das Hauptaugenmerk bei der Auslegung eines optimalen Prozesses darin liegen, die lag-Phase zu verkürzen, die Teilungsrate zu optimieren und damit die Prozeßdauer zu verkürzen. Es kann aber auch darum gehen, den Übergang in die stationäre Phase zu verzögern. Um diese einzelnen Phasen optimal planen zu können, werden in der Folge diejenigen Variablen beschrieben, welche den Prozeß beeinflussen können.

3.2.1 Die Adaptations- oder lag-Phase

Wachsende Zellen, die als Impfgut in eine neue Umgebung transferiert werden, erleben einen „Schock". Dieser Schock, hervorgerufen durch die neue Umgebung, kann für die Zellen unterschiedliche Folgen haben. Die Dauer der Adaptationsphase hängt vom Ausmaß der Verschiedenheit zwischen neuer Umgebung und alter Nährlösung sowie vom Alter und der Anzahl der Zellen im Impfgut ab. Die Adaptationsphase kann unter anderem auf den Mechanismen der Enzyminduktion beruhen. Werden die Zellen (im Impfgut) beispielsweise in ein Medium transferiert, welches eine neue Kohlenstoffquelle enthält, so kann es sein, daß die Enzyme, welche deren Abbau ermöglichen, zunächst synthetisiert werden müssen.

Aus dem gleichen Grund kann die Veränderung der Konzentration eines Nährstoffes eine verlängerte lag-Phase hervorrufen. Liegt in dem neuen Medium eine erhöhte Konzentration des limitierenden Stoffes vor, so werden sowohl Zeit als auch Substrat benötigt, um die zusätzlich notwendige Enzymmenge zu synthetisieren.

Viele Enzyme benötigen zur Entfaltung ihrer Aktivität bestimmte Moleküle (Vitamine, Cofaktoren) oder Ionen (Aktivatoren), welche die Zellmembran i. allg. sehr gut passieren. Wird nun eine kleine Impfmenge in ein großes Volumen gebracht, so diffundieren diese Moleküle durch die Zellumhüllung in die Flüssigkeit und stehen dem Zellmetabolismus vorerst nicht mehr zur Verfügung. Dies ist der Fall, wenn das zu beimpfende Medium diese Stoffe nicht gelöst enthält oder wenn sich die Ionenstärke im neuen Medium wesentlich von derjenigen im Impfgut unterscheidet. Das Resultat ist wiederum eine lange lag-Phase. Diese dauert so lange, bis die Zellen die entsprechenden Moleküle wieder synthetisiert haben.

Das Alter der Vorkultur hat ebenfalls einen sehr großen Einfluß auf die Dauer der lag-Phase. Stammt das Impfgut aus einer alten Vorkultur – in welcher die Organismen bereits in der stationären Phase sind – so muß sich die Zelle zunächst durch Enzymsynthesen auf die neuen Wachstumsbedingungen einstellen.

Schließlich spielt die Größe des Impfgutes eine Rolle. Dabei ist zwischen der absoluten Impfgröße und den im Impfgut enthaltenen teilungsfähigen Zellen zu unterscheiden. In einem optimalen Impfgut können bis zu 99% der Zellen teilungsfähig sein, während diese Zahl in älteren Kulturen deutlich tiefer liegen kann. Unter optimalen Bedingungen sollten alle lebensfähigen Zellen eine kurze Adaptationszeit haben.

Bailey and Ollis (1977) haben folgende Kriterien aufgestellt, welche beim Prozeßentwurf beachtet werden sollen:

1. Das Impfgut sollte so aktiv wie möglich sein, und der Impfvorgang sollte vorzugsweise aus der exponentiellen Phase der Vorkultur erfolgen.
2. Das Kulturmedium der Vorkultur sollte der zu beimpfenden Nährlösung möglichst ähnlich sein.
3. Die Impfgutmenge sollte so groß sein – bewährt haben sich 5% vom zu beimpfenden Volumen –, daß größere Diffusionsverluste vermieden werden können.

3.2.2 Exponentielles Wachstum

Am Ende der Adaptationsphase sind die Zellen an die neuen Umweltbedingungen adaptiert. Das Wachstum der Zellen ist in der exponentiellen Phase ausschließlich durch interne Faktoren (z.B. zellinterne Enzymkonzentrationen bzw. Enzymaktivitäten) bestimmt. Externe Faktoren (Substratkonzentrationen, Reaktorparameter usw.) spielen in dieser Phase keine Rolle. Sie bestimmen zwar, ebenso wie die Art des Substrates, die spezifische Wachstumsgeschwindigkeit, haben aber darüber hinaus keinen Einfluß auf die Form der Wachstumskurve. Diese ist durch Gl. (3-6b) festgelegt. Die exponentielle Wachstumsphase dauert in der Regel mehrere Stunden und kann sich über einen Bereich von kaum meßbarer Zellkonzentration bis zu einer Konzentration von 10^9/mL und mehr (unter günstigen Voraussetzungen) erstrecken.

Allgemein folgt das Wachstum von Zellen häufig dem Gesetz

$$\frac{dx}{dt} = \mu x . \tag{3-4}$$

In dieser Differentialgleichung ist x die Zelldichte, der Quotient aus der Trockenmasse aller in der Nährlösung vorhandenen Zellen und dem Volumen der Nährlösung; sie wird üblicherweise in gL^{-1} angegeben (vgl. Abschn. 3.1.4). dx/dt ist die momentane Änderung der Zelldichte mit der Zeit, die Wachstumsgeschwindigkeit (mit der Einheit gL^{-1} h^{-1}). μ ist ein Faktor, die spezifische Wachstumsgeschwindigkeit, mit der Einheit h^{-1} (vgl. auch Fußnote S. 41).

Nach Überwindung der Adaptationsphase steigt μ vom Anfangswert $\mu_0 \approx 0$ h^{-1} meist sehr rasch auf einen Maximalwert μ_{max}, der für das jeweilige System einen charakteristischen Wert hat und über die Hauptphase des Wachstums konstant bleibt. Jetzt gilt

$$\frac{dx}{dt} = \mu_{max} x \tag{3-5}$$

und solange μ_{max} konstant ist, kann man zu

$$\ln \frac{x}{x_0} = \mu_{max} t \tag{3-6a}$$

integrieren, was sich auch als

$$x = x_0 \exp(\mu_{max} t) \tag{3-6b}$$

schreiben läßt. Die Zelldichte wächst also exponentiell mit der Zeit an, und zwar umso schneller, je größer μ_{max}. Dies ist der Bereich des exponentiellen Wachstums. In ihm regulieren ausschließlich zellinterne Vorgänge das Wachstum.

Die Zeit, die zur Verdoppelung der Zelldichte benötigt wird, heißt Verdoppelungszeit t_d. Im Bereich des exponentiellen Wachstums erhält man sie auf einfache Weise, indem man $x = 2x_0$ in Gl. (3-6a) einsetzt:

$$\ln \frac{2x_0}{x_0} = \mu_{max} t_d$$

oder $\tag{3-7}$

$$t_d = \frac{\ln 2}{\mu_{max}}$$

Die maximale spezifische Wachstumsgeschwindigkeit μ_{max} und die Verdoppelungszeit t_d sind die wichtigsten Parameter zur Beschreibung des exponentiellen Wachstums. μ_{max} ist dabei – unter optimalen Bedingungen – eine für jeden Organismus spezifische Größe, welche letztendlich genetisch fixiert ist. Diese maximale spezifische Wachstumsgeschwindigkeit variiert beträchtlich von Spezies zu Spezies und ist zudem noch abhängig von der jeweiligen Kohlenstoff- und Energiequelle. Tab. 3-5 gibt einige Beispiele für spezifische Wachstumsgeschwindigkeiten verschiedener Organismen.

Die graphische Darstellung des exponentiellen Wachstums geschieht zweckmäßig durch Auftragen des Logarithmus der Zelldichte als Funktion der Wachstumszeit. (An die Stelle der Zelldichte kann auch die Zellmasse oder die Zellkonzentration treten.) In dieser se-

Tabelle 3-5. Maximale spezifische Wachstumsgeschwindigkeiten μ_{max} und Verdopplungszeiten t_d für optimale Bedingungen (Glucose als Kohlenstoff- und Energiequelle).

Organismus	optimale Temperatur (°C)	μ_{max} (h^{-1})	t_d (h)
Bacillus stearothermophilus	60	0.18	3.8
Escherichia coli	40	0.35	2.0
Bacillus subtilis	40	0.43	1.6
Candida tropicalis	30	0.60	1.1

milogarithmischen Betrachtung erscheint die Wachstumskurve in der exponentiellen Phase als Gerade. (Abb. 3-5 A und B). Diese Darstellung ist in der Mikrobiologie sehr verbreitet. Die Steigung der so dargestellten Wachstumskurve ergibt direkt die maximale spezifische Wachstumsgeschwindigkeit μ_{max}.

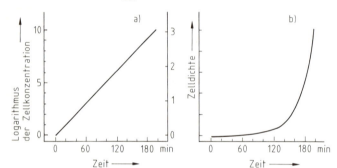

Abb. 3-5. Wachstum von einzelligen Mikroorganismen a) im halblogarithmischen Maßstab, b) im nichtlogarithmischen Maßstab.

Führt die semilogarithmische Darstellung zu keiner Geraden, so kann aus dem Verlauf entnommen werden, ob die Zellpopulation mit zunehmender oder abnehmender spezifischer Wachstumsgeschwindigkeit wächst (Abb. 3-6).

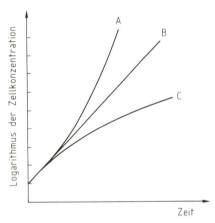

Abb. 3-6. Halblogarithmische Darstellung des Wachstums. – A zunehmende spezifische Wachstumsgeschwindigkeit, B konstante spezifische Wachstumsgeschwindigkeit, C abnehmende spezifische Wachstumsgeschwindigkeit.

3.2.3 Übergangsphase

Es erhebt sich nun die Frage, wie lange die exponentielle Wachstumsphase dauert. In Abb. 3-4 ist bereits angedeutet, daß die Phase II in eine weitere Phase, die sog. Übergangsphase, übergeht. Dieser Übergang findet vor allem aus zwei Gründen statt: Entweder ist ein essentieller Nährstoff aufgebraucht, oder das Wachstum wird durch die Bildung eines toxischen Produktes gestoppt. In aeroben Bioprozessen ist sehr oft der Sauerstoff-Nachschub der limitierende Faktor, der ein exponentielles Weiterwachsen verhindert.

Unter der Voraussetzung, daß in einem Wachstumssystem nur eine einzige Substanz das Wachstum begrenzt (d.h. auch der Sauerstoff-Nachschub sichergestellt ist), ist diese Übergangsphase sehr kurz. Dies bedeutet, daß die Zellen so lange mit der maximalen spezifischen Wachstumsgeschwindigkeit wachsen, bis das limitierende Substrat (z.B. die Glucose) eine sehr geringe Konzentration aufweist. Die Abhängigkeit der spezifischen Wachstumsgeschwindigkeit μ von der Substratkonzentration S ist in Abb. 3-7 gezeigt.

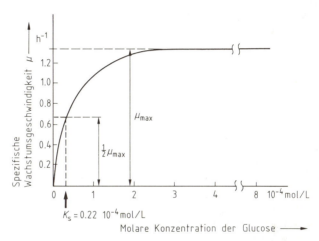

Abb. 3-7. Darstellung der spezifischen Wachstumsgeschwindigkeit (μ) als Funktion des Wachstums-limitierenden Substrates (Organismus: *Escherichia coli*, Substrat: Glucose). Der Wert für K_s entspricht der halben maximalen spezifischen Wachstumsgeschwindigkeit.

Diese Abhängigkeit kann vereinfachend in zwei Abschnitte gegliedert werden: in einen Bereich hoher Konzentration, in welchem die spezifische Wachstumsgeschwindigkeit unabhängig ist von der Substratkonzentration (intern reguliert, vgl. oben; horizontaler Bereich in Abb. 3-7) und in einen Bereich niedriger Konzentration, in welchem die spezifische Wachstumsrate sehr stark von der die Zelle umgebenden Substratkonzentration abhängt (extern reguliert). Dieser zweite Bereich kann mathematisch in die gleiche Form gefaßt werden wie der Ausdruck für die enzymkatalysierte Umsetzung eines Substrates:

$$\mu = \mu_{max} \frac{S}{K_s + S}, \tag{3-8}$$

wobei:

- S Substratkonzentration (g/L)
- K_s Sättigungskonstante (g/L)
- μ spezifische Wachstumsgeschwindigkeit (h^{-1})
- μ_{max} maximale spezifische Wachstumsgeschwindigkeit (h^{-1}).

K_s ist diejenige Substratkonzentration, bei welcher die spezifische Wachstumsrate ihren halbmaximalen Wert hat ($\mu = 1/2\,\mu_{max}$). Normalerweise bewegen sich die Werte für K_s bezüglich der Kohlenstoffquelle in der Größenordnung von 10^{-5} mol/L. Für Spurenelemente oder Wachstumsfaktoren kann diese Konstante noch viel kleiner sein.

Die Gl. (3-8), bekannt als „Monod-Gleichung", ist ein wertvolles Hilfsmittel zur Beschreibung und Quantifizierung des Überganges von der exponentiellen in die stationäre Phase.

Die in Abb. 3-4 gezeigte, eher langgezogene Übergangsphase (III) kann die folgenden Ursachen haben:

- Es werden nacheinander mehrere Substrate aufgebraucht;
- es werden toxische Produkte gebildet und ins Medium ausgeschieden;
- der Sauerstoffübergang ist der wachstumsbegrenzende Faktor; in diesem Fall kann gezeigt werden, daß die Zelldichte x linear zunimmt.

3.2.4 Stationäre Phase

Die stationäre Phase ist dann erreicht, wenn die Zelldichte konstant bleibt. Wie die Übergangsphase kann auch die stationäre Phase durch unterschiedliche Faktoren ausgelöst werden. Erstens kann ein essentieller Bestandteil im Medium (z. B. die Kohlenstoffquelle) aufgebraucht sein. Zweitens können durch Substanzen, die von den Mikroorganismen selbst erzeugt werden (z. B. toxische Produkte wie Ethanol, Aceton oder Butanol), ungünstige Bedingungen entstehen.

In der stationären Phase hat die Zelldichte das Maximum erreicht. Die maximal mögliche Zelldichte ist eine charakteristische Größe für die stationäre Phase. Oft gibt man den Zuwachs an Zellmasse zwischen Impfen und stationärer Phase, dividiert durch die Abnahme des Substrates über die gleiche Zeitspanne, als „Ausbeute" (Zellausbeute) an. Die zu erwartende maximale Zelldichte kann mit dem Ausbeutefaktor (vgl. Abschn. 1.4) aus der Substrat-Anfangskonzentration berechnet werden. Dies ist allerdings nur unter der Voraussetzung möglich, daß alle anderen Nährlösungsanteile im Überschuß vorhanden sind und daß keinerlei toxische Produkte angehäuft werden.

3.2.5 Absterbephase

Bei der bisherigen Betrachtung wurde vorwiegend die Population als Ganzes betrachtet; man darf dabei die einzelne Zelle nicht vergessen. Eine Zellpopulation ist ja nie homogen, und die Batch-Kurve ist eine Übersichtsdarstellung eines sehr komplexen Systems. Die Verschiedenheit der einzelnen Zellen wird vor allem in der stationären sowie in der Absterbephase deutlich. Schon in der stationären Phase wachsen einige Zellen noch, während andere bereits absterben. Tot ist eine Zelle dann, wenn sie sich irreversibel nicht mehr reproduzieren kann.

Sehr oft lysieren die abgestorbenen Zellen, und die Zellinhaltsstoffe (Kohlenhydrate, Aminosäuren und andere Komponenten) treten in die Kulturflüssigkeit und dienen wiederum als Substrat für andere, wachsende Zellen. Derartige „kannibalische" Vorgänge können in der stationären Phase über eine gewisse Zeit zur Aufrechterhaltung einer konstanten Zelldichte dienen.

Diese Phase ist jedoch nur ein Übergang zur Absterbephase. Zur Absterbephase selbst liegen nur sehr wenige Untersuchungen vor. Das mag darin begründet sein, daß in fast allen mikrobiologischen Prozessen die Absterbephase nicht von Interesse ist. Die meisten Prozesse werden schon in der exponentiellen Phase oder zu Beginn der stationären Phase abgebrochen.

3.3 Kontinuierliche Kultur

3.3.1 Grundlagen

Wird einem biologischen Wachstumsprozeß einerseits andauernd frische Nährlösung zugeführt und andererseits ständig Produkt entzogen, so spricht man von einer kontinuierlichen Kultur. Es gibt prinzipiell zwei verschiedene kontinuierliche Biosysteme: das *Pfropfströmungssystem* und das *homogen durchmischte System*.

In einer Propfströmkultur bewegen sich die wachsenden Zellen entlang einem Röhren- oder Kanalsystem. Im zweiten System wird einem Reaktor (mit konstantem Reaktionsvolumen) kontinuierlich gleichviel Nährlösung zugegeben wie Produkt-Lösung entfernt wird. Das bekannteste und vor allem in der Forschung oft anzutreffende Modell einer kontinuierlichen Kultur ist das sog. Chemostat-System (vgl. Abb. 3-8). Im Idealfall wird die langsam zutropfende frische Nährlösung sofort über den gesamten Reaktorinhalt verteilt, d. h. das System ist ideal durchmischt. Dies bedeutet für die Praxis, daß das Zeitintervall zur Verteilung der Nährlösung sehr klein sein muß, verglichen mit der Zeit für einen Volumenwechsel des gesamten Reaktors. Die Durchflußgeschwindigkeit F (mLh^{-1}) – oft als „Flußrate" bezeichnet – wird in der kontinuierlichen Kultur immer in Beziehung zum Volumen V (mL) gebracht (vgl. Abb. 3-8), was zur spezifischen Verdünnungsrate D (h^{-1}) führt:

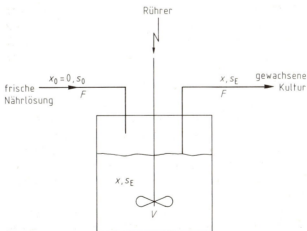

Abb. 3-8. Prinzip der kontinuierlichen Kultur. – S Substratkonzentration, x Zelldichte, F Durchflußgeschwindigkeit, V Volumen.

56   3 Bioprozeßkinetik

$$D = \frac{F}{V}.\tag{3-9}$$

Die Biomassebilanz in einem kontinuierlichen System lautet:

Zellmassezunahme = Wachstum − Austrag

d. h.
$$\frac{dx}{dt} = \mu x - \frac{F}{V}\tag{3-10}$$

bzw. kombiniert mit Gl. 3-9:

$$\frac{dx}{dt} = (\mu - D)x.\tag{3-11}$$

Der Ausbeutefaktor Y_s ist durch

$$dx = -Y_s dS\tag{3-12}$$

oder

$$\frac{dx}{dt} = -Y_s \frac{dS}{dt} \quad \text{definiert.}\tag{3-13}$$

Ist die kontinuierliche Kultur in einem Fließgleichgewicht, dann sind sowohl dx/dt als auch $dS/dt = 0$, d. h. im Fließgleichgewicht gilt:

$$\mu = D\tag{3-14}$$

Die kontinuierliche Kultur kann prinzipiell in zwei Bereichen durchgeführt werden (vgl. Abb. 3-4): entweder in der exponentiellen Wachstumsphase (Phase II), d. h. wenn die Zellen unter zellinterner Kontrolle wachsen, oder aber in der Übergangsphase (Phase III), wenn die Zellen durch ein Substrat (externer Faktor) limitiert sind. Im ersten Fall spricht man von einem Turbidostaten, im zweiten Fall von einem Chemostaten.

3.3.2 Der Turbidostat

Der Turbidostat ist ein Reaktionsapparat für ein kontinuierliches Verfahren, bei dem die spezifische Wachstumsgeschwindigkeit unter zellinterner Kontrolle steht und ihren maximalen Wert μ_{max} erreicht hat. Eingestellt wird eine konstante Zellkonzentration, die als Turbidität − daher der Name für dieses System − gemessen wird.

Eine kontinuierliche Kultur von Mikroorganismen wird immer mit einer Batch-Kultur gestartet. Der Übergang von der chargenweisen Züchtung zum kontinuierlichen Verfahren ist in Abb. 3-9 gezeigt. Einer Batch-Kultur, die sich im exponentiellen Wachstum befindet, wird zu einem Zeitpunkt t_1 (Pfeil in Abb. 3-9) frische Nährlösung zugeführt, und zwar so, daß $F/V = D \equiv \mu_{max}$. Könnten sowohl F als auch V über längere Zeit exakt konstant gehalten werden, so würde das kontinuierliche System im Idealfall unendlich lange wachsen, und zwar bei der Zelldichte x_1, bei welcher es gestartet worden ist. Voraussetzung wäre allerdings, daß keine Substratlimitierungen vorliegen.

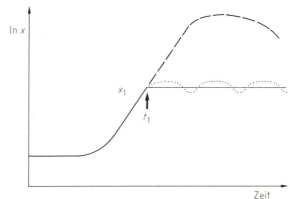

Abb. 3-9. Übergang aus einem Batch-Prozeß in einen kontinuierlichen Prozeß zum Zeitpunkt t_1 mit der Zelldichte x_1 (Pfeil).

Gl. (3-11) beschreibt das Verhalten des Turbidostaten. Sie kann auch wie folgt geschrieben werden:

$$\frac{d \ln x}{d t} = \mu_{max} - D . \tag{3-15}$$

Eine konstante Zelldichte im Turbidostaten ist nur dann möglich, wenn D genau μ_{max} entspricht (gerade, ausgezogene Linie in Abb. 3-9). Praktisch ist es aber unmöglich, sowohl die Durchflußgeschwindigkeit F als auch das Volumen V exakt konstant zu halten. Ist D kleiner als μ_{max}, dann wird die Zelldichte x zunehmen (strichlierte Linie in Abb. 3-9). Ist umgekehrt D größer als μ_{max}, so wird x abnehmen. Ein derartiges System ist quasi-stabil und erfordert periodische Korrekturen von F oder V (punktierte Linie in Abb. 3–9). Das System kann durch Bestimmung der optischen Dichte im Prinzip manuell geregelt werden, üblich ist aber eine automatische Regelung (Abb. 3-10).

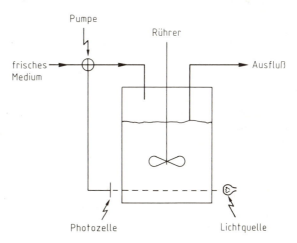

Abb. 3-10. Prinzipschema für einen Turbidostaten.

Wenn D größer ist als μ_{max} und dies nicht korrigiert wird, so wird die Kultur – wie erwähnt – ausgewaschen. Je größer D, umso schneller ist der Auswaschvorgang. Dieses Phänomen kann verwendet werden, um die Größe μ_{max} zu bestimmen. Wählt man nämlich D wesentlich größer als μ_{max} und trägt den Logarithmus der Zelldichte gegen die Zeit auf, so erhält man eine Gerade, deren (negative) Steigung nach Gl. (3-15) den Wert $\mu_{max} - D$ hat. Bei bekanntem D erhält man also μ_{max}. Diese dynamische Methode ist eine elegante Art, um in einer kontinuierlichen Kultur μ_{max} zu bestimmen. Anwendbar ist sie allerdings nur, wenn der Reaktor gut durchmischt ist.

Der Turbidostat ist nützlich, um Untersuchungen zu Ernährungsverhalten von Mikroorganismen zu machen. Auch bietet er die Möglichkeit, schnell wachsende Mutanten zu erkennen. Für industrielle Produktionen ist der Turbidostat eher ungeeignet, da überschüssiges Substrat unverbraucht den Bioreaktor verläßt.

3.3.3 Der Chemostat

Der Chemostat ist ein Reaktionsapparat für ein kontinuierliches Verfahren, bei dem das Zellwachstum durch externe Faktoren bestimmt wird und sich im Übergang von der exponentiellen zur stationären Phase befindet. Die Übergangsphase ist, wie schon erwähnt (Abschn. 3.2.3), normalerweise sehr kurz. Dies gilt insbesondere, wenn der K_s-Wert sehr klein ist. Dennoch gelingt es, eine kontinuierlich betriebene Kultur über längere Zeit in diesem Übergangsbereich zu halten, Eine solche Anordnung heißt Chemostat, weil sie durch die Konstanthaltung der Konzentration einer wachstumslimitierenden chemischen Substanz gesteuert wird. Die Konstanz der Konzentration wird (wie beim Turbidostat) durch kontinuierliche Zuführung von Nährlösung erreicht. Im Gegensatz zum Turbidostaten ist der Chemostat selbstregulierend und strebt deshalb einem stabilen Zustand zu.

Üblicherweise wird eine Chemostatkultur am Ende der exponentiellen Wachstumsphase des Batchprozesses gestartet. Die Verdünnungsrate D muß kleiner sein als μ_{max}, da die Zellen ja nicht mit der maximalen Geschwindigkeit wachsen. Zum besseren Verständnis des Chemostatprinzips sei nochmals auf die Übergangsphase des Wachstums (Phase III in Abb. 3-4) hingewiesen. In ihr sinkt die spezifische Wachstumsgeschwindigkeit einer Mikroorganismenkultur von ihrem maximalen Wert (μ_{max}) bis gegen Null ab. Wird nun in einem Chemostaten eine Verdünnungsrate D (zwischen Null und μ_{max}) vorgegeben, so stellt sich der Wert für x ein, wenn die Grundgleichung der kontinuierlichen Kultur [Gl. (3-14)] erfüllt ist.

Quantitativ kann das Reaktorverhalten mit der Monod-Gleichung (3-8) beschrieben werden, indem man μ durch D ersetzt. Eine einfache Umformung ergibt dann:

$$S = \frac{K_s D}{\mu_{max} - D} \tag{3-16}$$

Darin ist S die für das Fließgleichgewicht charakteristische, im Reaktor und am Reaktorausgang gleiche Konzentration des Substrats. Sie ergibt sich aus Gl. (3-12), indem man dx durch die integrale Änderung $x - x_0$ der Zelldichte und dS durch die Änderung $S - S_0$ der Substratkonzentration ersetzt:

$$x - x_0 = -Y_s(S - S_0)$$

x_0 und S_0 stehen jetzt für die Zelldichte bzw. die Substratkonzentration im Zufluß, x und S für die entsprechenden Größen im gerührten Reaktor. Da $x_0 = 0$ ist, kann man dafür auch schreiben:

$$x = Y_s(S_0 - S) \tag{3-17}$$

Durch Kombination von Gl. (3-17) mit Gl. (3-16) erhält man die Zelldichte x als Funktion von μ_{max}, K_s und D:

$$x = Y_s \left(S_0 - \frac{K_s D}{\mu_{max} - D} \right) . \tag{3-18}$$

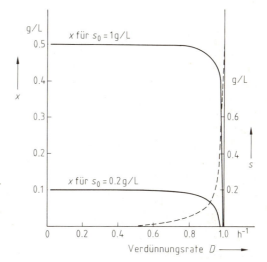

Abb. 3-11. x-D-Diagramm für einen Chemostaten. Es gelten die folgenden Bedingungen: $\mu = 1.0 \text{ h}^{-1}$, $K_s = 0.005 \text{ g} \cdot \text{L}^{-1}$, $Y = 0.5$. Die Biomasse ist für zwei verschiedene Substratanfangskonzentrationen angegeben: $S_0 = 1.0 \text{ g} \cdot \text{L}^{-1}$ und $0.2 \text{ g} \cdot \text{L}^{-1}$.

Graphische Darstellungen von x und S als Funktion von D sind in Abb. 3-11 gezeigt, und zwar für zwei verschiedene Substratkonzentrationen im Zufluß. Es ist eine der Charakteristiken des Chemostaten, daß die Substratkonzentration S im Bioreaktor (bei nicht zu hohen Verdünnungsraten) unabhängig ist von der Zuflußkonzentration S_0. Dies geht sowohl aus Gl. 3-16 als auch aus Abb. 3-11 hervor. Veränderungen von S_0 äußern sich einzig in Veränderungen der Zelldichte x im Fließgleichgewicht.

Setzt man in Gl. (3-16) und (3-18) $D = \mu_{max}$, dann geht S gegen $+\infty$ und x gegen $-\infty$, d. h. der Ersatz von μ durch D in der Monod-Gleichung ist nicht mehr zulässig, und es gelten die Gegebenheiten des Turbidostaten. Der höchste Wert der Verdünnungsrate, bei dem noch chemostatisch gearbeitet werden kann – und Gl. (3-16) noch gilt – heißt die „kritische Verdünnungsrate" (D_c). Wird $D > \mu_{max}$, so tritt in jedem Fall der Auswasch-Effekt zutage, den man aus ökonomischen Gründen zu vermeiden sucht.

Das Produkt aus Zelldichte und Verdünnungsrate wird als (volumetrische) Produktivität bezeichnet, für sie gilt (vgl. Abb. 3-12):

$$Dx = DY_s \left(S_0 - \frac{K_s D}{\mu_{max} - D} \right) . \tag{3-19}$$

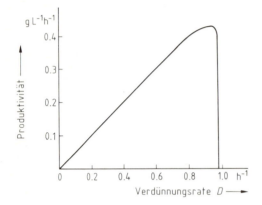

Abb. 3-12. Produktivität eines Chemostaten als Funktion der Verdünnungsrate D, die übrigen Parameter entsprechen denjenigen in Abb. 3-11.

Es kann gezeigt werden, daß es eine Verdünnungsrate D_{max} gibt, bei der die Produktivität ein Maximum erreicht; für sie gilt:

$$D_{max} \approx \mu_{max} (1 - \sqrt{K_s/S_0}) . \tag{3-20}$$

Da K_s im Vergleich zu S_0 sehr klein ist, liegt D_{max} nahe bei der kritischen Verdünnungsrate D_c.

3.3.4 Abweichungen von der Theorie

Das x-D-Diagramm in Abb. 3-11 zeigt den theoretischen Verlauf für einen kontinuierlich betriebenen Bioreaktor. Er ist für viele Mikroorganismen experimentell verifiziert worden. Indessen gibt es auch zahlreiche Abweichungen vom Idealverhalten. Folgende Möglichkeiten sind denkbar:

- Der Wert für K_s ist nicht konstant, d. h. er verändert sich als Funktion der Zelldichte im Reaktor;
- Wachstumsstimulatoren oder -inhibitoren verändern das x-D-Diagramm;
- Die Wachstumsausbeute Y_s hängt von der spezifischen Wachstumsrate ab. Dies ist besonders der Fall bei langsam wachsenden Zellen, die einen großen Anteil des Substrats als Energiequelle zur eigenen Erhaltung benötigen (Erhaltungsbedarf);
- Ungenügende Durchmischung im Reaktor kann Abweichungen vom theoretischen Verlauf hervorrufen;
- Die Mikroorganismen haften an der Reaktorwand.

Es wurde bereits darauf hingewiesen, daß das zufließende Medium homogen über den gesamten Inhalt verteilt werden muß und zwar in einem Zeitintervall, das sehr kurz ist verglichen mit der mittleren Aufenthaltszeit $1/D$ im Reaktor. In kleinen Laboreinheiten ist dies meistens der Fall. In großen Bioreaktoren dagegen wird die Verteilung problematischer. Inhomogene (oder schlecht durchmischte) Zonen treten in sehr viskosen Nährlösungen auf. Ferner sind Abweichungen bekannt für kontinuierliche Bioprozesse mit wasserunlöslichen, spezifisch leichten Substraten (z. B. n-Alkanen). Ist der Bioreaktor nicht homogen durchmischt, dann entstehen örtliche Zonen, in welchen die Verdünnungsrate größer oder kleiner ist als die mittlere Verdünnungsrate D, berechnet als F/V. Diese Abweichungen von D können ein kontinuierliches System empfindlich stören, insbesondere wenn der Reaktor in der Nähe von D_c betrieben wird.

Daß Mikroorganismen an Glas- und Metalloberflächen haften können, wirkt sich vor allem bei kontinuierlichen Kulturen ungünstig aus. Wandwachstum kann zur Bildung von Filmen, ja zu massiven Ablagerungen an den Wänden führen. Topiwala und Hamer (1971) haben zur Beschreibung des Wandwachstums die Zelldichte x_w an der Reaktorwand eingeführt. Der Effekt des Wandwachstums auf den Verlauf eines x-D-Diagramms einer kontinuierlichen Kultur ist in Abb. 3-13 gezeigt. Je größer der Anteil der Zellen an den Wänden (x_w), umso mehr verschiebt sich der apparente D_c-Wert zu höheren Verdünnungsraten.

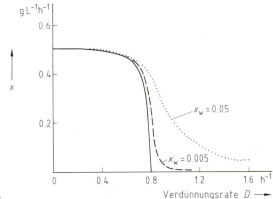

Abb. 3-13. Einfluß von Wandwachstum auf die Biomassekonzentration (x) in einem Chemostaten, $S_0 = 1.0\,\text{g} \cdot \text{L}^{-1}$, $Y = 0.5$, $\mu_{max} = 0.8\,\text{h}^{-1}$, $K_s = 0.02\,\text{g} \cdot \text{L}^{-1}$.
a) Wandwachstum entspricht $0.05\,\text{g} \cdot \text{L}^{-1}$,
b) Wandwachstum entspricht $0.005\,\text{g} \cdot \text{L}^{-1}$.

3.3.5 Vorteile kontinuierlicher Kulturen

Die Produktivität kontinuierlicher Systeme ist größer als diejenige entsprechender Batch-Züchtungen. Daneben haben kontinuierliche Kulturen den Vorteil einer zeitlich konstanten Produktqualität, kleinerer Reaktorvolumina und einer weniger arbeitsaufwendigen Bedienung.

Die kontinuierliche Kultur bietet verfahrenstechnisch die einzigartige Möglichkeit, Mikroorganismen über längere Zeit bei einer gegebenen spezifischen Wachstumsgeschwindigkeit zu halten. Dies eröffnet die Möglichkeit, andere physiko-chemische Parameter (z. B. Temperatur, pH-Wert oder Sauerstoff-Partialdruck) zu variieren und dabei die Auswirkungen auf

3 Bioprozeßkinetik

das Wachstum zu überprüfen. Bei sonst konstanten Reaktionsbedingungen kann umgekehrt auch die spezifische Wachstumsgeschwindigkeit ($0 < \mu \leq \mu_{max}$) frei verändert werden. In beiden Fällen spricht man von *Shift-Techniken*. Es ist experimentell möglich, einen Parameter sprunghaft zu verändern und dabei die Antwortfunktion des Stoffwechsels der wachsenden Zelle zu studieren.

3.3.6 Auslegung einstufiger Systeme

Der einstufige, kontinuierliche Prozeß wird entweder als Turbidostat (Abb. 3-10) oder als Chemostat (Abb. 3-8) ausgelegt. Im Turbidostaten wird die Zellkonzentration mit einer Fotozelle gemessen. Steigt die Zellkonzentration über einen vorgegebenen Wert hinaus an, so fördert die Zulaufpumpe über eine Regeleinrichtung vermehrt frische Nährlösung in den Reaktor. Durch eine Überlaufvorrichtung wird gleichzeitig das Volumen im Reaktor konstant gehalten. Der Turbidostat ist nur für einzellige Organismen einsetzbar, weil er eine Korrelation zwischen optischer Dichte und Zellkonzentration bedingt. Ferner ist diese Methode nur anwendbar für Nährlösungen, welche einen geringen Anteil an festen Bestandteilen haben und nicht trübe sind.

Eine andere Möglichkeit besteht darin, kontinuierliche Kulturen mit *Zurückführen der Biomasse* zu fahren (Cell recycling system). Normalerweise ist die Zelldichte in einem kontinuierlichen System durch die Konzentration des limitierenden Substrates gegeben. Die Produkti-

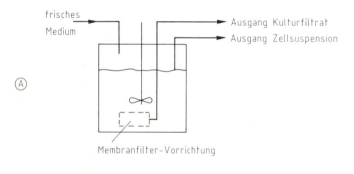

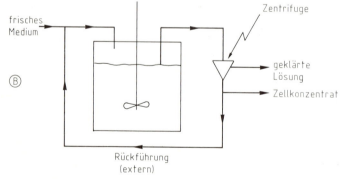

Abb. 3-14. Zwei Möglichkeiten für die Rückführung von Biomasse in einen Chemostaten. A: interne Zurückführung, B: externe Zurückführung.

vität $D \cdot x$ erreicht das Maximum bei der für die Kultur maximalen Verdünnungsrate $D_{max} \approx \mu_{max}$. Wenn dieser maximale Ausstoß weiter erhöht werden soll, muß durch Zellrückführung die Zelldichte erhöht werden. Derartige Zellrückführungssysteme können auf zwei Arten erfolgen: entweder durch reaktorinterne Separierungen oder aber durch externe Systeme.

Im Fall der internen Zellseparierung wird dem Bioreaktor in zwei verschiedenen Anordnungen Inhalt entnommen. Eine Membran oder Sedimentation ermöglichen bereits im Reaktor eine getrennte Entnahme von Biomasse und verbrauchter Nährlösung (vgl. Abb. 3-14A). Da verbrauchte Nährlösung ohne Zellen entnommen werden kann, kommt es im Reaktor zu einer Biomasseanreicherung.

Die externe Zellrückführung (vgl. Abb. 3-14B) besteht darin, daß der Ausgang des Bioreaktors einem Separator zugeführt wird. Durch den Separator ist eine Aufteilung in zwei Mengenflüsse möglich, nämlich in eine mit Biomasse angereicherte Menge, welche in den Bioreaktor zurückgeführt werden kann, sowie in die restliche, zellarme Nährlösung.

Kontinuierliche Systeme mit Zellrückführung ermöglichen Durchflußraten im Bioreaktor, welche größer sind als die maximale spezifische Wachstumsgeschwindigkeit des zu züchtenden Organismus. Dies ist die auffälligste Eigenschaft von Systemen mit Zellrückführung. Das x-D-Diagramm unterscheidet sich denn auch grundsätzlich von demjenigen kontinuierlicher Kulturen ohne Zellrückführung (vgl. Abb. 3-15).

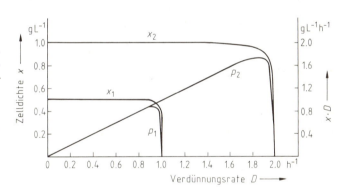

Abb. 3-15. Vergleich der Zelldichte (Biomassekonzentration) x und der Produktivitäten (P) in einem Chemostaten mit und ohne Rückführung der Biomasse.
P_1, x_1 = ohne Zurückführung, P_2, x_2 = mit Zurückführung, $\mu_{max} = 1.0\ h^{-1}$, $S_0 = 1.0\ g \cdot L^{-1}$, $K_s = 0.005\ g \cdot L^{-1}$, Konzentrierungsfaktor = 2.0.

Systeme mit Zellrückführung werden unter anderem in der biologischen Abwasserbehandlung eingesetzt. Für den Verfahrenstechniker ist es wichtig, zu wissen, daß damit die Produktivität erhöht und die Verfahrenszeit erniedrigt werden kann. Derartige Systeme erfordern allerdings größere Ausrüstungsinvestitionen (z. B. Zentrifugen).

3.3.7 Mehrstufige Systeme

Chemostat-Systeme können prinzipiell in Serie geschaltet werden. Abb. 3-16 zeigt eine mögliche Konstellation mit zwei Chemostaten. In der zweiten Stufe kann eine zusätzliche Substratzuführung erfolgen. Dies muß aber nicht unbedingt der Fall sein.

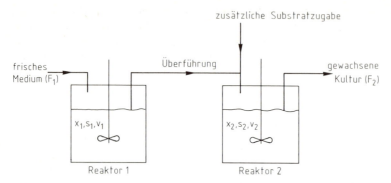

Abb.3-16. Mehrstufiger Chemostat: Zwei Chemostaten (Reaktor 1 und 2) in Serie, wobei in den zweiten Chemostaten zusätzlich Substrat zugeführt wird. – x, S Zelldichte bzw. Substratkonzentration, F Flußraten, V Volumina.

Grundsätzlich ist es möglich, mit zwei- oder mehrstufigen Systemen hintereinander gestaffelt für den Organismus mehrere Umgebungsbedingungen zu schaffen. Dies ist beispielsweise dann angebracht, wenn komplexe Nährlösungen mit mehreren Kohlenstoff- oder Stickstoffquellen zum Einsatz gelangen.

Zwei-stufige Systeme sind auch denkbar, wenn Sekundärmetaboliten in kontinuierlicher Kultur gebildet werden sollen. Damit können Wachstum und Produktion entkoppelt werden: In der ersten Stufe wird das Wachstum der Zellen gefördert, und in der zweiten Stufe erfolgt die Produktion des Sekundärmetaboliten.

Die praktische, industrielle Anwendung mehrstufiger Systeme ist in der Bioverfahrenstechnik sehr beschränkt. Ein Grund dafür ist, daß derartige komplizierte Systeme große Anforderungen an die Steriltechnik stellen. Die theoretische Betrachtung einer Vielzahl von Varianten ist in anderen Artikeln beschrieben worden (vgl. Dunn, 1978; Pirt, 1977).

3.4 Kinetik der Produktbildung

Wenn im folgenden Abschnitt die Produktbildung behandelt wird, dann ist damit die Bildung eines Stoffes durch die Zellen gemeint. In diesem Sinn ist die Bildung von Zellen als solche nicht als Produktbildung zu verstehen. Vielmehr müssen – vereinfacht ausgedrückt – zuerst Zellen gebildet werden, welche dann, gekoppelt mit dem Zellwachstum oder sequentiell nach dem eigentlichen Zellwachstum, ein gesuchtes Produkt synthetisieren.

Die Produktbildungsgeschwindigkeit ist also mit dem Wachstum der Mikroorganismen in Beziehung zu bringen. Auch bei Produkten, die nicht direkt während des Wachstums entstehen, sind die Zellen in einen optimalen physiologischen Zustand zu bringen. Die Grundlage für die verfahrenstechnische Auslegung eines mikrobiellen Prozesses besteht u. a. aus der Beziehung zwischen Zellwachstum und Produktbildung (vgl. auch Blanch, 1981).

Um die günstigsten Voraussetzungen für die Produktbildung zu schaffen, wurde versucht, die mikrobiellen Produkte in verschiedene Kategorien einzuteilen. Eine einfache Klassifizierung nach Pirt (1975) zeigt Tab. 3-6. Traditionelle Produkte aus Bioprozessen sind die

Endprodukte des Energiestoffwechsels (Typ I). Unter gegebenen Bedingungen bezüglich pH-Wert, Temperatur, Belüftung etc. entstehen diese Produkte während der Züchtung im Bioreaktor ohne weiteres Zutun. Als Stoffwechselendprodukte können sie durch die Zelle nicht weiter genutzt werden und werden deshalb in das Kulturmedium ausgeschieden. Es ist praktisch unmöglich, daß diese Synthesekapazität einer Zelle im Verlauf der Kultivation degenerativ verloren geht.

Tabelle 3-6. Einteilung der Produkte bei biotechnologischen Prozessen.

Produkttyp	Beschreibung	Beispiele
I	Endprodukt des Energiestoffwechsels	Ethanol Milchsäure Essigsäure Aceton/Butanol
II	Energiereservestoffe	Glycogen Dextran Poly-β-buttersäure
III	Enzyme	Amylasen Proteasen
IV	Intermediärprodukte primäre Stoffwechselprodukte	Riboflavin Citronensäure Glutaminsäure
V	Sekundärstoffwechselprodukte	Penicillin Giberellin

Energiereservestoffe (Typ II) werden nur gebildet, wenn die Energiequelle für das Wachstum im Überschuß vorliegt und andere Medienkomponenten wachstumslimitierend sind. Die Stickstoffquelle ist ein bekannter wachstumslimitierender Faktor; unter Stickstoffmangel werden z. B. Kohlenhydrat-haltige, Stickstoff-freie Reservestoffe gebildet.

Im Falle der Produktion von intra- oder extrazellulären Enzymen (Typ III) können die Grundsätze der Regulation der Enzymsynthese angewendet werden. So kann ein Substrat für eine Enzymsynthese Induktor sein; dies ist z. B. bei Stärke für die Synthese von Amylase der Fall.

Primäre Stoffwechselprodukte (Typ IV) sind für den Mikroorganismus essentiell. Sie umfassen Substanzen des Citronensäurezyklus sowie Vitamine und Aminosäuren. Diese Stoffe werden aber unter „normalen" Bedingungen nicht im Überschuß produziert. Es ist eine Aufgabe des Verfahrensentwurfes, für die Zellen diejenigen Bedingungen zu schaffen, die eine Überproduktion und Ausscheidung eines primären Stoffwechselproduktes erlauben. Sehr oft sind solche speziellen Prozeßbedingungen nicht „normal"; es handelt sich z. B. um extreme Reaktorbedingungen bezüglich des pH-Wertes oder des Sauerstoff-Partialdruckes oder um das Fehlen von Spurenelementen. Der Prozeß ist abhängig von spezifischen Regelmechanismen in der Zelle und demzufolge auch stark abhängig vom verwendeten Mikroorganismenstamm sowie den damit verbundenen Degenerationserscheinungen.

Die Sekundärmetaboliten (Typ V) umfassen vor allem die große Gruppe der Antibiotika. Derartige Produkte werden als „sekundär" bezeichnet, weil sie für den normalen Wachstumsvorgang nicht essentiell sind (vgl. Kap. 2). Die Synthesewege sowie die Bedingungen, die eine Überproduktion erlauben, sind in vielen Fällen noch unbekannt.

Es wurden verschiedene Versuche unternommen, den Zusammenhang zwischen Produktbildung und Biomasse zu klassifizieren. Eine der traditionellsten Betrachtungsweisen stammt von Gaden (1959) (Tab. 3-7).

Tabelle 3-7. Klassifizierung von Wachstumssystemen nach Gaden (1955).

Typ	Beschreibung
I	Das Hauptprodukt erscheint als Resultat des primären Stoffwechsels; die gewünschte Substanz kann ein direktes Abbauprodukt des Kohlenhydrat-haltigen Substrats sein, z. B. Ethanol aus Glucose, Milchsäure aus Gluconsäure
II	Das Hauptprodukt entsteht auf indirektem Wege aus dem primären Energiestoffwechsel; die Reaktionsraten verhalten sich komplex; die Energiebilanz ist negativ
III	Verbindungen komplizierter Zusammensetzung, entstehen nicht direkt aus dem Energiehaushalt; die Stoffwechselaktivität bei der Zellteilung findet vor der eigentlichen Produktbildungsaktivität statt

Zum ersten Typ (I) gehört die klassische Alkohol-Gärung. In guter Annäherung kann die Kinetik mit folgender Formel umschrieben werden:

$$\frac{dP}{dt} = -k_1 \frac{dS}{dt} = +k_2 \frac{dx}{dt}.$$ (3-22)

P = Produktkonzentration (g/L)

Eine derartige Produktbildung nennt man *wachstumsgebunden*. Es existiert eine konstante stöchiometrische Beziehung zwischen Substrataufnahme und Produktbildung; diese ist charakteristisch für Typ I.

Ein charakteristisches Beispiel für Typ II ist die Citronensäurebildung. Auffallend für diesen Produktbildungsvorgang ist das Auftreten von verschiedenen Maxima für die Zellsynthesegeschwindigkeit und für die Produktbildungsgeschwindigkeit: Bei konstanter Substrataufnahme wird zuerst die Zellsynthese aktiviert und in einer späteren Phase die Produktbildung auf Kosten der Zellsynthesegeschwindigkeit.

Typ III schließt die Bildung von großen Biomolekülen als Produkte ein. Typisches Beispiel ist die Penicillin-Produktion. In diesem Fall sind die Maxima für die Substrataufnahme, für die Zellsynthesegeschwindigkeit und für die Produktsynthesegeschwindigkeit voneinander völlig unabhängig.

Tabelle 3-8. Klassifizierung der Produktsynthesen nach Deindoerfer (1960).

Typ	Beschreibung
einfach	Substrate werden ohne Anhäufung eines Zwischenprodukts in Produkte umgewandelt
gleichzeitig	Substrate werden unter variablen stöchiometrischen Verhältnissen, aber ohne Anhäufung eines Zwischenprodukts in Produkte umgewandelt
konsekutiv	Substrate werden unter Anhäufung eines Zwischenprodukts in Produkte umgewandelt
schrittweise	Substrate werden vor der Bildung der Endprodukte in Zwischenprodukte umgewandelt

Deindoerfer (1960) hat die Wachstumssysteme anders eingeteilt (Tab. 3-8). Als klassischer Fall für den einfachen Typ gilt die Umsetzung von Glucose zu Gluconsäure, welche in einer konstanten Rate geschieht. Als Beispiel von gleichzeitiger Produktbildung mit unterschiedlichen, nicht konstanten Ausbeuten sei die Synthese von Fetten als Reservestoffe in der Zellmasse genannt.

Für die schrittweise Kinetik kann wiederum die Penicillinproduktion herangezogen werden.

Die beste Entwicklung eines brauchbaren kinetischen Modells der mikrobiellen Produktbildung stammt von Luedeking and Piret (1959). Diese Autoren beschreiben vor allem die Bildung von Milchsäure und fanden:

$$\frac{dP}{dt} = \alpha \frac{dx}{dt} + \beta x .\qquad(3\text{-}23)$$

Die Produktbildung kann also sowohl wachstumsgebunden $\left(\alpha \frac{dx}{dt}\right)$ als auch nichtwachstumsgebunden (βx) sein. Die Faktoren α und β sind ihrerseits abhängig von Wachstumsbedingungen (z. B. vom pH-Wert).

Die Gleichung kann umgeschrieben werden:

$$\frac{1}{x}\frac{dP}{dt} = \frac{1}{x}\frac{dx}{dt}\alpha + \beta = \alpha\mu + \beta .\qquad(3\text{-}24)$$

Das Luedeking-Modell besticht durch seine Einfachheit. Es kann aber nie allen Phänomenen gerecht werden. So hat es denn nicht an der Entwicklung von komplexeren Modellen gefehlt. Insbesondere wurde versucht, die Zellmasse als heterogene Population in die Betrachtungen einzuschließen (Shu, 1961). Dies ist sicher zweckmäßig, weil die Produktsynthese unter anderem von der Altersstruktur der Kultur abhängig ist.

Schließlich sei noch auf die sehr komplexen Vorgänge bei der Produktbildung mit filamentösen Mikroorganismen hingewiesen (Beispiele: Oxytetracyclin-Produktion durch Streptomyces oder Penicillinproduktion durch Penicillium). Es sind verschiedene komplexe Modelle entworfen worden, welche die zelluläre Differenzierung berücksichtigen. Dabei wird die Hyphenmorphologie mit der Produktkinetik korreliert.

Für den Verfahrensentwurf derartiger Prozesse sei zusammenfassend festgehalten:

1. Es gibt eine optimale Substrat-Anfangskonzentration für eine maximale Produktausbeute in einem Batch. Liegt zuviel Substrat vor, so resultiert eine schnelle Wachstumsphase, in welcher wenig Produkt gebildet und alles Substrat für die Zellsynthese aufgebraucht wird. Liegt dagegen zu wenig Substrat vor, so wird zu wenig Biomasse gebildet, welche zu einem späteren Zeitpunkt das Produkt synthetisieren soll.
2. Die Produktbildung wird verbessert, wenn die Myzelhyphen während des Wachstums nicht zerteilt werden. Je weniger allerdings die Hyphen zerteilt werden, desto länger wird die lag-Phase. Es resultiert also eine längere Prozeßdauer. Folglich müssen das Impfgut und die anschließende Hyphenbehandlung optimiert werden.
3. Die meisten Wachstumsprozesse mit Pilzen oder fädigen Mikroorganismen sind aerob. Es ist zweckmäßig, durch intensives Durchmischen und Belüften den Sauerstofftransport zu den Hyphen zu fördern. Dies gilt nicht für die Penicillinproduktion, bei welcher eine mittlere Durchmischung bessere Produktionen ergab. Dafür sind verschiedene Erklärungen möglich: Zum einen wird die Morphologie dieser Pilze durch die auftretenden Scherkräfte beeinflußt; ein starkes Rühren fördert die Zerteilung der Hyphen, was die Produktion verringern kann. Zum anderen kann der Einfluß des Rührens auf die Effizienz des Sauerstofftransportes in diesem extrem komplexen System nachteilig wirken (vgl. Abschn. 6.1).

4 Stofftransport in biologischen Systemen

4.1 Allgemeine Betrachtungen

Der Stofftransport in biologischen Systemen unterscheidet sich ganz wesentlich vom Stofftransport bei chemischen Reaktionen. Von diesen Unterschieden und den damit verbundenen Auswirkungen auf den Bioreaktor (den Ort der Bioreaktion) soll in diesem Kapitel die Rede sein. Es geht im wesentlichen immer darum, das zu produzierende Bioprodukt mit der größtmöglichen Ausbeute und in der kürzesten Zeit herzustellen. Es müssen daher alle Umweltbedingungen wie z. B. pH-Wert, Temperatur oder Sauerstoff-Partialdruck in den relativ engen Bereichen gehalten werden, die einen optimalen Stofftransport für die wachsenden Organismen erlauben. Da die meisten Nährlösungsbestandteile gut wasserlöslich sind oder sich auf einfache Art suspendieren lassen, verursacht die Nährstoff-Versorgung von Zellen in Suspension verhältnismäßig geringe Probleme, wenn die betreffenden Nährstoffansprüche bekannt sind (vgl. Abschn. 3.1). Bedeutend problematischer ist die Versorgung der Zellen mit Sauerstoff, der in der Nährlösung nur sehr schlecht löslich ist. Weil sehr viele biologische Systeme auf Sauerstoff angewiesen sind, muß ein Kapitel über Stofftransport in biologischen Systemen vor allem den *Sauerstoff-Transport* berücksichtigen.

Wie später noch gezeigt werden wird, entscheidet die *Löslichkeit* einer Substanz zusammen mit der *Nachfrage* der Organismen, ob die Transportkapazität für diesen Stoff ausreichend ist oder nicht (vgl. Abschn. 4.4).

Eigentlich ist es nicht selbstverständlich, daß Mikroorganismen pro Masseneinheit einen viel größeren Sauerstoff-Bedarf haben als pflanzliche, tierische oder menschliche Zellen. Zur Erläuterung sind in Tab. 4-1 einige Zahlen dargestellt. Würde man die in Tab. 4-1 gezeigten Werte für Gewebezellen auf die Mikroorganismen extrapolieren, so wären die entsprechenden Sauerstoff-Aufnahmen für Hefen und Bakterien sehr klein. Tatsächlich ist das Verhältnis aber gerade umgekehrt: Hefen atmen den Sauerstoff mit einer Aufnahmegeschwindigkeit (QO_2) von etwa 60 mL · g^{-1} · h^{-1}, und es sind maximale Werte für Bakterien *(Azotobacter)* bekannt, die einen Sauerstoff-Verbrauch von bis zu 3000 mL · g^{-1} · h^{-1} haben. Diese Verhältnisse werden verständlich, wenn man bedenkt, daß durch die Atmung die für die Zellfunktionen notwendige Energie gewonnen wird. Kurze Zellteilungszyklen oder andere energieaufwendige Vorgänge haben einen entsprechend hohen Sauerstoff-Bedarf.

Aus allen diesen Tatsachen ist leicht ersichtlich, daß der Sauerstofftransport in einem Bioreaktor ein weit größeres Problem darstellt als die Belüftung eines Fischaquariums. Wird

Tabelle 4-1. Geschwindigkeit der Sauerstoff-Aufnahme bei verschiedenen Organismen.

Organismus		Sauerstoff-Aufnahme mL $\cdot$ g^{-1} $\cdot$ h^{-1}
Mensch,	ruhend	0.2
	arbeitend	4.0
Schmetterling,	ruhend	0.6
	fliegend	100.0
Maus		2.5
Regenwurm		0.06
Hefen		60
Azotobacter		bis 3000

die Belüftung eines Bioprozesses unterbrochen, so ist der Sauerstoff-Vorrat in wenigen Sekunden erschöpft.

Beispiel: In einem Bioreaktor wird Bäckerhefe gezüchtet. Beträgt die Biomasse (x) 10 g $\cdot$ L^{-1}, so hat diese Kultur einen Sauerstoff-Bedarf von etwa 10 mL $\cdot$ L^{-1} $\cdot$ min^{-1}. Unter der Annahme, daß die Sauerstoff-Löslichkeit in der Nährlösung 4 mL $\cdot$ L^{-1} beträgt, reicht dieser Sauerstoff-Vorrat – nach Unterbrechen der Belüftung – nur 24 Sekunden. Dies veranschaulicht, daß eine ausreichende Sauerstoff-Zufuhr bei einem aeroben biologischen Prozeß lebensnotwendig ist.

An dieser Stelle ist jedoch darauf hinzuweisen, daß eine ungenügende Sauerstoff-Versorgung nicht unbedingt den Tod der Zellen zur Folge hat. Wohl entsteht dadurch ein Ausbeuteverlust; viele Mikroorganismen haben jedoch die Fähigkeit, bei Sauerstoff-Mangel ein anderes Produkt zu bilden. Ein bekanntes Beispiel ist die Herstellung von Bäckerhefe: bei nicht ausreichender Versorgung mit Sauerstoff wird Alkohol produziert. Dadurch wird die Ausbeute des gesuchten Produktes (Hefemasse) verkleinert.

In der Regel nimmt die Produktausbeute in einem aeroben Bioprozeß mit zunehmender Sauerstoff-Übertragungsgeschwindigkeit im Bioreaktor zu, sei das Produkt nun Biomasse, ein Antibiotikum, eine Aminosäure oder ein anderes Molekül. Die Ausbeute steigt so lange, bis ein anderer Faktor, z. B. die Stoffwechselkapazität, begrenzend wirkt (vgl. Abb. 4-1). Es ist für den Verfahrensingenieur indessen erleichternd, daß die Sauerstoff-Sättigung in der Nährlösung nicht ständig 100% betragen muß. Selbst Mikroorganismen, welche sehr viel Sauerstoff aufnehmen, entwickeln ihre volle respiratorische Fähigkeit noch bei kleineren Sättigungsgraden. Sauerstoff-Konzentrationen kleiner als etwa 0.11 bis 0.45 ml $\cdot$ L^{-1}, entsprechend etwa 2 – 9% Sättigung bei Begasung mit Luft, sind kritisch, d. h. die Sauerstoff-Aufnahme und damit die Produktausbeute sinken dann rasch ab. Diese für den Mikroorganismus wichtige kritische Sauerstoff-Konzentration (in der Literatur oft C_{crit} genannt) liegt für die meisten Zelltypen in diesem kleinen Konzentrationsbereich.

Um den Sauerstoff-Transport behandeln zu können, ist ein grundsätzliches Verständnis der Sauerstoff-Löslichkeit notwendig. Wie in Tab. 4-2 dargestellt, sinkt die Löslichkeit

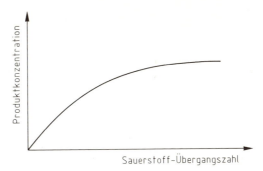

Abb. 4-1. Schematische Darstellung der Produktkonzentration als Funktion der Sauerstoff-Versorgung.

von Sauerstoff mit steigender Temperatur und steigender Salzkonzentration. Dies ist in biologischen Systemen besonders wichtig, da die Nährlösungen in allen Fällen größere Mengen verschiedener Salze beinhalten (Abschn. 3.1). Schließlich ist die Löslichkeit aller Gase zusätzlich noch vom Partialdruck des betreffenden Gases in der Belüftungsluft abhängig.

Mikrobiologische Prozesse werden üblicherweise bei geringen Reaktionsdrücken durchgeführt. Demnach kann das Gesetz von Henry angewendet werden. Dieses sagt aus:

$$C^* = \frac{pO_2}{H} \tag{4-1}$$

Die Sauerstoff-Löslichkeit (C^*), ausgedrückt in mmol · L^{-1}, ist also direkt vom Partialdruck (pO_2, in bar) abhängig. Die Henry-Konstante H entspricht für 30°C etwa 36 mg · L^{-1} · bar^{-1} oder etwa 1.1 mmol · L^{-1} · bar^{-1}. Für Luft mit ihrem Sauerstoff-Massenanteil von 20.9% beträgt $pO_2 = 0.212$ bar oder 159,0 mmHg.

In der Biotechnologie wird sehr oft der Sauerstoff-Gehalt in der Nährlösung angegeben als derjenige Sauerstoff-Partialdruck, welcher im Gleichgewicht steht mit der Flüssigkeit. Beispielsweise enthält Wasser, welches mit Luft belüftet und mit Sauerstoff halb gesättigt ist, einen Sauerstoff-Anteil von (0.5) (0.212) (36) = 3.82 mg · L^{-1} (bei 30°C). Die gleiche Lösung könnte auch durch die Angabe eines Sauerstoff-Partialdrucks von 79.5 mmHg beschrieben werden.

Tabelle 4-2. Löslichkeit von Sauerstoff in Wasser bei 1 bar O_2-Partialdruck als Funktion der Temperatur und des Salzgehaltes, in mmol · L^{-1}.

Temperatur (°C)	Wasser	Löslichkeit von Sauerstoff in mmol · L^{-1} NaCl (mol · L^{-1})		
		0.5	1.0	2.0
0	2.18			
10	1.70			
15	1.54			
20	1.38			
25	1.26	1.07	0.89	0.71
30	1.16			
35	1.09			
40	1.03			

4.2 Newtonsche Systeme

Newtonsche Systeme beinhalten Flüssigkeiten, bei welchen die Viskosität unabhängig ist von der Rührerdrehzahl. Zu den Züchtungen mit Newtonschem Fließverhalten sind vor allem die Massenproduktionen von Hefen und Bakterien zu zählen. Obwohl die Viskosität derartiger Lösungen mit hoher Zelldichte zunimmt, ändert sich das Fließverhalten nicht. Daher sind derartige biologische Systeme viel einfacher zu handhaben als diejenigen mit fädigen Myzelien oder Actinomyceten.

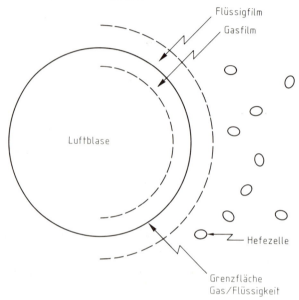

Abb. 4-2. Darstellung (nach der Zweifilmtheorie) der Transportwiderstände für Sauerstoff in einer Hefesuspension, die Luftblasen haben einen Durchmesser von etwa 1 mm, die Hefezellen einen solchen von etwa 5 bis 10 μ.

Die Widerstände, die das Sauerstoff-Molekül auf dem Weg von der Luftblase bis zum Mikroorganismus überwinden muß, sind in Abb. 4-2 dargestellt. Dieses sog. Zweifilmmodell geht davon aus, daß auf beiden Seiten der Gas/Flüssigkeits-Grenzphase eine verhältnismäßig stabile Grenzschicht besteht, die auf der Seite der Flüssigkeit als Flüssigfilm und auf der Seite der Gasphase (in der Gasblase) als Gasfilm bezeichnet wird. Der Transport des Sauerstoffmoleküls durch diese Filme erfolgt ausschließlich durch *Diffusion*. Dagegen werden die Sauerstoff-Moleküle sowohl im Kern der Flüssigkeit, als auch im Kern der Gasphase durch *Konvektion* einheitlich verteilt (siehe Abb. 4-3). Diese homogene Verteilung im *Flüssigkeitskern* ist übrigens eine der Aufgaben des Rührers in einem Bioreaktor.

Die Diffusion durch diese Grenzschichten ist der zentrale Punkt bei der Betrachtung des Stofftransportes in biologischen Systemen. Die Stofftransportgeschwindigkeit durch diese Filme kann ausgedrückt werden:

$$\text{Stofftransportgeschwindigkeit} \sim \frac{\text{treibendes Gefälle}}{\text{Widerstand}} \sim \frac{\Delta C}{R}. \tag{4-2}$$

Das treibende Gefälle (ΔC), auch die treibende Konzentrationsdifferenz genannt, ist die Differenz zwischen der Konzentration im Innern der Gasphase C^* (Gl. 4-1) und der Konzentra-

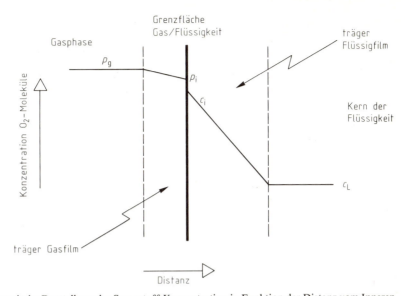

Abb. 4-3. Schematische Darstellung der Sauerstoff-Konzentration in Funktion der Distanz vom Inneren der Gasblase bis zum Inneren der Flüssigkeit (Flüssigkeitskern).
p_g Partialdruck im Gas; p_i Partialdruck an der Grenzfläche; c_i Konzentration an der Grenzfläche; c_L Konzentration im Flüssigkeitskern

tion in der flüssigen Phase C_L. Der Widerstand R entspricht dem Gesamtwiderstand und umfaßt die Summe der einzelnen Widerstände (gasseitig und flüssigkeitsseitig) in Serie.

Der Sauerstoff-Übergang kann auch als Folge von Konzentrationsgradienten (Abb. 4-3) dargestellt werden. Abb. 4-3 ist stark vergrößert gezeichnet. Die Konzentration an der Gas/Flüssigkeits-Grenzschicht entspricht praktisch derjenigen im Kern des Gases. Deshalb kann der Widerstand im Gasfilm gegenüber dem im Flüssigkeitsfilm praktisch vernachlässigt werden. Zum gleichen Ergebnis gelangt man, wenn die Diffusionskoeffizienten in Luft und Wasser verglichen werden: Sauerstoff diffundiert in Luft etwa 10 000 mal schneller als in Wasser. Der Widerstand im Gasfilm spielt nur dann eine Rolle, wenn die Gasphase sehr wenig Sauerstoff enthält. Dieser Fall tritt aber bei aeroben industriellen biologischen Prozessen praktisch nie ein.

Als Konsequenz aus den obigen Betrachtungen kann in Gl. (4-2) der Gasfilmwiderstand vernachlässigt werden. Die Gleichung lautet dann:

$$\text{Stofftransportgeschwindigkeit} = k_L \cdot A \cdot \Delta C. \tag{4-3}$$

Der Widerstand wird hier ausgedrückt als $R = (k_L \cdot A)^{-1}$, da der Stoffübergang proportional zur Größe der Grenzfläche A und zu einem sogenannten „Flüssigfilmkoeffizienten" k_L ist. Der Wert von k_L hängt nicht nur von der molekularen Diffusionsgeschwindigkeit des Sauerstoffs durch den Flüssigfilm, sondern auch von der Filmdicke selbst ab. Da es keine einfache Möglichkeit gibt, die Dicke des Flüssigkeitsfilms zu bestimmen, ist definitionsgemäß die Filmdicke in k_L enthalten. Daher ist der Filmkoeffizient nicht mit dem Wärmeleitfähigkeitskoeffizienten durch einen Feststoff vergleichbar. Die k_L-Werte werden durch viele Faktoren beeinflußt, so z. B. durch

- die Viskosität des flüssigen Mediums oder
- den Durchmischungsgrad im Bioreaktor.

Schließlich ist festzuhalten, daß es in industriellen Bioprozessen praktisch unmöglich oder zumindest experimentell sehr aufwendig ist, die exakte Grenzflächengröße A zu messen. Oft wird diese Größe „A" durch „a" ersetzt, wobei „a" der gesamten Grenzschichtfläche pro Einheitsvolumen entspricht (Einheit von a: $m^2 \cdot m^{-3}$).

Die praktisch anwendbare Gleichung für die Sauerstoff-Transportgeschwindigkeit lautet demnach:

Sauerstoff-Transportgeschwindigkeit $= (K_L a)(C^* - C_L)$ (4-4)

[$mmol \cdot L^{-1} \cdot h^{-1}$] [$h^{-1}$] [$mmol \cdot L^{-1}$]

Die Schreibweise „$K_L a$" anstelle von „$k_L a$" beinhaltet, daß es sich um einen Gesamtkoeffizienten handelt, der sich auf das gesamte treibende Gefälle (Gas/Flüssigkeit) bezieht, im Gegensatz zum Einzelfilmkoeffizienten, der auf dem Gradienten zwischen Grenzschicht und Kern beruht.

Es ist schwierig, sowohl K_L als auch a auf einfache und zuverlässige Weise zu bestimmen. Neue physikalische und chemische Methoden zur Bestimmung der Phasengrenzfläche werden in folgenden Veröffentlichungen beschrieben: Hofer und Mersmann (1980); Kaufmann und Pilhofer (1980), Schumpe und Deckwer (1980) sowie Brentrup et al. (1980). In den meisten praktischen Fällen wird das Produkt $K_L a$ gemessen.

4.2.1 Bestimmung des Sauerstoff-Transportkoeffizienten $K_L a$

Die in Gleichung (4-4) dargestellte Sauerstoff-Transportgeschwindigkeit ist ein Maß, welches sich für den Vergleich von verschiedenen Belüftungssystemen eignet. Große $K_L a$-Werte lassen auf eine große Grenzfläche Gas/Flüssigkeit bzw. auf dünne Flüssigkeitsfilme schließen. Mit anderen Worten: Große $K_L a$-Werte weisen darauf hin, daß eine Nährlösung gut mit Sauerstoff versorgt wird. Indessen – und dies ist nachdrücklich zu betonen – werden $K_L a$-Werte nicht nur durch die eigentlichen Bioreaktorparameter, wie Rührergeometrie, Belüftungsvorrichtung etc., bestimmt. Sie werden vielmehr auch noch durch die Eigenschaften der Nährlösung mitbeeinflußt. Besonders die Rheologie der wäßrigen Phase muß berücksichtigt werden (vgl. Abschn. 4.3 über Nicht-Newtonsche Systeme).

4.2.1.1 Die steady-state-(Fließgleichgewichts-)Methode

Die steady-state-Methode ist eine der wenigen Möglichkeiten, um den $K_L a$-Wert während eines biologischen Prozesses zu messen, ohne den Prozeß zu beeinflussen. Dabei geht man von der zulässigen Annahme aus, daß die Sauerstoff-Transportgeschwindigkeit genau der Sauerstoff-Absorptionsgeschwindigkeit durch die Mikroorganismen entspricht. Die Gl. (4-4) kann deshalb wie folgt umgeformt werden:

$$K_L a = \frac{QO_2 \cdot x}{(C^* - C_L)} \quad (4\text{-}5)$$

Sowohl die Sauerstoff-Absorptionsgeschwindigkeit durch die Mikroorganismen ($QO_2 \cdot x$) als auch die Konzentration des gelösten Sauerstoffes (C_L) variieren im Verlauf eines Bioprozesses. Jedoch benötigt diese steady-state-Methode zur Erfassung der beiden Größen nur wenige Minuten; man kann also davon ausgehen, daß diese Größen für die Dauer der Messung konstant sind.

Die Sauerstoff-Aufnahme durch die Mikroorganismen wird am zweckmäßigsten dadurch bestimmt, daß man den gesamten Bioreaktorinhalt als Bilanzgebiet betrachtet (siehe auch Berechnungen in Abschn. 7.3). Die Sauerstoff-Aufnahme entspricht dann der Differenz des Sauerstoff-Gehalts im zugeführten und im abgeleiteten Gas. Die im Nährmedium gelöste aktuelle Sauerstoff-Konzentration (C_L) wird mit einer Sauerstoffelektrode gemessen (vgl. Kap. 7).

Fälschlicherweise wird der Bestimmung von C^*, also derjenigen Löslichkeit, welche mit der Sauerstoff-Konzentration in der Gasphase im Gleichgewicht steht, zu wenig Beachtung geschenkt. Eigentlich ist der genaue Wert für C^* dem Sauerstoff-Partialdruck im Belüftungsgas proportional. In einem kleinen, gut durchmischten Bioreaktor kann angenommen werden, daß sowohl Gas- als auch Flüssigphase homogen vermischt sind. In diesem Fall ist die maximale Löslichkeit (C^*) dem Partialdruck des austretenden Gases proportional. Die Gaszusammensetzung des eintretenden Gases (Belüftungsluft) bleibt bei guter Durchmischung nur in einer sehr kleinen Region und nur während einer sehr kurzen Zeit aufrechterhalten. In der Gl. (4-4) kann also der Wert für C^* nur für homogen durchmischte (sowohl Gas- als auch Flüssigphase betreffend) Bioreaktoren aus dem Abgas berechnet werden. Bei Bioreaktoren des Blasensäulentyps oder in Abwassertanks ist die Berechnung von C^* ein schwieriges Unterfangen. Sowohl C_L als auch C^* können lokal sehr verschieden sein. Daher ist in diesen Fällen die Berechnung des $K_L a$-Werts aus einem lokal sehr unterschiedlichen Wert für C^* bzw. C_L und einem Wert für die Absorptionsrate über den gesamten Bioreaktor als Bilanzgebiet ungenau.

4.2.1.2 Die dynamische Methode

Auch die dynamische Methode kann während eines Bioprozesses durchgeführt werden. Allerdings muß der Sauerstoff-Gehalt in der Nährlösung dabei verändert werden. Die nicht-stationäre, dynamische Methode basiert auf dem Übergangsverhalten der Sauerstoff-Konzentration in der Lösung von einem Niveau auf ein anderes. Zur Berechnung des $K_L a$-Wertes benützt man die allgemein gültige, nicht-stationäre Form der Gl. (4-4), nämlich:

$$\frac{dC_L}{dt} = (K_L a)(C^* - C_L) - QO_2 \cdot x, \tag{4-6}$$

wobei $QO_2 \cdot x$ Sauerstoff-Absorptionsgeschwindigkeit der Mikroorganismen

Die dynamische Methode zur Bestimmung des $K_L a$-Wertes wird praktisch wie folgt durchgeführt: Während des Wachstumsversuches im Bioreaktor wird die Luftzufuhr kurzfristig unterbrochen. Als Folge dieser Unterbrechung nimmt die aktuelle Sauerstoff-Konzentration in der Nährlösung ab. Wird diese Abnahme zeitverzugslos (mit einer schnell ansprechenden pO_2-Elektrode) gemessen und gegen die Zeit aufgetragen, so kann daraus die Absorption durch die Zellen berechnet werden. In dieser Phase entspricht der erste Ausdruck auf der rechten Seite von Gl. (4-6) dem Wert Null. Somit entspricht die lineare Abnahme von C_L der Sauerstoff-Aufnahme der Organismen. Wird nach einer gewissen Zeit die Kultur wieder belüftet, so nimmt auch die Gelöstsauerstoff-Konzentration C_L wieder zu, wie dies in Abb. 4-4 dargestellt ist. Die Steigung des Kurvenverlaufes in dieser 2. Phase (nachdem die Belüftung wieder eingeschaltet worden ist) kann nun zur Berechnung von $K_L a$ ausgewertet werden (vgl. Bandyopadhyay et al., 1967).

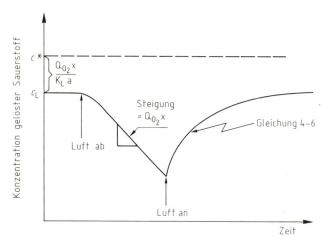

Abb. 4-4. Schematische Darstellung der dynamischen Methode zur Bestimmung des $K_L a$-Wertes sowie des $Q_{O_2} \cdot X$-Wertes mittels Gl. (4-6). Die Differenz zwischen C^* und C_L (auf der y-Achse) gibt gleichzeitig die Grundlage zur Bestimmung von $K_L a$ nach der stationären Methode.

4.2.1.3 Bestimmung von $K_L a$ durch die Sulfit-Methode

Die Sulfit-Methode ist für die Praxis wenig brauchbar, weil die Bestimmung von $K_L a$ nicht in der Nährlösung, sondern in einer Natriumsulfit-Lösung durchgeführt wird. Hingegen ist das Vorgehen geeignet, um unter Standardbedingungen in Modell-Lösungen reproduzierbare $K_L a$-Werte zu messen (z. B. für die Überprüfung von Dispergiereigenschaften eines Rührwerks). Die Übertragbarkeit auf biologische Experimente ist jedoch sehr beschränkt. Die Methode wurde zuerst von Cooper et al. (1944) beschrieben. Sie basiert auf der quantitativen Bestimmung der durch Kupfer katalysierten Oxidation einer belüfteten Natriumsulfit-Lösung. Hier ist $C_L = 0$, d. h. die gemessene Sulfit-Oxidation entspricht direkt $(K_L a) \cdot C^*$. Die Menge des nicht umgesetzten Natriumsulfits wird durch Titration bestimmt; daraus kann die Sauerstoff-Absorptionsgeschwindigkeit berechnet werden. Obwohl die Methode durch ihre Einfachheit besticht, sind die chemischen Reaktionsschritte der eigentlichen Sulfitoxidation kompliziert. Durch die Sulfit-Methode bestimmte Werte sind besonders dann unrealistisch, wenn Bioreaktoren verschiedener Art und verschiedener Größen verglichen werden. Es gibt Hinweise, wonach Sulfit-Werte höher sind als die physikalisch bestimmten Sauerstoff-Übergänge in biologischen Systemen. Es ist möglich, daß die Sauerstoff-Moleküle bei der Sulfit-Methode bereits im stationären Film um die Luftblase reagieren, was zu große Werte ergibt. Die Sulfit-Methode ist aber durchaus geeignet, um in einem einzigen System vergleichende Versuche durchzuführen, z. B. über den Einfluß der Drehzahl auf den $K_L a$-Wert in einem Bioreaktor.

Beschreibung der Sulfit-Methode

Der Reaktor wird mit einer 0.5 N (31.5 g · L^{-1}) Natriumsulfit-Lösung gefüllt (pH = 8). Pro Liter Reaktorlösung wird ein Milliliter einer Standardlösung des Katalysators (159.6 g · L^{-1} CuSO$_4$) zugegeben (~10^{-3} mol/L^{-1}). Nachdem der Nullwert bestimmt ist, wird die Lösung belüftet und während 4 bis 20 Minuten unter den zu testenden Bedingungen gerührt. Nach dieser Zeit wird eine Probe (5 ml) genommen und sofort in eine frische Iodlösung (12.65 g · L^{-1} I$_2$ und 40 g · L^{-1} KI) pipettiert. Die Analyse wird vervollständigt durch die Zurück-Titration mit Thiosulfat-Lösung (0.1 N) mit Stärkelösung (1%) zur Endpunktsbestimmung.

Der Sauerstoff-Übergang, ausgedrückt als $(K_La) \cdot C^*$, berechnet sich wie folgt:

$$\frac{X}{t} \cdot 300 = (K_La) \cdot C^*,$$

[mmol · L^{-1}] [h^{-1}]   [h^{-1}] [mmol · L^{-1}]

wobei: X Verbrauch an 0.1 N Thiosulfat-Lösung
         t Oxidationszeit in Minuten
         Probemenge: 5 ml

4.2.1.4 Vergleich und Beispiele

Zlokarnik (1978) hat darauf hingewiesen, daß die Salzkonzentration in der Nährlösung einen großen Einfluß auf die Blasengröße und die Blasenverteilung hat. So werden die Luftblasen in Biosystemen immer bedeutend kleiner sein als in reinem Wasser. Dies bedeutet, daß der im Sulfitsystem oder in Nährlösungen gemessene Stofftransportkoeffizient immer größer sein wird als in reinem Wasser. Um realistische Sauerstoff-Transportkoeffizienten in Abwasseranlagen (die weniger Salze enthalten als andere mikrobielle Systeme) ermitteln zu können, entwickelte Zlokarnik (1978) eine neue Methode. Sie basiert auf der Oxidation von wäßrigen Hydrazinlösungen anstelle einer Sulfitlösung.

Dynamische Meßmethoden haben den Nachteil, daß die tatsächlichen Geschwindigkeiten durch instrumentell bedingte Meßfehler verfälscht werden können. Die Bestimmung des Sauerstoffüberganges mit Hilfe dynamischer Methoden setzt daher genügend kleine Ansprechzeiten aller Meßinstrumente in der Meßkette voraus. Diese Anforderung ist vor allem für die Sauerstoff-Sonde schwer zu erfüllen. Zeitverzögerungen lassen sich allerdings – wenn bekannt – mit Hilfe von mathematischen Modellen eliminieren. Diese Problematik ist detailliert in einem neuen Übersichtsartikel beschrieben (Sobotka et al., 1982). Als typische Werte für K_La sind anzusehen:

    für Laborapparate   10 – 100 h^{-1}
    für Bioreaktoren   100 – 1000 h^{-1}

Beispiel:

Eine aerobe Kultur von *Bacillus* wächst mit einem Ausbeutekoeffizienten Y_S von 0.5 g Zellen/g Glucose und bei einer Sauerstoff-Absorptionsgeschwindigkeit QO_2 von 2 mmol ·

$g^{-1} \cdot h^{-1}$. Das Experiment wird in einem Bioreaktor von 5 Liter Inhalt durchgeführt. Bei den eingestellten Rühr- und Belüftungsbedingungen hat der Bioreaktor einen $K_L a$-Wert von 200 h^{-1}. Welche maximale Glucosekonzentration kann dem Versuch vorgelegt werden, ohne daß die Zellen Sauerstoff-limitiert werden?

Lösung:

Gemäß Gl. (4-4) entspricht die maximale Sauerstoff-Übergangsgeschwindigkeit (OTR: engl. oxygen transfer rate)

$$\text{OTR} = x \cdot Q_{O_2} = K_L a (C^* - C_L), \text{ wobei } x \text{ Biomaßekonzentration}.$$

Unter der Annahme, daß C^* für das vorgelegte Medium und bei den eingesetzten Züchtungsparametern 0.20 mmol $\cdot$ L^{-1} ist, und daß der minimale Wert für C_L = 0.01 mmol $\cdot$ L^{-1} beträgt (bei einem C_L-Wert unter 0.01 mmol $\cdot$ L^{-1} sinke die spezifische Sauerstoff-Aufnahme der Zellen gegen Null), gilt:

$$x_{max} = \frac{K_L a (C^* - C_L)}{Q_{O_2}}$$

Setzt man die bekannten Werte ein, so erhält man:

$$x_{max} = \frac{200 \cdot (0.19)}{2.0} \frac{[h^{-1}] \ [mmol \cdot L^{-1}]}{[mmol \cdot g^{-1} \cdot h^{-1}]} = 19 \text{ g} \cdot L^{-1}$$

Die maximal mögliche Biomassekonzentration (x_{max}) beträgt also 19 g $\cdot$ L^{-1}. Dies entspricht einer Glucosekonzentration von 38 g $\cdot$ L^{-1} oder 3.8%. Diese Menge kann also unter den gegebenen Bedingungen gerade noch umgesetzt werden, ohne daß Sauerstoff-Limitierung eintritt.

Bemerkung: einfache Laborgeräte haben oft einen kleinen $K_L a$-Wert; Züchtungen in solchen Apparaten müssen mit einer wesentlich kleineren Substratkonzentration durchgeführt werden.

4.2.2 Faktoren, welche den Sauerstoff-Übergang in biologischen Systemen beeinflussen

Der Sauerstoff-Übergang kann in einem Bioreaktor entweder durch Erhöhung der Sauerstoff-Löslichkeit C^* oder durch Steigerung des $K_L a$-Wertes verbessert werden.

Die Sauerstoff-Löslichkeit kann durch Überdruck erhöht werden. Der Partialdruck des Sauerstoffs (pO_2) in Gl. (4-1) entspricht dem Gesamtdruck im Bioreaktor, multipliziert mit dem Molanteil von Sauerstoff (z. B. 0.21 für Luft). Somit ist C^* proportional zum Gesamtdruck. Die Anwendung von Überdruck ist eine einfache und kostengünstige Methode zur Verbesserung des Sauerstoff-Transportes; man findet diese Methode oft in der Praxis. Die

Druckerhöhungen – in den hier zur Diskussion stehenden Größenordnungen von 1 – 2 bar – sind übrigens absolut harmlos für die zu züchtenden Mikroorganismen.

Anstelle der Erhöhung des Gesamtdruckes kann auch der Sauerstoff-Gehalt durch Anreicherung der Belüftungsluft mit reinem Sauerstoff erhöht werden (vgl. auch Kap. 7 über Sauerstoff-Partialdruckregelung). Die Verwendung von reinem Sauerstoff ist jedoch teuer. Diese Methode wird in der Industrie wenig verwendet.

Den größten Einfluß auf den Stofftransport in aeroben Züchtungssystemen kann der Verfahrensingenieur durch Veränderung der Grenzfläche Gas/Flüssigkeit ausüben. Die Größe und die Verteilung des Gasgehaltes im Bioreaktor (Gas holdup) ist für den Sauerstoff-Transport ebenso von entscheidender Bedeutung wie die Kontaktzeit zwischen Gasphase und flüssiger Phase. Diese Faktoren werden unter der Bezeichnung „Dynamik des Gasgehaltes" zusammengefaßt.

Das Gas wird üblicherweise durch Belüftungsringe, durch poröse Belüftungsplatten oder mittels Treibstrahldüsen in den Reaktor gebracht (vgl. Abschn. 6.1). Das eingeblasene Gas wird anschließend durch die Turbulenz im Reaktor in einer feinen Dispersion (Gas in Flüssigkeit) über den gesamten Inhalt fein verteilt.

Der K_L-Wert ist wahrscheinlich durch die Betriebsbedingungen weniger zu beeinflussen als der a-Wert. Allerdings wird bei einer Abnahme der Viskosität der Nährlösung bzw. bei einer Erhöhung der Relativgeschwindigkeit zwischen Luftblase und Flüssigkeitsphase der stagnierende Film um die Gasblase dünner und damit der K_L-Wert größer. Für wissenschaftliche Untersuchungen kann es von Interesse sein, die beiden Faktoren K_L und a getrennt zu erfassen und damit die sie beeinflussenden Betriebsgrößen zu ermitteln. Die Grenzfläche a kann durch photographische Methoden gemessen werden (vgl. S. 74). Damit kann aus dem Gesamtwert $K_L a$ die Größe K_L berechnet werden. Die Grenzfläche a kann auch durch Kombination einer Gasabsorption mit einer raschen chemischen Reaktion 1. Ordnung erfaßt werden, z.B. bei der Kohlendioxid-Absorption in einer alkalischen Lösung.

Die Beeinflussung des Stofftransportes durch die Zugabe oberflächenaktiver Substanzen wird kontrovers beurteilt. Einerseits liegen Untersuchungen vor, wonach der K_L-Wert nach der Zugabe weniger ppm oberflächenaktiver Substanzen (z.B. des Antischaummittels Alkylbenzolsulfonat; vgl. Abb. 4-5) ganz entscheidend kleiner wird.

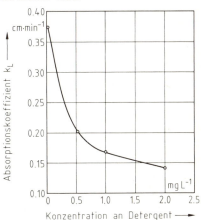

Abb. 4-5. Abnahme des Absorptionskoeffizienten k_L als Funktion der Detergentkonzentration (Alkylbenzolsulfonat) (nach Metzger, 1968).

Andererseits ist aber auch bekannt, daß oberflächenaktive Stoffe oder Proteinlösungen die Grenzfläche vergrößern. Dies geschieht vor allem durch die Bildung kleinerer Luftblasen in der Nährlösung. In der Praxis beruht die Zugabe bzw. der Einfluß von oberflächenaktiven Substanzen auf reiner Empirie. Theoretische Grundlagen und grundsätzliche Aspekte sind in einer kürzlich erschienenen Studie über den Sauerstoff-Transport in biologischen Systemen nachzulesen (Yoshida, 1982).

4.2.3 Weitere Transportwiderstände

Bisher wurden bewußt nur die Widerstände an der Grenzschicht Gas/Flüssigkeit betrachtet, d. h. die Berechnungen und Überlegungen konzentrierten sich nur auf diesen, offensichtlich Geschwindigkeits-begrenzenden Schritt des Sauerstoff-Transports. Zum Abschluß der Betrachtungen über Newtonsche Systeme sollen aber nochmals einige Überlegungen angestellt werden zu der Frage, ob denn nicht noch andere, zusätzliche Transportwiderstände den Sauerstoff-Transport in biologischen Systemen beeinflussen.

Derartige Widerstände könnten z. B. im Flüssigkeitsfilm um die Organismenzelle oder in der Zellumhüllung (Zellmembran, Zellwand) entstehen, in Bereichen also, die das Sauerstoff-Molekül passieren muß, um zum Ort der Reaktion (respiratorische Enzyme) zu gelangen. Betrachtet man aber die nähere Umgebung der Mikroorganismenzelle genauer, so zeigt sich, daß keine zusätzlichen Behinderungen des Sauerstoff-Transports zu erwarten sind. Die Aussage kann wie folgt bewiesen werden:

Gesucht sei die maximale Sauerstoff-Konzentrationsdifferenz (ΔC), welche zwischen der Konzentration an der Zelloberfläche (C_W) und im Flüssigkeitskern (C_L) entstehen kann. Diese berechnet sich nach Gl. (4-7):

$$\Delta C = (C_L - C_W) = \frac{QO_2 \cdot x}{K_L \cdot A} \qquad (4\text{-}7)$$

$QO_2 \cdot x$ Sauerstoff-Absorptionsgeschwindigkeit durch die Zelle
K_L Filmkoeffizient
A Zelloberfläche

Der einzige Transportmechanismus in einem ruhenden Film ist die molekulare Diffusion, und es gilt bekanntlich Gl. (4-8):

$$\frac{K_L \cdot D_c}{D} = 2 \ . \qquad (4\text{-}8)$$

D_c Zelldurchmesser (cm) (Hefen: 5 µm = $5 \cdot 10^{-4}$ cm)
D molekularer Diffusionskoeffizient von Sauerstoff (in Wasser: $1.8 \cdot 10^{-5}$ cm$^2 \cdot$ s^{-1})

Mit Gl. (4-8) kann K_L berechnet werden. Setzt man nun in Gl. (4-7) typische Werte für die Sauerstoff-Aufnahmegeschwindigkeit durch die Zelle und die Größe der Zelloberfläche (berechnet aus dem Zelldurchmesser) ein, so läßt sich die maximal mögliche Sauerstoff-Konzentrationsdifferenz berechnen (vgl. Finn, 1954). Dieser berechnete Wert ist aber etwa 10^4 mal kleiner als die Sauerstoffkonzentration C_L im Kern der Flüssigkeit. Daraus folgt, daß der Sauerstoff-Transport durch den Flüssig-Film um die Zelle vernachlässigt werden kann. Zudem kann das mechanische Rühren im Bioreaktor diese Filmdicke kaum beeinflussen, da die Relativgeschwindigkeit einer Einzelzelle zu ihrer Umgebung sehr klein ist. Die Zelldichte, welche derjenigen der kontinuierlichen Phase sehr ähnlich ist (ca. $1.1 \text{ g} \cdot \text{mL}^{-1}$) macht diese kleine Relativgeschwindigkeit verständlich.

Schließlich sind die respiratorischen Enzyme entweder an der Zellmembran (Bakterien) oder ganz in deren Nähe (in Hefen in speziellen Kompartimenten, den Mitochondrien) lokalisiert. Die Natur hat also dafür gesorgt, daß der Sauerstoff auf dem Weg zum Katalysator keine größeren Hindernisse mehr überwinden muß. Weisz (1973) hat dies in einem Artikel elegant aufgezeigt.

4.3 Nicht-Newtonsche Systemen

Nicht-Newtonsche mikrobielle Systeme stellen an die Verfahrenstechnik besondere Anforderungen: Erstens werden die rheologischen Eigenschaften des Mediums durch die Mikroorganismen während der Züchtung selbst stark verändert, zweitens haben myzelartig wachsende Zellen (Actinomyzeten oder Schimmelpilze) die oft unangenehme Eigenschaft, daß sie sich zu kompakten Zellaggregaten zusammenschließen: es entstehen die sogenannten Pellets (Klumpen). Diese Zellverbände können aber für den Sauerstoff-Transport zum wachstumsbegrenzenden Schritt werden. Auch die Zelle im Innern der Aggregate benötigt nämlich zum Stoffwechsel Sauerstoff. Ähnliche Probleme mit Flocken entstehen übrigens bei der aeroben Abwasserbehandlung; auch hier müssen die entstehenden Flocken mit genügend Sauerstoff versorgt werden.

4.3.1 Darstellung der verschiedenen Fließverhalten

Die meisten Züchtungen einzelliger Organismen zeigen – wie im vorhergehenden Abschnitt behandelt – Newtonsches Verhalten. Die Schubspannung T ist der Schergeschwindigkeit (Geschwindigkeitsgradient) proportional, d.h.

$$T = \eta \left(\frac{dv}{dy} \right) \quad (4\text{-}8)$$

Schubspannung ~ Geschwindigkeitsgradient

Die Proportionalitätskonstante η wird als Viskosität bezeichnet. Die Schubspannung ist eine Kraft pro Fläche; die Schergeschwindigkeit hat die Dimension 1/Zeiteinheit.

Von diesem „idealen" Newtonschen Verhalten lassen sich auch für biologische Systeme viele andere rheologische Verhalten ableiten, die als nicht-Newtonsche Verhalten bezeichnet werden. So sind z. B. einige Lösungen derart viskos, daß sie sich erst durchmischen lassen, nachdem ihnen eine gewisse Grundschubspannung (T_0) vermittelt worden ist. Es gilt dann:

$$(T - T_0) = \eta \left(\frac{dv}{dy}\right). \tag{4-9}$$

Eine in der Biotechnologie ebenfalls oft anzutreffende Abweichung vom Newtonschen Verhalten stellt das pseudoplastische Fließverhalten dar. Die Viskosität ist in diesem Fall nicht konstant, sondern nimmt mit zunehmender Schergeschwindigkeit ab. Mathematisch formuliert gilt für pseudoplastisches Verhalten:

$$\eta = \eta_0 \left(\frac{dv}{dy}\right)^{n-1} \tag{4-10}$$

wobei $\eta < 1$ sein muß. Gl. (4-10) wird oft zur Beschreibung viskoser Biosysteme verwendet (sog. Potenzansatz). Die Zellaggregate oder Myzelien bilden in der kontinuierlichen Phase einen strukturellen Widerstand. Je schneller nun der Flüssigkeitsstrom an diesen Partikeln vorbeifließt (größere Schergeschwindigkeit), umso mehr werden die Partikel aneinandergereiht und passen sich dem Flüssigkeitsprofil an. Dadurch wird der strukturelle Widerstand in der Flüssigkeit verkleinert und die scheinbare Viskosität der Lösung wird kleiner. Fazit: Mit zunehmender Schergeschwindigkeit nimmt die scheinbare Viskosität ab.

Die drei klassischen Fließverhalten Newtonsches, plastisches und pseudoplastisches Verhalten sind in Abb. 4-6 durch ausgezogene Linien dargestellt.

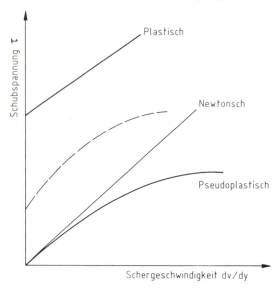

Abb. 4-6. Darstellung der verschiedenen rheologischen Verhalten von Flüssigkeiten.

Die Steigungen der Kurven entsprechen jeweils der Viskosität. Die gestrichelte Linie stellt das rheologische Verhalten einer Flüssigkeit mit pseudoplastischem Verhalten dar. Auch dieser Typ benötigt eine Grundschubspannung, damit das Medium überhaupt durchmischt werden kann. Dieser spezielle Fall komplexer nicht-Newtonscher Fließverhalten wird ebenfalls oft zur Beschreibung nicht-Newtonscher Nährlösungen verwendet (Charles, 1977; Metz et al., 1979).

Die Bestimmung des rheologischen Fließverhaltens einer Nährlösung mit suspendierten Myzelteilen (Klumpen oder Zellaggregaten) stellt in vielen Fällen ein problematisches Unterfangen dar. Normalerweise wird die Viskosität von Flüssigkeiten mit einem Rotationsviskosimeter gemessen. Eine derartige, einfache Vorrichtung – wie in Abb. 4-7 dargestellt – ist auch zur Bestimmung der Rheologie von Nährlösungen mit gelösten Polymeren (z. B. Xanthanherstellung) anwendbar.

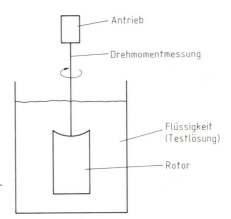

Abb. 4-7. Prinzip des Rotationsviskosimeters zur Bestimmung der Abhängigkeit der Schubspannung von der Scherrate.

Das auf die Flüssigkeit wirkende Schergefälle kann im Rotationsviskosimeter durch die Drehzahl des Rotors verändert werden. Die Schubspannung kann durch eine Torsionsmessung an der Rotorstange gemessen werden. Enthält aber die zu messende Lösung Feststoffteilchen in Form von Myzelaggregaten, so kann das rheologische Verhalten nicht mehr einwandfrei untersucht werden. Durch die Scherkraft setzen sich Myzelteile oder gar Myzelklumpen ab und machen eine exakte Messung unmöglich. Schwerwiegender aber ist die Phasenseparierung im Rotorbereich. Mit anderen Worten: durch die Zentrifugalwirkung dreht sich der Rotor im Flüssigkeitsserum und nicht in der eigentlichen Suspension.

Es fehlte nicht an Versuchen, anstelle der zylindrischen Rotoren andere Formen, wie Scheibenrührer oder turbinenähnliche Vorrichtungen, zu verwenden. Damit kann wohl der Separierung und auch dem Absetzen des Myzels entgegengewirkt werden. Die Messungen haben aber rein empirischen Charakter und sind kaum quantifizierbar.

4.3.2 Auswirkungen auf den Stofftransport

Die praktischen Schwierigkeiten, welche für den Sauerstoff-Transport in viskosen, nicht-Newtonschen Nährlösungen entstehen, sind qualitativ einfach zu beschreiben, aber quantitativ schwierig zu lösen.

Es können drei verschiedene Effekte beobachtet werden:

a) Es entstehen nur große oder gar sehr große Luftblasen, sodaß die Grenzfläche für den Stoffaustausch reduziert ist.
b) Im Bioreaktor bilden sich stagnierende oder schlecht durchmischte Regionen, in welchen die mechanische Durchmischung (Schergefälle) ungenügend ist. Im Gegensatz zu den Newtonschen Biosuspensionen sind in den nicht-Newtonschen Lösungen die Sauerstoffmoleküle selten homogen über den gesamten Bioreaktorinhalt verteilt (es entstehen Sauerstoffgradienten). Oft steigen die Luftblasen in Kanälen oder Regionen mit geringer Viskosität (um den Rührer) hoch, ohne daß die ganze Flüssigkeit erfaßt wird (ähnlich dem Effekt a).
c) Sehr kleine Luftblasen verbleiben sehr lange in der Flüssigkeit. Als Folge des Zellmetabolismus verarmen sie an Sauerstoff und werden mit Kohlendioxid angereichert. Sie tragen also wenig zum Stoffaustausch bei. Im Extremfall können die feinen Blasen den gesamten Inhalt mitsamt den Zellen in Form eines nassen Schaumes an die Flüssigkeitsoberfläche tragen. Das Vorhandensein kleinster Blasen kann die Rheologie zusätzlich verändern.

Wie in Abb. 4-8 dargestellt, sinkt der Stoffübergangskoeffizient $K_L a$ mit zunehmender Myzelkonzentration.

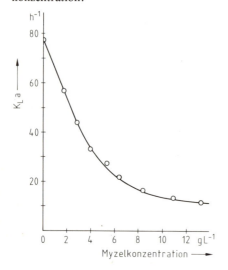

Abb. 4-8. Effekt der Myzelkonzentration auf die Sauerstoff-Absorptionsrate in einem gerührten 5 L-Bioreaktor (Finn, 1954).

Die Situation wird aber noch komplizierter durch die Tatsache, daß nicht nur das Myzel, sondern auch die Morphologie des Myzels die Fließeigenschaften des Mediums verändert.

Dabei umfaßt die Morphologie die Länge und den Verzweigungsgrad der Myzelfäden sowie die Kompaktheit der Myzelaggregate (Metz et al., 1979). Beim Entwurf eines Rührsystems im Bioreaktor muß man ferner dem Umstand Rechnung tragen, daß sich die Biomassemenge und die Morphologie während der Züchtung verändern können.

Sehr viskose Polymerlösungen (z. B. Xanthanherstellung) sind einfacher zu untersuchen als die oben dargestellten Nährlösungen. Meßergebnisse aus den einfacheren biologischen Systemen werden deshalb oft verwendet, um die Belüftung der komplizierteren Systeme zu entwerfen. Abb. 4-9 gibt dafür ein Beispiel. Die in dieser Abbildung gezeigten Lösungen sind alle auf eine Viskosität von 2000 cP (2.0 Pa · s) (bei einer Schergeschwindigkeit von 37 s^{-1}) eingestellt worden. Dargestellt ist der Gasgehalt der belüfteten Suspensionen als Funktion der Rührerdrehzahl (rpm). Die Rührerdrehzahl hat im Falle des Cellosize (Hydroxyethylcellulose) einen ganz anderen Einfluß auf den Gasgehalt als in den beiden anderen Lösungen (Xanthan bzw. Polyacrylamid). Das Gas wird in der Cellosize-Lösung viel besser dispergiert, was einen besseren Stofftransport zur Folge hat. Die Erklärung des Phänomens liegt darin, daß Cellosize annähernd Newtonsches Fließverhalten zeigt, während Xanthan und Polyacrylamid stark pseudoplastisches Verhalten zeigen. In der Gl. (4-10) drückt sich dies in der Größe des Index n aus.

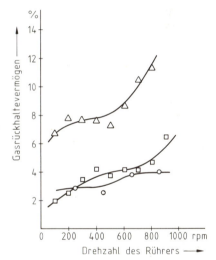

Abb. 4-9. Einfluß der Rührerdrehzahl auf das Gasrückhaltevermögen (Gas Holdup) für verschiedene Flüssigkeiten. − △ Hydroxyethylcellulose (Cellosize) □ Xanthan (Kelzan), ○ Polyacrylamid (Polyhall) (Swallow, 1976).

4.3.3 Diffusion durch Zellaggregate und Biofilme

Die Zellen im Innern von Aggregaten können durchaus anaerobe Bedingungen haben, obwohl der Prozeß an sich unter aeroben Bedingungen durchgeführt wird. Der Sauerstoff muß durch Diffusion in die Aggregate hineingelangen. Ähnliches gilt für Biofilme. Biofilme bestehen aus Mikroorganismen, die sich in einer Schleimschicht an einer Oberfläche anlagern. Oft sind in dieser Schleimschicht Mischkulturen von Bakterien und Protozoen in einer Polysaccharidmatrix eingebettet. Das Sauerstoffmolekül muß durch den Film diffundieren, um zu den Zellen im Inneren zu gelangen. Werden solche Vorrichtungen zur biologischen Abwasserreinigung eingesetzt, so hängt die Reinigungseffizienz von der Filmdicke ab. Die maximale Schichtdicke für aerobe Bedingungen liegt etwa bei 2–3 mm. Bioreaktoren, bei welchen der Biofilm eine Rolle spielt, werden schon seit langer Zeit in der Essigherstellung eingesetzt. Bei diesem Prozeß läßt man eine verdünnte Alkohollösung über Birkenholzspäne rieseln. Diese Späne sind bedeckt mit einem Biofilm aerob wachsender *Acetobacter*-Zellen. Andere Verfahren, die ebenfalls auf einer Biofilm-Diffusion beruhen, sind: das bakterielle Auslaugen (Leaching) von Metallen sowie die Züchtung von Pflanzen- oder Tierzellen auf festen Trägern. Das jüngste Beispiel für Diffusions-kontrolliertes Wachstum ist die Kultivierung von Gewebezellen, welche in Polymergelen fixiert sind (vgl. Abschn. 6.4).

Basierend auf Experimenten, haben Darby und Goddard (1950) ein einfaches Modell für die Betrachtung des Stofftransportes an oder in sphärischen Klumpen entwickelt. Die Experimente wurden mit Partikeln (Zellaggregationen) in der Größenordnung von 0.4 mm durchgeführt. Diese wurden mit verschiedenen Gasgemischen in einer einfachen Laborausrüstung (Respirometer) gezüchtet. Aus den Experimenten ging hervor, daß die Sauerstoff-Aufnahme bis zu einem Sauerstoff-Partialdruck von 0.4 bar zunahm. Ab einem Partialdruck von 0.4 bar bis zu 1 bar (reiner Sauerstoff) blieb die Aufnahme konstant auf dem maximalen Wert. Damit ist dieser scheinbare kritische Sauerstoff-Partialdruck (0.4 bar) wesentlich höher als der physiologische kritische Wert. Diese Diskrepanz ist demnach eine Folge des Sauerstoff-Transportes (Diffusion) durch die Zellaggregate. Basierend auf der Annahme, daß der Transport durch die Zellaggregate limitierend ist, entstand eine Diffusionsgleichung. Diese beschreibt den Sättigungswert C_L derart, daß die Sauerstoff-Konzentration im Zentrum des Pellets genau dem Wert Null (d.h. $C_S = 0$) entspricht.

Die Gleichung lautet:

$$C_L - C_S = \frac{QO_2 \cdot D_c^2}{D}. \qquad (4\text{-}11)$$

Dabei entspricht D_c dem Pelletdurchmesser oder dem Durchmesser des Zellaggregates und D dem molekularen Diffusionskoeffizienten von Sauerstoff. Die Sauerstoff-Aufnahme (QO_2) ist in Einheiten pro Zellvolumen statt pro Zellmasse anzugeben. Berechnungen zeigen, daß für einen Pelletdurchmesser (D_c) von 0.5 mm der kritische Sauerstoff-Partialdruck (C_L), welcher die Bedingung $C_S = 0$ erfüllt, 0.6 bar beträgt. Aus einem Partikeldurchmesser von 0.4 mm läßt sich ein C_L-Wert von 0.4 bar, aus einem Durchmesser von 0.3 mm ein C_L-Wert von 0.22 bar berechnen. Diese theoretischen Berechnungen stimmen mit den Experimenten von Darby and Goddard (1950) überein (vgl. oben). Allerdings muß ergänzt werden, daß die Zellklumpen viel dichter sein können als das umgebende Nährmedium. Der molekulare Diffusionskoeffizient für Sauerstoff ist dann im Aggregat kleiner als in der fluiden Phase. Diese Berechnungen können auf Diffusionsvorgänge in Feststoffpartikeln mit anderen Formen oder durch Biofilme angewandt werden. Darby and Goddard legten bei ihren Betrachtungen über die Diffusionsvorgänge eine Kinetik nullter Ordnung zugrunde, d.h. die Sauerstoff-Aufnahme ist unabhängig von der Sauerstoff-Konzentration im Aggregat.

Indem man Gl. (4-11) durch die externe Sauerstoff-Konzentration C_L (im Kern der Flüssigkeit) dividiert, wird der Ausdruck dimensionslos. Damit läßt sich der sogenannte Effektivitätsfaktor η_{eff} darstellen. Dieser Faktor beschreibt das Verhältnis zwischen gemessener Aufnahmemenge und der Sauerstoff-Aufnahmemenge ohne Diffusionswiderstände im Pellet. Weiterführende Berechnungen lassen die theoretische Voraussage zu, ob ein Stofftransport-Vorgang Diffusions-kontrolliert ist (siehe Bailey and Ollis, 1977 und Kobayashi et al., 1973).

Schlecht durchmischte Zonen im Bioreaktor verarmen ebenfalls an Sauerstoff und können mit Hilfe ähnlicher Modelle wie für die Myzelaggregate behandelt werden (Phillips und Johnson (1961)). Diese Betrachtung erklärt auch, warum in Bioreaktoren zwischen dem physiologisch kritischen Sauerstoff-Partialdruck (C_{crit}) und demjenigen, der mit der Sauerstoffsonde gemessen wird, unterschieden werden muß. Die physiologischen Werte (C_{crit}) sind im allgemeinen sehr klein, während die technisch relevanten und für die Belüftung maßgebenden Sauerstoff-Werte größer sind (Wang and Fewkes, 1977).

4.4 Nicht Sauerstoff-bezogener Stofftransport

Bis jetzt behandelten die Betrachtungen und Berechnungen fast ausschließlich den Sauerstoff-Transport. Die Gründe dafür sind naheliegend, denn zumindest bei aeroben biologischen Prozessen ist Sauerstoff derjenige Stoff, der – im Vergleich zu Substraten und Produkten – am schlechtesten löslich ist. Die Löslichkeit einerseits und die Nachfrage andererseits bestimmen zusammen, ob der Stofftransport einer bestimmten Substanz kritisch ist oder nicht. Tab. 4-3 zeigt den Vergleich der Konzentrationsgradienten und des Bedarfs an Sauerstoff bzw. Glucose in einer typischen Hefezüchtung. Die spezifische Aufnahmegeschwindigkeit ist für Sauerstoff annähernd so groß wie für Glucose. Der Unterschied liegt im Konzentrationsgefälle, das für Sauerstoff nie so groß sein kann wie für Glucose. Selbst am Ende des Wachstumsprozesses, wenn die Glucose durch den Metabolismus nahezu aufgebraucht ist, ist es fraglich, ob der Glucose-Transport wirklich zum limitierenden Schritt wird. Hier muß wieder die biologische Abwasserreinigung erwähnt werden, bei der die organische Belastung am Ende möglichst klein sein sollte. Erst wenn die Konzentration des organischen Anteils nur noch $10-30$ mg $\cdot$ L^{-1} beträgt, ist der Substrat-Transport problematischer als der Sauerstoff-Transport.

Tabelle 4-3. Daten zum Transport von Glucose und Sauerstoff.

	Glucose (1%ige Nährlösung)	Sauerstoff (O_2-gesättigtes Medium)
Konzentration in der Flüssigkeit (in mg $\cdot$ L^{-1})	10 000	7.0
Kritische Wachstumskonzentration (in mg $\cdot$ L^{-1})	10	0.1
Konzentrationsgefälle (in mg $\cdot$ L^{-1})	9 990	6.9
Aufnahmegeschwindigkeit [bezogen auf Trockensubstanz, in mg $\cdot$ g^{-1} h^{-1}]	625	250

4 Stofftransport in biologischen Systemen

Öfter tritt die Frage auf, ob denn der Transport flüchtiger Stoffe (außer Sauerstoff) eine Rolle spiele. Im allgemeinen sind aber – in belüfteten Bioreaktoren – die anderen flüchtigen Stoffe grundsätzlich im Gleichgewicht zwischen wässeriger und gasförmiger Phase. Eine kurze Beschreibung soll dies für den Fall des Kohlendioxids verdeutlichen.

Beispiel:

Kohlendioxid ist in Wasser etwa 30 mal besser löslich als Sauerstoff. In einem Bioreaktor wird ein Mikroorganismus mit einem Respirationsquotienten von 1 gezüchtet, d.h. pro aufgenommenes Mol Sauerstoff wird ein Mol Kohlendioxid produziert. Die Abluft, die den Bioreaktor verläßt, enthält im vorliegenden Fall einen Volumenanteil Kohlendioxid von 5%.

Frage:

Welchen Fehler würde man machen, wenn man annimmt, daß die Kohlendioxid-Konzentration in der Flüssigkeit dem Gleichgewichtswert des Sauerstoff-Gehaltes der Abluft entspricht?

Lösung:

Unter Gleichgewichtsbedingungen gilt:
Absorbierte Menge Sauerstoff = abgegebene Menge Kohlendioxid
Ferner gilt:

$$(K_L a)_{\text{Absorption}} = (K_L a)_{\text{Desorption}} .$$

Die molekularen Diffusionskoeffizienten für Kohlendioxid und Sauerstoff sind etwa gleich, und die Grenzfläche für die Adsorption des Sauerstoffs entspricht derjenigen für die Desorption von Kohlendioxid. Daher sind die Konzentrationsdifferenzen auf einer molaren Basis gleich (vgl. Gl. (4-3)), d.h.

$$\Delta C_{O_2} = \Delta C_{CO_2} .$$

Unter der Annahme, daß die Sauerstoff-Löslichkeit in Luft ($pO_2 = 0.21$ bar) $0.20 \text{ mmol} \cdot \text{L}^{-1}$ sei und daß C_L für Sauerstoff nicht unter den kritischen Wert von $0.02 \text{ mmol} \cdot \text{L}^{-1}$ fallen darf, gilt:

$$\Delta C_{O_2} = 0.18 \text{ mmol} \cdot \text{L}^{-1} = \Delta C_{CO_2} .$$

Berechnet man die Konzentration $C^*_{CO_2}$ aus der Abluftkonzentration (5% (Volumenanteil)), so entsteht ein größerer Wert, nämlich:
$C^*_{O_2}$ für 5% (Volumenanteil) Sauerstoffabluft-Konzentration (im Gleichgewicht) ist

$$C^*_{O_2} = \left(\frac{0.05}{0.21} \right) \cdot (0.20) = 0.048 \text{ mmol} \cdot \text{L}^{-1} .$$

Da nun Kohlendioxid 30 mal besser löslich ist als Sauerstoff, entsteht die folgende Gleichgewichtskonzentration für Kohlendioxid:

$$C^*_{CO_2} = (30) \cdot (0.048) = 1{,}43 \text{ mmol} \cdot L^{-1} \,.$$

Die Kohlendioxid-Konzentration in der Nährlösung, berechnet aus der Abluftkonzentration, ergibt einen 8mal größeren Wert.

Auf gleiche Weise können Verluste berechnet werden, die als Folge von Verdunstungen entstehen, z. B. im Falle von Methanol als Substrat. Man nimmt an, daß die Abluft aus dem Bioreaktor mit der entsprechenden Substanz gesättigt ist oder sich im Gleichgewicht mit der entsprechenden Konzentration der Flüssigphase befindet (Yagi and Yoshida, 1977; Topiwala and Hamer, 1971).

4.5 Beispiele

Beispiel 1:

Durch die mikrobielle Oxidation von Glucose mit *Aspergillus* soll Gluconsäure hergestellt werden. Die Produktivität eines solchen Prozesses soll 50 mmol $\cdot L^{-1} \cdot h^{-1}$ (bezogen auf Gluconsäure) sein. Welcher minimale $K_L a$-Wert muß im Bioreaktor vorhanden sein, damit diese Produktivität realisiert werden kann?

Lösung:

Es gilt: Glucose + 1/2 O_2 → Gluconsäure, d. h. zur Oxidation von 50 mmol Gluconsäure müssen 25 mmol Sauerstoff transferiert werden. Nimmt man nun an, daß $C^* = 0.20$ mmol $\cdot L^{-1}$ und $C_L = 0.02$ mmol $\cdot L^{-1}$ sei, dann gilt folgender $K_L a$:

$$K_L a = \frac{25 \text{ mmol} \cdot L^{-1} \cdot h^{-1}}{(0.20 - 0.02) \text{ mmol} \cdot L^{-1}} = 139 \text{ h}^{-1} \,.$$

Dieser Wert wird in der Praxis aber höher liegen, da er nur für einen ideal gerührten Bioreaktor (ohne tote Zonen) gilt.

Beispiel 2:

In einem Warburg-Apparat wird die respiratorische Kapazität von Mikroorganismen gemessen. Man mißt diese, indem man in geschlossenen Gefäßen (Schüttelkölbchen) den Druckabfall als Funktion der Zeit bestimmt. Dieser Druckabfall entsteht dadurch, daß der Sauerstoff durch die Organismen aufgenommen wird, während das entstehende Kohlendioxid in alkalischen Lösungen aufgefangen wird. In einem derartigen kleinen Schüttelkolben von 15 mL Inhalt werden 3.0 mL Zellsuspension kultiviert. In Experimenten konnte festgestellt werden, daß bei einer Schüttelfrequenz von 90 rpm die absorbierte Menge Sauerstoff (in mmol · h^{-1}) bis zu einer Naßhefenmenge von 20 mg direkt proportional zur zugefügten Hefemenge war. Wurden noch mehr Hefen zugegeben, so blieb die Sauerstoff-Absorptionsmenge konstant bei einem Wert von 0.20 mL · h^{-1}. Welchem K_La-Wert entspricht somit die Sauerstoff-Absorption bei den vorgegebenen 90 rpm Schüttelfrequenz?

Lösung:

Die Tatsache, daß keine größeren Zellmengen als 20 mg adäquat belüftet werden konnten, heißt, daß die Gelöstsauerstoff-Konzentration Null wird. Die gemessene Sauerstoffabsorption von 0.20 mL · h^{-1} entspricht deshalb der maximal möglichen Kapazität bei den gegebenen Bedingungen (90 rpm).
Da also $C_L = 0$, gilt

$$K_La \cdot C^* = \left(\frac{0.20 \text{ mL} \cdot \text{h}^{-1}}{22.4 \text{ mL} \cdot \text{mmol}^{-1}}\right) \cdot \left(\frac{1}{0.003 \text{ L}}\right)$$

$$= 3.0 \frac{\text{mmol}}{\text{L} \cdot \text{h}}$$

oder wenn $C^* = 0.20$ mmol · L^{-1}, dann:

$$K_La = \frac{3.0 \text{ mmol} \cdot \text{L}^{-1} \cdot \text{h}^{-1}}{0.20 \text{ mmol} \cdot \text{L}^{-1}} = 15.0 \text{ h}^{-1} \,.$$

Der K_La-Wert im Warburg-Apparat bei 90 rpm beträgt also 15 h^{-1}.

Beispiel 3:

Angenommen, die spezifische Sauerstoffaufnahme (Q_{O_2}) von *Escherichia coli* betrage 5.0 mmol · g^{-1} · h^{-1}. Welche Zellkonzentration x kann in einer Laborschüttelmaschine mit einem K_La-Wert von 25 h^{-1} gerade noch mit Sauerstoff versorgt werden (d.h. C_L soll nicht limitierend sein, also $C_L = 10\% \, C^*$)? Für die Nährlösung gelte bei 37°C ein C^* von 0.17 mmol · L^{-1}.

Lösung:

OTR = $x \cdot Q_{O_2}$ = Sauerstoffaufnahme durch die Zellen. Verwendet man Gl. (4-4) und setzt voraus, daß $C_L = 0.1 \, C^*$ ist, erhält man die folgende Transportmenge für Sauerstoff:

OTR = 25 (0.17 − 0.017) mmol · L^{-1} · h^{-1}
    = 3.8 mmol · L^{-1} · h^{-1} .

Das entspricht einer maximal möglichen Zellkonzentration x_{max} von

$$x_{max} = \frac{3.8}{5.0} = 0.76 \text{ g} \cdot \text{L}^{-1} \,.$$

5 Sterilisation

5.1 Einführung

Unter *Sterilisation* versteht man in der Mikrobiologie die Befreiung eines Gegenstandes oder eines Mediums von lebenden Mikroorganismen und deren Ruhestadien (z. B. Sporen). Bevor man die Bakterien als Lebewesen erkannte, nannte man sie „Keime". Man spricht deshalb oft auch von *Entkeimung* als Synonym für Sterilisation. Das nachträgliche Eindringen von Mikroorganismen in einen sterilisierten (oder sterilen) Bereich nennt man *Kontamination*. In diesem Kapitel werden deshalb auch die Maßnahmen behandelt, welche ein Eindringen von Fremdkeimen verhindern sollen.

Unerwünschte Organismen können nicht nur durch undichte Stellen des Systems eindringen, sondern auch mit dem Belüftungsgas, beim Zudosieren von Substanzen oder bei Eingriffen (Probeentnahme) in den Reaktor gelangen.

In der biologischen Verfahrenstechnik sind fachgerechte Sterilisation sowie fachgerechtes steriles Arbeiten oft entscheidend für Erfolg oder Mißerfolg eines biologischen Prozesses. Allerdings besteht eine große Diskrepanz zwischen dem theoretischen Verständnis für „steril" bzw. „sterilisieren" und der praktischen Anwendung, z. B. im Bereich des Bioreaktors.

Theoretisch definiert, umfaßt eine Sterilisation die Entfernung oder Abtötung *aller* lebenden Zellen inklusive Sporen in einem System. Selbst die Anwesenheit nur eines einzigen lebenden Mikroorganismus genügt, um ein ansonsten keimfreies Medium zu infizieren. In der Praxis jedoch muß diese Betrachtungsweise modifiziert werden, um sie den tatsächlichen Gegebenheiten anzupassen.

Praktisch gilt eine Sterilisation dann als erfolgreich, wenn kein Mikroorganismus entdeckt werden kann, der eine Infektion verursachen könnte. Die Interpretation der Sterilisation als Wahrscheinlichkeitsfrage wird einleuchtend, wenn man sich in Erinnerung ruft, daß die Abtötung von Mikroorganismen in einer entsprechenden Umgebung einem logarithmischen Verlauf folgt. Es würde demnach theoretisch unendlich lange Zeit dauern, bis die Population den Wert Null erreicht hat. Im Labormaßstab ist es durchaus möglich, den Sterilisationsvorgang ohne große Berechnungen durchzuführen. Im Produktionsmaßstab dagegen ist dem Sterilisationskonzept große Beachtung zu schenken.

Folgendes Beispiel möge dies erläutern:

Bei einem Bioreaktor von 40 m³ ist die Sterilität des Inhaltes zu überprüfen. Zu diesem Zweck werden dem Tank 10 Proben à je 10 mL steril entnommen. Diese 10 Proben werden im Labor untersucht. Stellt man fest, daß sie keine lebenden Organismen enthalten, so bleibt dennoch die Frage offen: Konnte durch die Untersuchung der Proben wirklich festgestellt werden, daß die Proben keine Organismen enthielten? So können z. B. thermophile Bakterien oder anaerob wachsende Mikroorganismen nicht entdeckt werden. Ferner gilt es zu bedenken, daß eine unsterile Probe nicht gezwungenermaßen auf einen unsterilen Reaktor schließen läßt, denn allein die Probe-Entnahme kann eine Kontamination nach sich ziehen.

Selbst wenn man voraussetzt, daß die 10 Proben steril waren, kann keine 100%ige Aussage über die Sterilität des Reaktorinhaltes gemacht werden. Gemäß den Gesetzen der Statistik läßt sich lediglich aussagen, daß der Bioreaktor voraussichtlich weniger als 150 000 Organismen aufweist. Der Tankinhalt kann durchaus steril sein, es läßt sich aus der begrenzten Probenzahl nur nicht mit Sicherheit sagen, daß er es ist. Die theoretisch berechnete Zahl von 150 000 Mikroorganismen ist aber ohnehin verschwindend klein, verglichen mit den vielen Billionen Zellen, welche beim Impfvorgang in den Bioreaktor gebracht werden. Praktisch gesprochen ist deshalb im beschriebenen Fall der Reaktor als steril zu bezeichnen.

Die Sterilisation erfolgt in der Mikrobiologie entweder durch Abtöten oder durch Entfernen von Mikroorganismen. Von den Entfernungsmethoden kommt praktisch nur die *Filtration* in Frage. Wie später noch eingehender gezeigt wird, spielt sie vor allem bei der Sterilisation von Luft eine große Rolle.

Flüssige Lösungen werden üblicherweise durch *Abtöten* der darin enthaltenen Keime sterilisiert. Eine Ausnahme stellt die Sterilisation von Flüssigkeiten mit thermolabilen Substanzen dar (siehe Abschn. 5.3.4). Abtöten bedeutet dabei die Zerstörung von Zellstrukturen mit dem Ziel, eine weitere Teilung der Zelle unmöglich zu machen. Diese erfolgt normalerweise durch Hitze, Chemikalien oder durch Bestrahlung.

5.2 Kinetik der Abtötung durch Hitzeeinwirkung

Die thermische Abtötung von bakteriellen Zellen verläuft in der Regel mit einer Kinetik erster Ordnung. Dies ist in Abb. 5-1 dargestellt (die ausgezogene Linie stellt diesen Normalfall dar). Die gestrichelten Linien zeigen aber, daß der Verlauf der Abtötungskinetik auch vom normalen Verhalten abweichen kann. Im einen Fall wird der Abtötungseffekt zunächst verzögert: nicht alle Zellen lassen sich so leicht abtöten! Der gleiche Verlauf der Abtötungskurve ergibt sich bei der Sterilisation mit Gammastrahlen. In diesem Fall sind zuerst mehrere hohe Energiestöße notwendig, bis die Zelle abgetötet ist.

Das andere extreme Verhalten tritt dann auf, wenn gleichzeitig sehr stark hitzelabile und stark hitzestabile Zellen sterilisiert werden. Ein erster Anteil der Organismen wird sehr schnell inaktiviert, während zum Abtöten des restlichen Teils beträchtlich mehr Energie benötigt wird. Die Abtötung geht einher mit einer thermisch bedingten Denaturierung der Grund-

Abb. 5-1. Abtötungskurven für Mikroorganismen. Die Anteile überlebender Zellen als Funktion der Einwirkungszeit bei gegebener konstanter Temperatur für verschiedene Verhalten (Erläuterungen im Text).

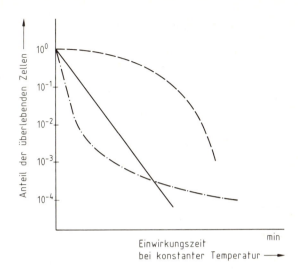

substanzen in den Zellen. Die Kinetik erster Ordnung zur Abtötung von Sporen und vegetativen Zellen lautet:

$$dN/dt = -kN. \qquad (5\text{-}1)$$

Wenn k konstant ist, kann diese Gleichung von N_0 zur Zeit $t = 0$ bis N zur Zeit t integriert werden, es ergibt sich:

$$\ln(N/N_0) = -kt, \qquad (5\text{-}2)$$

wobei:

N_0 Anzahl Zellen vor der Sterilisation
N Anzahl Zellen nach der Sterilisation
k Absterbegeschwindigkeit der Organismen (min^{-1}).

Die Absterbegeschwindigkeit k hängt von der Temperatur ab: je höher die Temperatur, desto größer ist k. Die Temperatur muß daher immer angegeben werden. Die Abhängigkeit der Absterbegeschwindigkeit k von der Temperatur T ist in Gl. (5-3) ausgedrückt:

$$k = A \cdot e^{-E/RT} \qquad (5\text{-}3)$$

wobei:

A Reaktionskonstante (min^{-1})
E Aktivierungsenergie (J · mol^{-1})
T absolute Temperatur (K)
R universelle Gaskonstante (J · mol^{-1} · K^{-1}).

5.3 Sterilisation flüssiger Medien

Zur Sterilisation flüssiger Medien sind zahlreiche Verfahren bekannt. Im folgenden sollen einige Methoden beschrieben werden:

- Chargenweise Sterilisation mit Dampf
- Kontinuierliche Sterilisation mit Dampf
- Sterilisation durch Membranfiltration
- Sterilisation durch chemische Substanzen.

5.3.1 Chargenweise Sterilisation mit Dampf

Unter chargenweiser Sterilisation (Batch-Sterilisation) versteht man einen Sterilisationsprozeß, bei welchem die gesamte Charge (z. B. der gesamte Reaktorinhalt) in einem einzigen Vorgang (bestehend aus aufheizen; Temperatur-Haltezeit; abkühlen) sterilisiert wird.

Diese Sterilisationsart kann auf verschiedene Arten durchgeführt werden: 1. die Nährlösung wird in einem Autoklaven sterilisiert, 2. der Dampf wird in die Wärmetauschfläche des Bioreaktors geleitet, 3. in gewissen Phasen wird Dampf direkt ins Medium geleitet. Die Sterilisation im Autoklaven ist die gebräuchlichste Sterilisationsmethode für Schüttelkolben sowie für kleinere Bioreaktoren (bis maximal 10 L). Dabei ist vor allem bei letzteren das Problem der Wärmeübertragung zu beachten, denn in den wenigsten Fällen kann während der Sterilisation gerührt werden.

Größere Bioreaktoren werden sterilisiert, indem der Dampf in den Doppelmantel geleitet wird und damit indirekt die Nährlösung aufheizt. Somit kann der Inhalt während des Sterilisationsprozesses gerührt werden, was einen besseren Wärmeübergang zur Folge hat. Neben der indirekten Dampfbeheizung besteht zusätzlich die Möglichkeit, Dampf direkt ins Medium zu geben. Damit kann vor allem die Aufheizzeit im Bereich zwischen 100 °C und 130 °C verkürzt werden, was für die Schonung hitzelabiler Substanzen von Vorteil ist. Mit dieser zusätzlichen Direktdampfinjektion sind indessen einige Nachteile verbunden: 1. Leichtflüchtige Stoffe können aus dem Bioreaktor entweichen, 2. Wachstumsinhibitoren können durch den Dampf ins Medium gelangen, 3. Regelung und Automation eines Sterilisationsvorganges sind schwieriger stabil zu halten, wenn neben der indirekten Beheizung noch Direktdampf injiziert wird.

Eine Sterilisation gliedert sich in drei Teile, nämlich das Aufheizen, das Sterilisieren bei konstanter Temperatur und das Abkühlen. Zur Auslegung eines Sterilisationsvorganges muß das Temperatur-Zeit-Diagramm herangezogen werden. Ein typisches Beispiel ist in Abb. 5-2 dargestellt. Zur Berechnung des Abtötungseffekts einer Batch-Sterilisation dient die Integration der spezifischen Abtötungskurve entlang der Temperaturkurve.

Zur quantitativen Erfassung des Abtötungseffekts haben Deindoerfer und Humphrey (1959) das *Sterilitätskriterium* ∇ eingeführt. Dieses ist definiert als

$$\nabla = \ln \frac{N_0}{N}. \tag{5-4}$$

Abb. 5-2. Temperaturverlauf während einer chargenweisen Sterilisation.

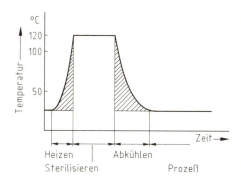

▽ muß eine positive Zahl sein und kann als Maß für den Erfolg einer Sterilisation betrachtet werden. N_0 ist wiederum die Anzahl der Zellen vor der Sterilisation und N die Anzahl nach der Sterilisation. Theoretisch kann N nie Null werden. Wird N mit einem Wert von 0.01 eingesetzt, so besteht eine Chance von 1:100, daß ein Ansatz nach der Sterilisation unsteril bleibt. Entsprechend ist die Chance 1:1000 bei einem N von 0.001. Je nach geforderter Sterilitätssicherheit muß N in Gl. (5-4) eingesetzt werden.

Die Kombination von (5-4) mit (5-2) und (5-3) ergibt:

$$\nabla = k \cdot t = A \cdot e^{-E/RT} \cdot t \ . \tag{5-5}$$

Das Sterilitätskriterium ▽ ist von der Größe des Bioreaktors abhängig; als Erfahrungswerte gelten:

für kleinere Reaktoren: 25 – 50
für größere Reaktoren: 50 – 200 (Richards, 1965) .

Gl. (5-5) ist gültig bei konstanter Temperatur. Da aber die Temperatur für eine Batch-Sterilisation während der Aufheiz- und Abkühlperiode nicht konstant ist, muß das Sterilitätskriterium berechnet werden als Integration von Gl. (5-5) nach der Zeit:

$$\nabla = A \int_0^t e^{-E/RT} dt \ . \tag{5-5a}$$

Für praktische Berechnungen kann diese Gleichung stark vereinfacht werden (Richards, 1965): erstens wird angenommen, daß der Sterilisationseffekt unterhalb 100 °C zu vernachlässigen ist, und zweitens gilt, daß die Aufheiz- und Abkühlgeschwindigkeiten über 100 °C konstant sind. Wenn die Temperatur T eine lineare Funktion der Zeit t ist, so kann Gl. (5-5a) sehr einfach integriert werden.

In Tab. 5-1 sind Werte für k und ▽ angegeben. Sie enthält alle Informationen, um eine schnelle, angenäherte Berechnung der Sterilisationszeiten zu erlauben. Die Werte basieren auf der Abtötung von *Bacillus stearothermophilus*. Dieser Organismus gilt als Modellfall für die Berechnung von Sterilisationsvorgängen.

Tabelle 5-1. Berechnungsgrundlagen für Sterilisationen.
Tabellierte Werte für k und ∇ (nach Richards, 1965). Es gelten die folgenden Bedingungen *(Bacillus stearothermophilus)*: $E = 283.45$ kJ · mol^{-1}, $a = 1 \times 10^{36.2}$ s^{-1}: Die k-Werte gelten für eine Aufheiz-bzw. Abkühlzeit von 1 °C · min^{-1}.

Temperatur T (°C)	Absterbegeschwindigkeit k (min^{-1})	Sterilisationskriterium ∇
100	0.013	–
101	0.017	0.030
102	0.023	0.053
103	0.030	0.083
104	0.036	0.119
105	0.048	0.167
106	0.062	0.229
107	0.083	0.312
108	0.109	0.421
109	0.135	0.556
110	0.163	0.719
111	0.193	0.912
112	0.234	1.146
113	0.302	1.448
114	0.412	1.860
115	0.540	2.400
116	0.653	3.053
117	0.810	3.863
118	1.002	4.865
119	1.210	6.075
120	1.480	7.555
121	1.830	9.385
122	2.440	11.825
123	3.075	14.900
124	3.675	18.665
125	4.570	23.235

Nach der vereinfachten Methode kann das Sterilitätskriterium ∇ berechnet werden als:

$$\nabla = \nabla_{\text{Aufheizperiode}} + \nabla_{\text{Haltezeit}} + \nabla_{\text{Abkühlperiode}} . \tag{5-6}$$

Die einzelnen Abschnitte sind aus Tab. 5-1 zu ermitteln, wobei die in der Tabelle angegebenen k-Werte einer Aufheiz- bzw. Abkühlgeschwindigkeit von 1 °C/min entsprechen. Die Methode wird anhand von 2 Beispielen erläutert.

Beispiel 1:

Ein Sterilisationszyklus für einen Bioreaktor ist wie folgt aufgebaut: Aufheizzeit von 100 °C bis 121 °C in 30 Minuten, Haltezeit bei 121 °C während 40 Minuten und schließlich Abkühlen von 121 °C bis 100 °C in 17 Minuten.

Frage:

Welcher Wert für ∇ wird in diesem Zyklus erreicht?

Lösung:

Der Wert für das Aufheizen von 100 °C bis 121 °C in 21 Minuten (1 °C · min^{-1}) kann aus Tab. 5-1 abgelesen werden: ∇ = 9.385. Durch Umrechnung ergibt sich für 30 Minuten folgender Wert:

$$\nabla_{\text{Aufheizen}} = \frac{9.385 \times 30}{21} = 13.4 \,.$$

Beim Abkühlen von 121 °C auf 100 °C in 21 Minuten entsteht gem. Tab. 5-1 ebenfalls ein ∇-Wert von 9.385. Daher errechnet sich für den gleichen Vorgang in 17 Minuten der folgende Wert:

$$\nabla_{\text{Abkühlen}} = \frac{9.385 \times 17}{21} = 7.6 \,.$$

Die Haltezeit von 40 Minuten ergibt einen k-Wert von 1.83.

$$\nabla_{\text{Haltezeit}} = 40 \times 1.83 = 73.20 \,.$$

Somit entsteht ein Sterilitätskriterium ∇_{total} von:

$$\nabla_{\text{total}} = \nabla_{\text{Aufheizen}} + \nabla_{\text{Halten}} + \nabla_{\text{Abkühlen}} = 94.2 \,.$$

Beispiel 2:

Der gleiche Bioreaktor wie in Beispiel 1 wird durch eine Fehlbedienung anders sterilisiert: während des Aufheizens von 100 °C auf 121 °C bleibt der Sterilisationsvorgang nach 26 Minuten bei 118 °C stehen. Nach 10 Minuten (bei 118 °C) wird der Fehler in der Temperaturregelung entdeckt, in 4 Minuten wird von 118 °C auf 121 °C aufgeheizt.

Frage:

Wie lange muß nun der Reaktor bei 121 °C gehalten werden, um das gleiche Sterilitätskriterium wie in Beispiel 1 zu erhalten?

Lösung:

Aus Tab. 5-1: k bei 118 °C ist 1.002
k bei 121 °C ist 1.830

Somit entsprechen 10 Minuten bei 118 °C

$$\frac{1.002 \times 10}{1.830} = 5.5 \text{ Minuten bei } 121\,°C\,.$$

Die normale Haltezeit für diesen Prozeß beträgt 40 Minuten (vgl. Beispiel 1). Der Reaktor muß also 34.5 Minuten (40 − 5.5 = 34.5) bei 121 °C gehalten werden, um das gleiche Sterilitätskriterium wie in Beispiel 1 zu erreichen.

Das Sterilitätskriterium ist abhängig von der Reaktorgröße: je größer der Bioreaktor, desto größer ist ∇. Mit zunehmendem Volumen wird nämlich auch die Anzahl der Zellen vor der Sterilisation größer. Unter der Bedingung daß die Wahrscheinlichkeit für eine erfolgreiche Sterilisation konstant bleiben soll (N bleibt konstant), so muß der Wert von ∇ für den großen Bioreaktor erhöht werden.

Beispiel:

Die Sterilisationserfahrungen mit einem 10 L-Bioreaktor haben ergeben, daß für diesen Laborreaktor ein Sterilitätskriterium von 50 ausreichend ist. Der Bioprozeß wird nun auf einen 1000 L-Reaktor übertragen. Die Frage lautet: Wie groß muß das Sterilitätskriterium ∇ im großen Maßstab gewählt werden?

Wenn N konstant bleibt, so gilt:

$$\nabla_{\text{großer Reaktor}} = \ln\left(\frac{100\,N_0}{N}\right)\text{, oder} \qquad (5\text{-}7\,\text{a})$$

$$\nabla_{\text{großer Reaktor}} = \ln\left(\frac{N_0}{N}\right) + \ln 100\text{, oder} \qquad (5\text{-}7\,\text{b})$$

$$\nabla_{\text{großer Reaktor}} = \nabla_{\text{kleiner Reaktor}} + 4.6\,. \qquad (5\text{-}7\,\text{c})$$

Somit ist im großen Bioreaktor ein Sterilitätskriterium von 54.6 notwendig. Allgemein gilt:

$$\nabla_G = \nabla_K + \ln\left(\frac{V_G}{V_K}\right), \qquad (5\text{-}8)$$

wobei: V Volumen des Reaktors
G großer Reaktor, K kleiner Reaktor.

5.3.2 Kontinuierliche Sterilisation mit Dampf

Durch die Hitzebehandlung werden während der Sterilisation nicht nur Mikroorganismen getötet, sondern auch wertvolle Substanzen in der Nährlösung zerstört. Wie man aus Gl. (5-3) entnehmen kann, hat die Aktivierungsenergie E die größte Auswirkung auf die Absterbegeschwindigkeit bzw. die Denaturierungsgeschwindigkeit von Substanzen. Die zur Zerstörung von Vitaminen notwendige Aktivierungsenergie ist z. B. etwa 4 – 6 mal kleiner als die für das Abtöten von Organismen (vgl. Tab. 5-2). Somit werden die Vitamine während der Sterilisation schneller denaturiert, als die Organismen abgetötet werden können. Dadurch, daß aber die Aktivierungsenergie eine Funktion der Zeit ist, kann die Sterilisation verbessert werden.

Tabelle 5-2. Aktivierungsenergien zur Zerstörung von Bakteriensporen und Vitamine.

Vitamin bzw. Organismus	Aktivierungsenergie ΔE (kJ · mol^{-1})
Folinsäure	70.35
Cyanocobalamin	96.70
Thiamin	92.10
Bacillus stearothermophilus	283.45
Bacillus subtilis	318.19

Wie in Abb. 5-3 dargestellt, nimmt die Einwirkungszeit zur Abtötung von Mikroorganismen *(Bacillus stearothermophilus)* mit steigender Temperatur schneller ab als die Einwirkungszeit zur Inaktivierung von Thiamin. Somit ist es möglich, bei hohen Temperaturen die Mikroorganismen zu zerstören, ohne gleichzeitig die Vitamine zu inaktivieren. Eine derartige kurzzeitige Sterilisation bei hohen Temperaturen ist chargenweise nicht realisierbar. Die Einwirkungszeiten wären viel zu lange, dadurch würden alle hitzelabilen Stoffe zerstört. Es ist aber technisch möglich, durch kontinuierliche Sterilisationsverfahren während kurzer Zeit hohe Temperatu-

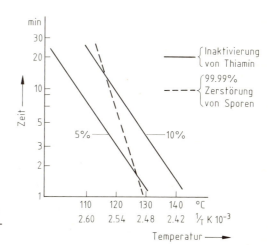

Abb. 5-3. Zeit- Temperatur-Diagramm für die Abtötung von Sporen (99.99%) bzw. die Inaktivierung von Thiamin (5% und 10% Inaktivierung).

ren zu realisieren. Deshalb haben kontinuierliche Verfahren gegenüber Batch-Sterilisationen die folgenden Vorteile:

- kürzere Sterilisationszyklen,
- bessere Ausnutzung der Energien
- geringere Zerstörung oder Inaktivierung von Nährlösungsbestandteilen
- einfachere Prozeßführung.

Die kontinuierliche Sterilisation kann auf verschiedene Arten erfolgen. Abb. 5-4 A zeigt ein Prinzipschema einer kontinuierlichen Durchlaufsterilisationsanlage. Die unsterile Nährlösung wird zuerst in Wärmetauschern aufgeheizt, in welchen die Wärme durch Abkühlen des sterilisierten Mediums auf das unsterile Medium übertragen wird. Die eigentliche Sterilisation erfolgt in der Heißhaltezone. Diese Heißhaltezone – als Kernstück der gesamten Anlage – muß entsprechend den Sterilisationsbedingungen an die Sterilisationstemperatur angepaßt werden. Oft wird Dampf direkt in diese Heißhaltezone injiziert (vgl. Abb. 5-4 B).

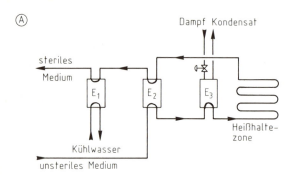

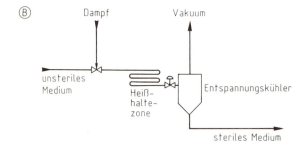

Abb. 5-4. Prinzipschema für die kontinuierliche Sterilisation von Nährlösungen. – A Prozeßführung mittels Wärmetauscher (E_1 bis E_3), B Prozeßführung mittels Direktdampfinjektion.

Kontinuierliche Sterilisationsverfahren sind vor allem für wäßrige Nährlösungen geeignet. Konzentrierte Medien, welche gar noch Feststoffbestandteile enthalten, sind ungeeignet für Verfahren mit Wärmetauschern. Die Wärmetauschflächen können mit Mediumbestandteilen verklebt werden, was ungünstige Temperaturprofile im Austauscher zur Folge hätte.

Eine kontinuierliche Sterilisationsanlage muß so konzipiert sein, daß niemals unsteriles Medium in den sterilen Teil gelangt. Schließlich muß beachtet werden, daß im Falle der Direktdampfinjektion in die Nährlösung diese durch den Dampf verdünnt oder sogar verunreinigt werden kann.

5.3.3 Sterilisation mit Membranfiltern

Als Filtermedien für die Sterilisation von Flüssigkeiten werden Membranfilter verwendet, welche als Oberflächenfilter wirken (vgl. Abschn. 8.2). Die Mikroorganismen werden an der Oberfläche der Filtermedien abgeschieden und sammeln sich dort an. Membranfilter sind aus natürlichen (z. B. Cellulosederivate) und synthetischen Polymeren (z. B. Polycarbonat, Polysulfon, Teflon usw.) hergestellt. Sie werden eingesetzt mit Porengrößen von 0.45 µm bis 0.01 µm.

Die Filtrationsgeschwindigkeiten durch Membranfilter hängen von Druck, Viskosität, Porengröße und Partikelgehalt ab. Es ist vorteilhaft, Vorfilter einzusetzen, um gröbere Bestandteile zurückzuhalten; damit kann die Einsatzdauer der Sterilfilter erhöht werden. Zur Sterilfiltration von flüssigen Medien sind Porengrößen zwischen 0.6 µm und 0.2 µm vorteilhaft. Membranfiltereinheiten sind energiegünstige Sterilisationsmethoden, obwohl die Kosten für die Membranen, die Vorfilter sowie die Pumpen nicht unterschätzt werden dürfen. Für den Fall, daß eine Membrane durchbricht, müssen die notwendigen Vorsichtsmaßnahmen getroffen werden, um ein Eindringen von unsterilem Medium in die sterile Zone zu verhindern.

Membranfiltrationen werden vor allem in der Sterilisation von Nährlösungen für die Züchtung von Säugetierzellen verwendet, da diese hitzelabile Proteine enthalten.

5.3.4 Sterilisation durch chemische Substanzen

Die Sterilisation durch chemische Substanzen ist im Vergleich zu den anderen Methoden von untergeordneter Bedeutung. Am häufigsten begegnet man ihr bei der Sterilisierung von Oberflächen. Nach Toplin and Gaden (1961) sollte eine Substanz, die für Sterilisationen eingesetzt wird, folgende Eigenschaften haben:

- sie muß in kleinen Konzentrationen keimtötend sein;
- andere Nährlösungsbestandteile dürfen nicht angegriffen werden;
- Restkonzentrationen der Substanz müssen einfach entfernt werden können und dürfen den weiteren Verlauf des Bioprozesses nicht beeinflussen;
- die Substanz muß billig sein, nicht entflammbar und für den Anwender nicht toxisch.

Zur Sterilisation von Geräten und Apparaten hat sich Ethylenoxid bewährt. Es tötet sowohl vegetative Zellen wie auch Sporen ab, wirkt aber nur in Gegenwart von Wasser. Es wird im Gemisch mit Stickstoff oder Kohlendioxid in Gasform (2 – 50% Ethylenoxid) angewendet.

5.4 Sterilisation von Gasen

Das zur Belüftung notwendige Gas (in den meisten Fällen Luft) muß nicht nur staub-, öl- und wasserfrei sein, sondern darf auch keine Keime enthalten. Genau wie bei der Sterilisation flüssiger Medien sind auch für Gase verschiedene Sterilisationsmethoden denkbar: die Hitzesterilisation oder die mechanische Entfernung von Keimen mittels Filtration.

Zur Sterilisation von Gasen werden entweder Siebfilter (Membranfilter) oder Tiefenfilter (Bettfilter) eingesetzt.

Membranfilter werden mit symmetrischen oder asymmetrischen Strukturen hergestellt. Die Porengrößen betragen 0.01 µm bis mehrere µm; die Filterdicken variieren je nach Werkstoff und Struktur zwischen 50 µm und einigen 100 µm. Die Mikroorganismen werden wie bei der Sterilisation von Flüssigkeiten an der Oberfläche abgeschieden (vgl. Abschn. 5.3.3).

Mit *Tiefenfiltern* werden die Mikroorganismen durch Anlagerung (Adsorption) an die vom Gas umströmten Elemente des Filtermediums (Glaswolle; Fasern) oder an die durchströmten Kapillaren (aus Polymerstrukturen) abgeschieden. Die Effizienz eines Tiefenfilters hängt von der Schichtdicke des Filtermediums im Inneren des Filters (Tiefe) ab. Die bekanntesten Tiefenfilter sind das Glaswollefilter und das Filter mit hochporösen Polymerstrukturen als Filtermittel. Die Filtermittel werden in Form eines Hohlzylinders dreidimensional geschichtet. Zur Abtrennung sowohl der Mikroorganismen als auch anderer Feststoffpartikel wirken in den Tiefenfilter die folgenden Mechanismen (siehe auch Abb. 5-6):

- passive Kollision mit Fasern;
- elektrostatische Kräfte in den Filtern;
- Diffusion und Brownsche Molekularbewegung;
- Schwerkraft;
- Kollision durch Trägheitskraft.

Das Zusammenwirken dieser verschiedenartigen Mechanismen gibt dem Tiefenfilter besondere Eigenschaften, welche sich in der Steriltechnik in den vergangenen Jahren bewährt haben. Abb. 5-5 zeigt die Effizienz der Filtrationswirkung eines Tiefenfilters in Abhängigkeit von der Partikelgröße. Aus dieser Abbildung wird ersichtlich, daß die Filtereffizienz ein Minimum hat. Auf kleine Partikel wirken vor allem die Brownsche Bewegung in den Fasern des Filters und die Diffusionskräfte. Bei großen Luftgeschwindigkeiten wirken vorwiegend die Trägheitskraft und die Gravitation.

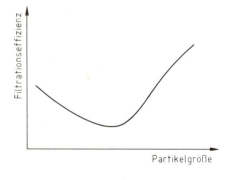

Abb. 5-5. Zusammenhang zwischen der Wirkung eines Luftfilters und der Partikelgröße.

Das Minimum der Filtrationseffizienz liegt bei einer Partikelgröße von 0.5 – 1.0 μm. Dies bedeutet, daß Viren durch Tiefenfilter oft nicht eliminiert werden können.

Die Adsorption der Mikroorganismen und Partikel am Filtermittel eines Tiefenfilters ist nur wirksam, wenn das Filter trocken ist. In feuchten oder nassen Filtern werden die abzuscheidenden Partikel in der Flüssigkeit mitgenommen. Es ist deshalb sehr wichtig, daß die zur Luftsterilisation eingesetzten Filter an einem Bioreaktor immer in trockenem Zustand gehalten werden.

Abb. 5-6 zeigt die Funktion eines solchen Tiefenfilters.

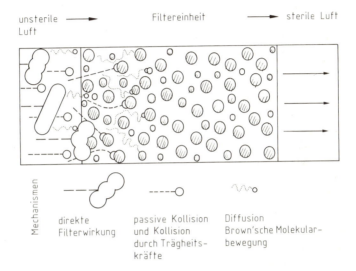

Abb. 5-6. Aufbau eines Tiefenfilters (Beispiel Domnick Hunter).

Die Standzeit des Sterilfilters ist stark abhängig von der Feststoffpartikelverunreinigung in der Zuluft. Von Vorteil ist die Verwendung von vorgereinigter Druckluft. Ein ansteigender Differenzdruck weist auf eine verschmutzte Filterfläche hin, vorausgesetzt, die Dimensionierung der Filterfläche ist groß genug.

Die Filter können sowohl durch direkten Anschluß an eine Dampfleitung oder separat im Autoklaven sterilisiert werden. Im letzteren Fall müssen die Filterkerzen für den nachträglichen Anschluß an den Bioreaktor mit einer Hohlnadel versehen sein.

Die Zuluft wird zweckmäßigerweise direkt vor der Einführung ins Belüftungsrohr sterilfiltriert. Die Abluft sollte wiederum durch ein Sterilfilter gereinigt werden. Diesem sollte aber ein Rückflußkühler vorgelagert sein, damit das Filter trocken bleibt. Im Prinzip ist die Bauweise von Zu- bzw. Abluftfiltern identisch.

Im Zusammenhang mit der Züchtung von pathogenen Mikroorganismen kann es sein, daß eine Abluftfiltration nicht genügt. Es besteht dann die Möglichkeit, die Abluft mittels Hitze zu sterilisieren. Die Luft wird durch einen Expositionsraum geleitet, der durch Heizelemente dauernd auf die zur Abtötung der Mikroorganismen notwendige Temperatur beheizt wird.

6 Der Bioreaktor

6.1 Belüften und Durchmischen

6.1.1 Einführung

Die große Bedeutung der Belüftung eines Bioreaktors ist im Kapitel über den Stofftransport (Kap. 4) bereits erwähnt worden. In diesem Abschnitt werden nun – basierend auf den Grundlagen – einige weiterführende, praktische Aspekte behandelt. Dabei wird dem belüfteten, mechanisch gerührten Bioreaktor sowie dem Blasensäulen-Bioreaktor besondere Beachtung geschenkt.

Oft besteht die erste Aufgabe des Verfahrensingenieurs darin, die Anforderungen, die ein Prozeß an die Belüftung stellt, zu berechnen. Einige Berechnungsbeispiele sind bereits im Kap. 4 angeführt worden. Es sei daran erinnert, daß als Grundlage zur Berechnung des Sauerstoff-Bedürfnisses entweder die Sauerstoffaufnahmegeschwindigkeit der Mikroorganismen oder die Sauerstoff-Massenbilanz (Stöchiometrie) des Prozesses herangezogen werden. Die Daten in Tab. 6-1 zeigen ein weiteres Beispiel. Es sind darin die Anforderungen eines Abwasserreinigungsprozesses denjenigen einer aeroben Züchtung von Bakterien gegenübergestellt.

Tabelle 6-1. Typische Sauerstoffbedürfnisse einer biologischen Abwasserreinigungsanlage und eines mikrobiellen industriellen Prozesses.

	Biologische Abwasserreinigung	Mikrobieller Prozeß
Substratkonzentration	200 bis 300 mg $\cdot$ L^{-1}	20 000 – 30 000 mg $\cdot$ L^{-1} (2 – 5%)
Konzentration der Mikroorganismen	2 bis 3 g $\cdot$ L^{-1}	10 – 30 g $\cdot$ L^{-1}
Spezifische Sauerstoffaufnahme Q_{O_2}	0.5 mmol $\cdot$ g^{-1} $\cdot$ h^{-1}	2 – 7 mmol $\cdot$ g^{-1} $\cdot$ h^{-1}
Volumetrisches Sauerstoff-Bedürfnis	1 bis 2 mmol $\cdot$ L^{-1} $\cdot$ h^{-1}	100 mmol $\cdot$ L^{-1} $\cdot$ h^{-1}
Leistungseintrag für Rühren und Belüften	0.02 kW $\cdot$ m^{-3}	0.75 – 2.5 kW $\cdot$ m^{-3}

Obwohl im biologischen Abwasserprozeß oft die Schlammkonzentration durch Rückführung erhöht wird, beträgt die Zellkonzentration meistens nur etwa 1/10 derjenigen eines industriellen mikrobiellen Prozesses. Zudem sind die Organismen im Abwasserprozeß oft sehr alt, so daß die Respirationsrate ebenfalls eine Größenordnung kleiner ist. Entsprechend klein kann die Belüftungskapazität von Belüftungsbecken für die Abwasserbehandlung dimensioniert werden. Schließlich sind die Scherkräfte, welche bei einer Belüftungsvorrichtung für die Abwasserreinigung eingesetzt werden, klein zu halten, weil die vorhandenen Flocken (Zellaggregate) nicht zerstört werden dürfen.

6.1.2 Aspekte bei der Belüftung

Um eine angemessene Beschreibung der Belüftung zu ermöglichen, sind zwei Größen notwendig:

Q/V_L, die Belüftungsrate, d.h. die volumetrische Gasflußmenge *(Q)* pro Flüssigkeitsvolumen (V_L). Diese Größe wird oft *vvm* genannt: Volumen pro Volumen pro Minute.

$Q/A = v_s$, die Gasleerrohrgeschwindigkeit. Dabei wird Q durch die Querschnittsfläche des Bioreaktors (A) dividiert. Dies gibt eine scheinbare (lineare) Geschwindigkeit, oft ausgedrückt in $cm \cdot s^{-1}$.

Die Belüftungsrate und die Gasleerrohrgeschwindigkeit beeinflussen sowohl die Größe a (im Ausdruck $K_L a$) als auch die Differenz C^*-C_L in der Grundgleichung des Sauerstoff-Transportes (Gl. 4-4). Der Zusammenhang zwischen $K_L a$ und v_s kann wie folgt hergeleitet werden:

In erster Näherung kann angenommen werden, daß die Durchmesser der Luftblasen unabhängig sind von der Belüftungsrate, und daß die Steiggeschwindigkeit der Blasen (v_b in $cm \cdot s^{-1}$) ebenfalls konstant ist. Dann ist der volumetrische Gasgehalt (H_0) direkt abhängig von der Gasleerrohrgeschwindigkeit v_s, wie in Gl. (6-1) angegeben:

$$H_0 \left(\frac{\text{Gasvolumen}}{\text{Flüssigvolumen}} \right) = \frac{v_s}{v_b} . \qquad (6-1)$$

Zur Erläuterung ein Beispiel: Gegeben sei ein Reaktor mit konstanter Querschnittsfläche. Wird nun die Belüftungsmenge Q bei gleichem Querschnitt verdoppelt, so wird einzig die Zahl der Luftblasen verdoppelt. Die Aufenthaltszeit in der Flüssigkeit wird nur durch die Größe der Luftblasen sowie die Differenz ihrer Dichte in Luft und Nährlösung bestimmt.

Die Größe a im Ausdruck $K_L a$ stellt die Grenzflächengröße pro Einheitsvolumen Flüssigkeit dar. Sind nun die Gasblasen von einheitlicher Größe (d_b), so ist a direkt proportional zum Gasgehalt (H_0):

$$a = \left(\frac{6}{d_b} \right) \cdot H_0 . \qquad (6-2)$$

Dabei ist ($6/d_b$) das Verhältnis der Oberfläche zum Volumen einer kugelförmigen Gasblase.

Die Kombination der Gleichungen (6-1) und (6-2) ergibt, daß a (und damit $K_L a$) direkt proportional zu v_s ist. Dies läßt sich experimentell mit guter Annäherung zeigen. Wird indessen sowohl d_b als auch v_b größer, so gilt diese Proportionalität nicht mehr.

Da in den meisten Fällen eine Erhöhung der Gasflußmenge Q den Sauerstoff-Transport verbessert, wäre es naheliegend, Bioreaktoren immer mit großen Belüftungsraten zu betreiben. Obwohl dies im Prinzip richtig ist, ist doch Vorsicht am Platze. Einmal können große Luftmengen Schaumprobleme verursachen, zum anderen ist es schwierig, große Luftmengen homogen zu dispergieren. Ein beträchtlicher Anteil der Luft wird nämlich in Form großer Blasen im Reaktor aufsteigen. Diese Blasen tragen wenig zur Vergrößerung der Phasengrenzfläche bei. In der Tat kann der $K_L a$-Wert mit steigender Luftmenge wegen dieser großen Blasen sogar kleiner werden. Ferner wird durch die große Luftmenge der Kohlendioxid-Partialdruck klein sein. Da es aber mikrobielle Systeme gibt, welche zum Wachstum einen höheren Kohlendioxid-Partialdruck benötigen, kann es aus diesem Grund notwendig sein, die Belüftungsmenge klein zu halten.

Die Versorgung des Reaktors mit Belüftungsluft durch den Kompressor benötigt Energie. Diese Energie wird bei der Belüftung auf die Nährlösung im Bioreaktor übertragen. In einem konventionellen, gerührten und belüfteten Bioreaktor beträgt diese Energie normalerweise ca. 5–10% des gesamten Leistungseintrages. In Bioreaktorsystemen ohne mechanische Durchmischung (z. B. Blasensäulen) umfaßt dieser Anteil 100%.

6.1.3 Aspekte des Durchmischens

Mechanisches Durchmischen eines Bioreaktors ist immer dann von Vorteil, wenn entweder große $K_L a$-Werte erreicht werden und/oder filamentöse Organismen gezüchtet werden müssen. Durch das Rühren werden nicht nur koaleszierende Gasblasen zerteilt, sondern auch größere Zellaggregate (Flocken oder Zellklumpen) zerkleinert. Speziell in Flüssigkeiten mit hohen Viskositäten oder mit nicht-Newtonschem Fließverhalten bewirkt ein intensives Durchmischen eine homogene Verteilung des Gases.

Die Zunahme von $K_L a$ bei intensivierter Durchmischung basiert vorwiegend auf der Vergrößerung der Grenzfläche a. Der Filmkoeffizient K_L wird durch das Rühren nur wenig beeinflußt, denn die relative Geschwindigkeit zwischen Gasphase und Flüssigkeit ist bestimmt durch die Differenz der Dichten zwischen Gasphase und Flüssigphase und weniger durch die eigentliche Turbulenz. Die Turbulenz bewirkt die Verkleinerung der Blasendurchmesser (d_b) und damit natürlich die Vergrößerung des Gasrückhaltevermögens und der Grenzfläche a. Schließlich verleihen die Turbulenzballen im Bioreaktor dem Inhalt eine abwärtsgerichtete Strömung, welche die Gasblasen am Entweichen hindern.

Die Intensität der Turbulenz als Folge des Durchmischens wird durch die Reynoldsche Zahl N_{Re} beschrieben:

$$N_{Re} = \frac{(\text{Charakteristische Länge}) \, (\text{Charakteristische Geschwindigkeit}) \cdot \varrho}{\eta} \qquad (6\text{-}3)$$

wobei ϱ und η die Dichte bzw. die Viskosität des zu durchmischenden Systems darstellen. Große Reynoldszahlen bedeuten turbulente Strömungsverhältnisse; kleine Reynoldszahlen sind charakteristisch für laminare Strömungen. Zur Beschreibung der Turbulenz in Bioreaktoren wird üblicherweise der Rührerdurchmesser (D_i) als charakteristische Länge eingesetzt, und als charakteristische Geschwindigkeit $N \cdot D_i$, die lineare Rührerspitzengeschwindigkeit, wobei N der Rührerdrehzahl entspricht. Somit entsteht aus Gl. (6-3):

$$N_{Re} = \frac{N \cdot D_i^2 \cdot \varrho}{\eta} \ . \tag{6-4}$$

Ähnlich der Charakterisierung der Rührerspitzengeschwindigkeit als $N \cdot D_i$ kann auch die Pumpkapazität des Rührers berechnet werden als Produkt der Rührerspitzengeschwindigkeit und der Rührerfläche, nämlich:

$$\text{Pumpkapazität} = (N \cdot D_i)(D_i)^2 = N \cdot D_i^3 \ . \tag{6-5}$$

Schließlich ist die Leistungsaufnahme des Rührers proportional zum Produkt aus kinetischer Energie und Pumpkapazität, d.h.

$$\text{Leistungsaufnahme} \sim (\text{kinetische Energie})(\text{Pumpkapazität})$$
$$P \approx \varrho \cdot (N \cdot D_i)^2 \cdot N \cdot D_i^3$$
$$P \approx \varrho \cdot N^3 \cdot D_i^5 \ . \tag{6-6}$$

Die Proportionalität in Gl. (6-6) gilt im Bereich großer Reynoldszahlen, also im turbulenten Gebiet. Werden einheitliche Dimensionen eingesetzt, so wird der Proportionalitätsfaktor dimensionslos, er wird Leistungskennzahl N_p genannt und berechnet nach:

$$\text{Leistungskennzahl } N_p = \frac{P}{\varrho N^3 \cdot D_i^5} \ . \tag{6-7}$$

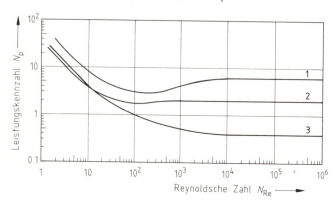

Abb. 6-1. Zusammenhang zwischen Leistungskennzahl N_p und der Reynoldszahl N_{Re}, dargestellt für 3 verschiedene Rührertypen. – 1 Scheibenrührer, 2 Blattrührer, 3 Propellerrührer.

Der Zusammenhang zwischen Leistungskennzahl N_p und Reynoldszahl N_{Re} ist in Abb. 6-1 dargestellt. Bioreaktionen werden üblicherweise im Bereich großer Turbulenzen durchgeführt.

Die Größe von N_p ist abhängig vom Rührertyp. Der Scheibenrührer hat eine Leistungskennzahl von etwa 6, während der Propellerrührer ein N_p von etwa 0.4 hat.

Wenn sich in einem Gefäß ein Rührer dreht, so bildet sich um die Rührerwelle ein Vortex (Trombe), welcher im Extremfall bis zum Rührer hinab ausgebildet ist. Dadurch wird Luft mitgerissen. Meistens ist der Effekt unerwünscht. Ein Bioreaktor ist normalerweise mit Strombrechern (Schikanen) ausgerüstet. Damit wird die Vortexbildung verhindert. Die Schikanenbreite beträgt etwa 1/10 bis 1/12 des Tankdurchmessers. Die Strombrecher (normalerweise 4 Stück) sind nahe an der Behälterwand installiert und reichen über die gesamte Bioreaktorhöhe.

Die Rührerformen in Bioreaktoren werden unterteilt in *radial fördernde* und *axial fördernde* (Abb. 6-2). Der *Scheibenrührer* ist der gebräuchlichste radial fördernde Rührer, der *Propellerrührer* der gebräuchlichste axial fördernde.

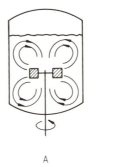
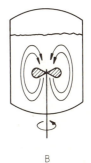

Abb. 6-2. Schematische Darstellung der Strömungsbilder in einem Bioreaktor. – A radiale Strömung mit einem Scheibenrührer, B axiale Strömung mit einem Propellerrührer.

A   B

Scheibenrührer sind besonders weit verbreitet. Man nützt ihre großen Scherwirkungseffekte aus. Sie erzeugen bei gleichem Leistungseintrag eine größere Gas/Flüssigkeits-Grenzfläche als Propellerrührer.

Axial wirkende Propellerrührer werden für einfachere Durchmischungsvorgänge, oder immer dann eingesetzt, wenn die Pumpkapazität eines Rührers wichtiger ist als dessen Scherwirkung. Einfache Blattrührer (radial, ohne zentrale Scheibe) sind für die Begasung von Bioreaktoren ungeeignet. Das Belüftungsgas durchflutet den Rührer, ohne daß es effektiv dispergiert wird. Scheibenrührer dispergieren etwa 6–7 mal mehr Luft als offene Blattrührer.

Die aktuelle Leistungsaufnahme eines Rührers nimmt mit zunehmender Belüftung des Nährmediums ab. Wie in Abb. 6-3 dargestellt, ist eine Abnahme um 1/3 des vollen Leistungsbedarfs nichts Außergewöhnliches. Dieser Zusammenhang wird oft als Funktion einer dimensionslosen Belüftungskennzahl dargestellt. Diese Zahl ist der Quotient aus der volumetrischen Gasflußmenge Q und der volumetrischen Pumpkapazität des Rührers, also $Q/N \cdot D_i^3$. Die (selbst bei kleinen Belüftungsraten) sehr abrupte Leistungsabnahme beim Blattrührer zeigt das Überfluten des Rührers mit Gas an. Michel and Miller (1962) haben für das Verhältnis zwischen der Leistungsaufnahme im begasten Zustand P_g und demjenigen im unbegasten Zustand P die folgende Korrelation vorgeschlagen:

$$P_g = C(P \cdot N \cdot D_i^3 \cdot Q^{-0.56})^{0.45}$$

wobei C eine Proportionalitätskonstante darstellt.

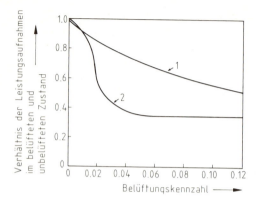

Abb. 6-3. Leistungsaufnahme eines Rührers als Funktion der Belüftungsintensität. – 1 Scheibenrührer, 2 Blattrührer (Oyama and Endoh, 1955); P entspricht der Leistungsaufnahme unbelüftet, P_g derjenigen im belüfteten Zustand.

6.1.4 Mischzeiten

Die Aufgaben, die ein Rührer zu erfüllen hat, können in zwei Kategorien eingeteilt werden:

a) in *Zerteilungsaufgaben:* Dispergieren, Emulgieren, Micromixing;
b) in *Verteilungsaufgaben:* Homogenisieren, Suspendieren, Macromixing.

Die Rühreffekte, welche das Zerteilen betreffen, wurden in den vorangehenden Abschnitten eingehend erläutert. Sie spielen in biologischen Systemen vor allem für den Sauerstoff-Transport die entscheidende Rolle.

Wenn hingegen durch den Rührer Konzentrationen ausgeglichen werden, dann spricht man von Verteilen. Im Zusammenhang mit den Sauerstoff-Gradienten im Flüssigkeitskern der schlecht durchmischten Zonen wurde ebenfalls bereits auf diese Verteilungsaufgabe des Rührers hingewiesen. Das Ausgleichen von Konzentrationsunterschieden spielt aber in biologischen Systemen noch in anderen Fällen eine Rolle, nämlich bei der Zugabe von Korrekturmitteln für die pH-Regelung, der Verteilung von Additiven während des Bioprozesses und schließlich auch bei der raschen, homogenen Verteilung des zufließenden Substrates in kontinuierlichen Kulturen (vgl. Beispiele in Blanch and Einsele, 1973).

Charakterisiert man einen Bioreaktor nach seinen Mischzeiten, so wird das Verteilen (Homogenisieren) beurteilt. Die Eignung eines Rührers zum Homogenisieren ersieht man aus der Zeit, die er unter den jeweiligen Bedingungen braucht, um eine vollständige Homogenisierung des Flüssigkeitsgemisches zu bewirken.

Unter der Mischzeit T_{mix} wird die Zeit verstanden, welche notwendig ist, um einen Flüssigkeitszusatz praktisch vollständig mit der Behälterflüssigkeit zu vermischen. Die Mischzeit kann mittels physikalischer oder chemischer Methoden bestimmt werden. Eine übersichtliche Darstellung der verschiedenen Möglichkeiten gibt Zlokarnik (1967). Die physikalischen Methoden verfolgen das Vermischen eines Zusatzes, der sich in der Temperatur, Konzentration oder Dichte (Brechungsindex) vom Behälterinhalt unterscheidet, durch Messen der Temperatur, der elektrischen Leitfähigkeit, des pH-Wertes oder mit der Schlierenoptik. Bei der chemischen Methode setzt man dem Behälterinhalt einen Reaktionspartner zu und bestimmt als Mischzeit die Zeit, nach der die zugefügte Komponente vollständig umgesetzt ist.

Die in der Literatur am häufigsten erwähnte physikalische Methode ist die Messung der Leitfähigkeit (Hansford and Humphrey, 1966; Kramer et al., 1955). Diese Art der Bestimmung hat den Nachteil, daß sie für begaste Systeme nicht anwendbar ist. Gasblasen verändern die Leitfähigkeit des Systems derart, daß eine Mischzeitbestimmung unmöglich wird. Die Schlierenoptische Methode wird seltener verwendet (Zlokarnik, 1967; van de Vusse, 1955). Die Strahlen der Koinzidenz-Schlierenoptischen Meßanordnung erfassen nur einen kleinen Ausschnitt aus der Behältermitte.

Weit verbreitet sind die chemischen Methoden. Als einfachste Ionenreaktionen bieten sich zu diesem Zweck die Reaktion Iod/Thiosulfat mit Stärke als Indikator (Prinzing und Hübner, 1971; Käppel, 1973) und die Neutralisationsreaktion Natronlauge/Schwefelsäure mit Phenolphtalein als Indikator (Gramlich und Lamadé, 1973) an. Die Vielfalt der Bestimmungsmethoden hat dazu geführt, daß die Versuchsergebnisse der einzelnen Forschungsarbeiten nur sehr schwer miteinander vergleichbar sind. Trotz dieser Vielfalt an Bestimmungsmethoden sind relativ wenige geeignet, unter industriellen Bedingungen in Bioreaktoren Mischzeiten zu messen. Eine solche Mischzeit-Messung hat folgenden Anforderungen zu genügen:

- geringer Aufwand an Apparaturen
- Verwendung von leicht erhältlichen, billigen Chemikalien
- Verwendung von normalem Leitungswasser
- Bestimmung durch einfache Manipulationen möglich.

Unter diesen Bedingungen fallen die chemischen Entfärbungsmethode und die Schlierenoptische Methode weg, da beide auf einer Beobachtung basieren, welche in geschlossenen Großtanks nicht realisierbar ist. Zusätzlich entfallen von den physikalischen Methoden das Messen von Temperatur- oder Leitfähigkeitsänderungen. Denn das erste Verfahren ist mit einem zu großen apparativen Aufwand verbunden, das zweite ist wegen der Luftblasen nicht durchführbar. Es bleibt also nur die einfach realisierbare Messung der pH-Veränderung durch Zugabe von Säure oder Lauge übrig.

Die Mischzeit T_{mix} wird demnach wie folgt definiert: Unter der Mischzeit wird diejenige Zeit verstanden, welche notwendig ist, um nach der Zugabe einer gegebenen Menge Säure oder Lauge 95% des pH-Endwertes zu erhalten.

Der Aussagewert dieser pysikalischen Bestimmungsmethode wird durch den gleichzeitigen Einsatz von mehreren pH-Meß-Sonden, die auf den ganzen Reaktor verteilt werden, stark erhöht. Insbesondere lassen sich aus dem Vergleich der verschiedenen Einschwingvorgänge Angaben über den Homogenitätsgrad machen (vgl. Abb. 6-4). Die Methode muß absolut zuverlässig und reproduzierbar sein.

Da sich im Leitungswasser in Abhängigkeit vom pH-Wert Carbonate bilden können, muß unbedingt ein enger pH-Bereich eingehalten werden, d.h. die pH-Veränderung durch die Säure- bzw. Laugezugabe muß zwischen pH 2 und pH 4 liegen. Wird dies nicht eingehalten, so laufen chemische Reaktionen (mit Carbonaten) ab, die langsamer sind als die physikalisch zu messende Mischzeit (Einsele, 1976). Als Marker können NaOH, HCl oder H_2SO_4 verwendet werden. Die Zugabemenge des Markers soll 1/10.000 des Reaktorvolumens nicht übersteigen. Die Hin- bzw. Rückreaktion kann bis zu 30mal mit dem gleichen Leitungswasser durchgeführt werden, ohne daß in dem als optimal bezeichneten pH-Bereich Veränderungen des Mischzeitverhaltens festgestellt werden.

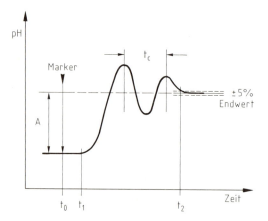

Abb. 6-4 Mischzeitmessung nach pH-Veränderung durch Lauge- oder Säurezugabe. — A Differenz Endwert — Ausgangswert, $T_{mix} = t_2 - t_1$, t_c Rezirkulationszeit im Reaktor.

Mischzeitmessungen können durch die Totzeit der gesamten Meßkette, bestehend aus pH-Sonde, Verstärker und Schreiber, verfälscht werden. Diese Ansprechzeit (Totzeit) der gesamten Meßkette kann bestimmt werden durch das rasche Eintauchen der pH-Sonde in gut gerührte Gefäße von pH 4 oder pH 7. Die Totzeit bis zum Erreichen von 90 – 95% des Endwertes sollte im Bereich von 0.1 – 0.5 s liegen. Weitere Angaben über Mischzeitgrößen sind im Kapitel Maßstabvergrößerung von Bioreaktoren dargestellt (Abschn. 6.3).

6.1.5 Scherkräfte

Die durch Rührer hervorgerufenen Scherkräfte sind sehr schwierig zu beschreiben. Die Scherkräfte, welche beim Zerteilen oder Koaleszieren von Gasblasen wirken, entstehen in der flüssigen Phase durch Druckschwankungen und durch Geschwindigkeitsgradienten zwischen nahe gelegenen Flüssigkeitselementen. Die Scherkräfte sind niemals homogen über den Reaktorinhalt verteilt. Sie wirken sehr intensiv in einer kleinen Zone um den Rührer. Abb. 6-5 gibt einen Hinweis auf die Geschwindigkeitsverteilung von Flüssigkeitspartikeln in der Nähe des Rührers (Oldshue, 1969). In dieser Gegend mit sehr intensiven Scherkräften ist die mittlere Schergeschwindigkeit proportional zur Drehzahl des Rührers (Metzner and Taylor, 1960).

Zu große Scherkräfte können in biologischen Systemen verheerende Auswirkungen haben. So werden pflanzliche oder tierische Zellen durch Scherkräfte zerstört. Auch der Metabolismus von filamentösen Mikroorganismen kann durch mechanische Schädigungen empfindlich gestört werden. Hingegen sind aus Züchtungen mit Hefen und Bakterien praktisch keine mechanischen Schädigungen bekannt.

Abb. 6-5. Geschwindigkeitsprofil einer Flüssigkeit, die von einem Scheibenrührer radial wegströmt (Oldshue, 1969).

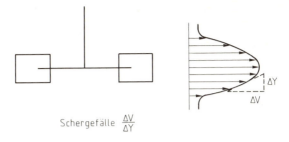

Der Einfluß der Scherkräfte auf empfindliche Zellen ist in verschiedenen Modellen untersucht worden (Taguchi, 1971; Finn and Fiechter, 1979; sowie Märkl, 1983). Entweder werden Zellaggregate auseinandergerissen oder einzelne Zellen zerstört. Der Schereffekt verursacht eine exponentielle Abnahme der Zahl lebender Zellen. Die Kinetik dieser Abnahme entspricht derjenigen der thermischen Abtötung.

Alle Untersuchungen an Modellen zeigten, daß die Zellzerstörungsgeschwindigkeit von der Frequenz abhängt, mit welcher der Bioreaktorinhalt durch Zonen intensiver Scherkräfte zirkuliert. Man kann deshalb formulieren:

$$k_{Scher} \sim ND_i^3/V_L \tag{6-9}$$

wobei k_{Scher} die Scherkraftkonstante und V_L das Volumen des Reaktors darstellt. Oft wird auch erwähnt, daß die Scherkräfte proportional sind zum Leistungseintrag pro Volumen. Indessen sind Verallgemeinerungen sowohl für verschiedenartige Zellkulturen als auch für verschiedenartige Rührsysteme unzulässig.

6.1.6 Sauerstoff-Eintrag

Der Sauerstoff-Eintrag bzw. die Sauerstoff-Absorptionskapazität, $K_L a \cdot C^*$, ist ein wertvolles Maß, um die Belüftungs- und Durchmischungsfähigkeit eines Bioreaktors zu beurteilen. Gleiches gilt für den Sauerstoff-Transportkoeffizienten, $K_L a$, welcher allerdings unabhängig ist von der Sauerstoff-Löslichkeit.

Im Schüttelkolben findet der Sauerstoff-Übergang ausschließlich durch die Oberfläche und eingeschlossene Luftblasen statt. Der Sauerstoff-Übergang für einen 500 mL Schüttelkolben mit 100 mL Inhalt und bei 250 rpm auf der Schüttelmaschine beträgt 50 mmol · L^{-1} · h^{-1}, wenn er mit Strombrechern versehen ist, und 20 mmol · L^{-1} · h^{-1} ohne Strombrecher (Freedman, 1970). Diese im Sulfit-System (vgl. Abschn. 4.2.1.3) erhaltenen Werte werden in aktuellen Systemen wesentlich kleiner. Es darf nicht übersehen werden, daß die Sauerstoff-Übergänge in Schüttelkolben oft viel zu klein sind und den biologischen Bedürfnissen niemals genügen.

Ganz andere Bedingungen herrschen im Bioreaktor. Sowohl theoretisch als auch im Experiment läßt sich zeigen, daß der Flüssigkeitskoeffizient K_L (im turbulenten Bereich) vom spezifischen Leistungseintrag abhängt, und zwar:

$$K_L \sim (P_g/V)^{0.2-0.3} \tag{6-10}$$

6 Der Bioreaktor

Viel größer aber ist der Einfluß, den der spezifische Leistungseintrag auf die Bildung einer Grenzfläche (Gas/Flüssigkeit) hat. Wie bereits verschiedentlich erwähnt, beeinflussen viele Faktoren (Salzkonzentration, Antischaummittel etc.) diese Grenzfläche. Somit sind Korrelationen von Sauerstoff-Übergangswerten mit Reaktorparametern vorsichtig zu interpretieren. Insbesondere sind sie dem jeweiligen Bioprozeß anzupassen.

Für den am weitesten verbreiteten Bioreaktor, den mechanisch gerührten Tank, wurde ermittelt, daß die Grenzfläche a sowohl von P_g/V (Exponent 0.5) als auch von der Gasleerrohrgeschwindigkeit v_s (Exponent 0.6) abhängt. Diese Exponenten variieren allerdings je nach Maßstab. Zusammen mit Gleichung (6-10) entsteht die folgende Beziehung:

$$K_L a \sim (P_g/V)^{0.7-0.8} \cdot (V_s)^{0.6} \,. \tag{6-11}$$

Um $K_L a$-Werte von 1000 h^{-1} zu erreichen, sind bei Mehrfachrührern (Multistage-Bioreaktoren) Gasleerrohrgeschwindigkeiten bis zu mehreren cm · s^{-1} notwendig. Gleichzeitig steigen die spezifischen Leistungsaufnahmen bis 10 kW · m^{-3}.

Bioreaktoren ohne mechanische Durchmischung (z. B. Blasensäulen) können einzig bezüglich der Art des Lufteintrages (Konstruktion von Düsen) und bezüglich der Luftmenge optimiert werden. Nach Angaben von Yoshida (1982) sind zwei verschiedene Betriebsbereiche zu unterscheiden: erstens ein Bereich mit „ruhiger" Belüftung, welcher Gasleerrohrgeschwindigkeiten um 3 bis 5 cm · s^{-1} umfaßt, und zweitens ein turbulenter Bereich für Blasensäulen mit großen Luftmengen. Die Art des Lufteintrages spielt nur im Falle der niedrigen Belüftungsmengen eine Rolle. $K_L a$ variiert bei Luftgeschwindigkeiten bis 5 cm · s^{-1} direkt mit $(V_s)^{0.9}$. Die größten erreichbaren $K_L a$-Werte liegen hier bei etwa 250 h^{-1}.

Schließlich spielt der Druck eine große Rolle bei der Sauerstoff-Absorptionskapazität, da die Sauerstoff-Löslichkeit durch den Druck vergrößert wird.

Beispiel:

Ein niedriger Bioreaktor wird mittels Blasen belüftet. Der Druck beträgt 1 bar, somit entspricht $C^* = 0.20$ mmol · L^{-1}. Unter der Annahme, daß $C_L = 0.05$ mmol · L^{-1} und daß $K_L a = 100$ h^{-1}, beträgt der Sauerstoff-Übergang $K_L a \cdot C^* = 15$ mmol · L^{-1} · h^{-1}. Welche Übergangsrate würde man erhalten, wenn dasselbe Belüftungssystem in einer hohen Kolonne bei einem hydrostatischen Druck von 2 bar eingebaut wäre? Es gilt die Annahme, daß die Gasphase nicht gemischt ist, daß aber die Flüssigkeit homogen einen C_L-Wert von 0.05 mmol · L^{-1} enthält.

Lösung:

Die größte Veränderung tritt bei der Grenzfläche a auf. Diese verhält sich umgekehrt proportional zum Druck $(p)^{2/3}$; d.h. (Blasenfläche) $\sim$ (Blasenvolumen)$^{2/3}$.
Somit gilt:

$$K_L a \text{ (Boden)} = 100 \left(\frac{1}{2^{0.67}} \right) = 62.9 \text{ h}^{-1} \,.$$

Gleichzeitig wird auch die Löslichkeit C^* am Boden beeinflußt, und zwar wird diese unter den neuen Bedingungen 0.42 mmol · L^{-1} betragen.

Deshalb erhält man am Boden der großen Kolonne einen Sauerstoff-Übergang von:

$$K_L a(C^* - C_L) = 62.9\,(0.40 - 0.05)$$
$$= 22\ \text{mmol} \cdot \text{L}^{-1} \cdot \text{h}^{-1}.$$

Die Absorptionswirtschaftlichkeit E vergleicht den Sauerstoff-Übergang mit dem zur Erzielung der Absorptionsleistung notwendigen Energieeintrag, sie wird ausgedrückt in $\text{kg}_{\text{absorbiert}} \cdot \text{kW}^{-1}\,\text{h}^{-1}$ (bezogen auf Sauerstoff). Die Wirtschaftlichkeit ist auch in biologischen Abwasserreinigungsanlagen wichtig, macht doch diese Zahl den größten Anteil an den Betriebskosten aus.

Mit den in der Praxis verwendeten Werten für Leistungsaufnahme und Sauerstoff-Belüftungsraten sind Wirtschaftlichkeitswerte zwischen 1 und 4 $\text{kg} \cdot \text{kW}^{-1}\,\text{h}^{-1}$ zu erwarten (vgl. Tab. 6-2). Dabei korreliert die Absorptionsgeschwindigkeit wie folgt mit der spezifischen Leistungsaufnahme (Finn, 1969):

$$E = \frac{0.032\,K_L a \cdot C^*}{P_g/V,} \tag{6-12}$$

wobei $K_L a \cdot C^*$ in $\text{mmol} \cdot \text{L}^{-1} \cdot \text{h}^{-1}$ und P_g/V in $\text{kW} \cdot \text{m}^{-3}$ ausgedrückt sind. Die Gl. (6-12) ist nicht geeignet zum Vergleich von Belüftungssystemen, wenn die Löslichkeit, C^*, stark verändert wird. Sigurdson and Robinson (1977) haben daher das Verhältnis $K_L a V/P_g$ als bedeutungsvolleres Kriterium der Wirtschaftlichkeit dargestellt.

In jedem Fall ist der Zusammenhang zwischen $K_L a$ und der spezifischen Leistungsaufnahme zu beachten. Angenommen, der $K_L a$-Wert in einem gerührten Reaktor nimmt gemäß $(P_g/V)^{0.8}$ zu, während er in einem anderen Belüftungssystem nur mit dem Exponenten 0.4 (für P_g/V) steigt (Ziegler et al., 1977), so wird eine Erhöhung des Leistungseintrages im zweiten Falle weniger effizient sein.

In der klassischen Arbeit von Cooper et al. (1944) zur Sulfit-Methode wurden Werte für $K_L a$ von 60 $\text{mmol} \cdot \text{L}^{-1} \cdot \text{h}^{-1}$ erreicht. Aus der Arbeit läßt sich eine Absorptionswirtschaftlichkeit von 1.2 $\text{kg} \cdot \text{kW}^{-1}\,\text{h}^{-1}$ berechnen.

Downing and Wheatland (1962) sammelten viele Daten aus biologischen Abwasserreinigungsanlagen. Daraus ergaben sich Werte zwischen 2 und 2.5 $\text{kg} \cdot \text{kW}^{-1}\,\text{h}^{-1}$. Der von der Firma ICI entworfene Bioreaktor (vgl. Abb. 6-14) soll eine Absorptionswirtschaftlichkeit von bis zu 3.3 $\text{kg} \cdot \text{kW}^{-1}\,\text{h}^{-1}$ erreichen (Kubota et al., 1978).

Schließlich ist noch die Sauerstoff-Effizienz in Beziehung zum Sauerstoff-Eintrag zu bringen. Die Sauerstoff-Effizienz entspricht dem Verhältnis von Sauerstoff-Eingangskonzentration (Volumenanteil Sauerstoff im eintretenden Gas) und -Ausgangskonzentration (Volumenanteil im austretenden Gas). Große Belüftungsmengen haben oft zur Folge, daß die Abluft nur einen wenig geringeren Gehalt an Sauerstoff hat als die Zuluft. In größeren Bioreaktoren ist die Differenz allerdings bemerkenswerter. Oft ist eine große Sauerstoff-Effizienz allerdings nicht gefragt, da die Belüftungsluft ein relativ billiges Betriebsmittel darstellt.

6.1.7 Nicht-Newtonsche Nährlösungen

Die Stofftransportprobleme im Zusammenhang mit nicht-Newtonschen Flüssigkeiten sind im Kap. 4 behandelt worden. Es wurde empirisch ermittelt, daß in vielen Antibiotika-Prozessen kleine Rührer den Sauerstoff viel effizienter dispergieren als große Rührer. Diese Beobachtung war an sich überraschend, denn man kann annehmen, daß die Energiedissipation mit zunehmendem Abstand vom Rührer sehr schnell abnimmt. In nicht-Newtonschen Flüssigkeiten sind aber die Scherkräfte, welche durch kleine, schnell laufende Rührer erzeugt werden, vorteilhaft. Sie zerschlagen große Luftblasen, welche sich im Bereich des Rührers ausbilden.

Eine quantitative Beschreibung mittels lokaler Energiedissipation in der engeren Rührerzone geben Reuss et al. (1982). Die Autoren betrachteten die Nährlösung mit filamentösen Organismen als strukturiert in sphärische Elemente, bei welchen Diffusionsvorgänge gelten, wie sie in Abschn. 4.2.2 beschrieben sind.

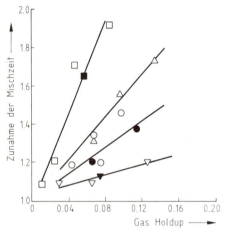

Abb. 6-6. Abhängigkeit der Mischzeitenzunahme (Verhältnis der Mischzeit im belüfteten zu derjenigen im unbelüfteten Zustand) vom Gas Holdup in einem Scheibenrührersystem. Die spezifische Leistungsaufnahme bleibt für alle Versuche konstant. – Viskositäten: $\nabla = 1 \cdot 10^3$ Pa · s; $\bigcirc = 30 \cdot 10^3$ Pa · s; $\triangle = 240 \cdot 10^3$ Pa · s; $\square = 600 \cdot 10^3$ Pa · s (Einsele and Finn, 1980).

Ein weiteres Problem stellt die Verlängerung der Mischzeit bei der Belüftung viskoser Nährlösungen dar (Einsele and Finn, 1980). Abb. 6-6 zeigt dieses Verhalten. Die Mischzeit in belüfteten Medien steigt als Funktion des Gasgehaltes in der Lösung sehr stark an, wobei dieser Effekt mit zunehmender Viskosität noch verstärkt wird. Die Daten in Abb. 6-6 stammen aus Versuchen mit Newtonschen Flüssigkeiten. Das Verhalten dürfte aber für pseudoplastische Nährlösungen noch ausgeprägter sein.

Die adäquate Belüftung einer Bakterienkultur, welche wasserlösliche Polymere (z.B. Xanthan) produziert, gilt als besonders schwieriges Problem. Eine derartige Lösung hat eine scheinbare Viskosität von mehreren Tausend mPa · s. Zudem zeigen die Nährlösungen nicht-Newtonsches Fließverhalten. Abb. 6-7 zeigt, daß der Sauerstoff-Transfer in solche Lösungen sehr klein ist. Immerhin ist es möglich, solche Biosysteme besser mit Sauerstoff zu versorgen, indem man mehrere Rührer einbaut, welche schmaler ausgebildet sind. Die Drehzahlen liegen dann bei gleichem Leistungsaufwand höher.

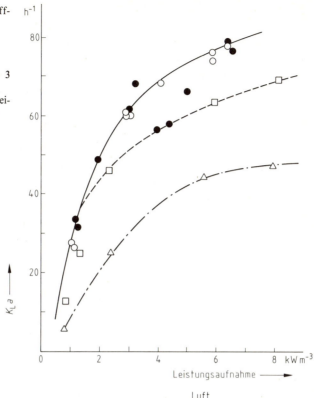

Abb. 6-7. Verbesserung des Stofftransportes durch Veränderung der Rührerkonfiguration. – △ Standard-Rührer (18 cm Durchmesser); □ 2 Standard Rührer (10 cm Durchmesser); ● 3 schmale Scheibenrührer (10 cm Durchmesser), ○ 2 schmale Scheibenrührer (10 cm Durchmesser) (Swallow, 1979).

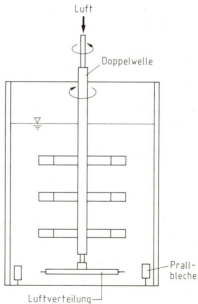

Abb. 6-8. Spezialrührsystem zum Belüften und Durchmischen von sehr viskosen Lösungen; das Dispergierorgan und die Rührer drehen entgegengesetzt (Mersmann, 1983).

Kürzlich wurde ein neuartiges Begasungssystem bekannt (Mersmann et al., 1983), welches speziell zur Belüftung hochviskoser Lösungen geeignet ist (Abb. 6-8). Auf einer Hohlwelle sitzt ein Begaser, durch dessen radial gerichtete Düsen das Gas strömt. Auf einer zweiten Welle befinden sich Rührer, deren Aufgabe allein die Umwälzung der Flüssigkeit ist. Beide Wellen drehen getrennt. Das Verhältnis von Rührer zu Reaktordurchmesser ist sehr groß. Im Bereich der Blasenbildung befinden sich sehr kurze Strombrecher, die ein Mitrotieren der Flüssigkeit verhindern.

6.1.8 Alternative Belüftungssysteme

Für Kulturen mit sehr geringen Sauerstoff-Bedürfnissen (z. B. Pflanzenzell- oder Tierzellkulturen) sind Belüftungssysteme auf der Basis der Sauerstoff-Diffusion durch Schläuche entwickelt worden. In einem derartigen System wird Luft bzw. Sauerstoff durch einen Schlauch geleitet, der sich in der Nährlösung im Innern des Reaktors befindet. Der durch den Schlauch diffundierende Sauerstoff gelangt ins Medium und dient zur biologischen Oxidation. Damit werden die durch aufsteigende Blasen hervorgerufenen Scherkräfte umgangen.

Schließlich ist noch die elektrochemische Sauerstoff-Versorgung zu erwähnen (Sadoff et al., 1956). Hier werden feine Sauerstoff-Bläschen durch elektrolytische Zerlegung des Wassers in Sauerstoff und Wasserstoff erzeugt. Diese Anordnung hat den Vorteil, daß durch das Strom/Spannungsverhältnis genau diejenige Menge Sauerstoff in die Nährlösung gebracht werden kann, welche für die biochemische Oxidation notwendig ist. Dabei entstanden jedoch Probleme durch die Oxidation von Nährlösungskomponenten, was zu unerwünschten Nebenprodukten führte. Auch die elektrochemische Sauerstoffversorgung könnte geringe Sauerstoffbedürfnisse unter Vermeidung von Scherkräften befriedigen. Es liegen jedoch keine neuen Ergebnisse vor.

6.2 Reaktorsysteme

6.2.1 Allgemeine Anforderungen an Bioreaktoren

Die Bedeutung des Bioreaktorentwurfes für die Leistungsfähigkeit eines im technischen Maßstab durchgeführten mikrobiologischen Prozesses ist in neuerer Zeit immer stärker gewachsen. Während ursprünglich Oberflächenreaktoren und einfachste Belüftungssysteme ausreichten, um den Anforderungen der Technik zu genügen, erkannte man bald, daß eine Erhöhung der Produktivität bei aeroben Züchtungen durch grundlegende Veränderungen mit Submers-Reaktoren erreicht werden kann. Wie noch gezeigt werden wird, erprobt man Reaktorsysteme, bei denen alle durch technische (äußere) Einflüsse gegebenen Faktoren derart optimierbar sind, daß bei der Prozeßdurchführung die Leistungsfähigkeit des Mikroorganismen-Stammes zum limitierenden Faktor wird. Obwohl damit noch keineswegs feststeht, daß derartige Reaktorsysteme im großtechnischen Maßstab zu ökonomisch interessanten Prozessen führen, wird damit doch eindeutig die Entwicklungstendenz vorgezeichnet.

An die Gestaltung eines Bioreaktors wird eine Vielzahl von Anforderungen gestellt, nämlich:

- Erzielung einer großen Grenzfläche Gas/Flüssigkeit;
- große Sauerstoff-Übergangswerte;
- homogene Verteilung aller Reaktanden im Bioreaktor,
- insbesondere Vermeidung von schlecht durchmischten Zonen;
- Eignung auch zur Durchmischung hochviskoser, nicht Newtonscher Flüssigkeiten;
- effiziente Wärmeabführung;
- Schaumbildung muß verhindert oder zerstört werden;
- Ausrüstungen müssen robust und unkompliziert sein;
- Materialien dürfen die Stoffwechselphysiologie nicht beeinflussen;
- sterile Prozeßdurchführung muß gesichert sein;
- System muß zur Maßstabsvergrößerung geeignet sein;
- Energieverbrauch des Rührsystems muß niedrig sein;
- System sollte flexibel sein im Hinblick auf verschiedene Prozeßanforderungen.

Es ist offensichtlich, daß nicht alle Anforderungen gleichzeitig und optimal zu erfüllen sind.

Viele Überlegungen im Zusammenhang mit dem Entwurf von Bioreaktoren sind abgeleitet oder hergeleitet aus ähnlichen Überlegungen beim Bau chemischer Reaktoren (Moo-Young and Blanch, 1981). Ein Bioreaktor ist im Grunde genommen nichts anderes als eine Vorrichtung, welche die Durchführung einer biochemischen Reaktion ermöglicht. Übrigens hat der Ausdruck „Bioreaktor" die früher allgemein übliche Bezeichnung „Fermenter" abgelöst. Die Bezeichnung „Fermenter" oder „Fermentation" ist deshalb nicht richtig, weil darunter spezifisch mikrobielle Reaktionen in Abwesenheit von Sauerstoff zu verstehen sind. Dies ist in den meisten Fällen (aerobe Züchtungen) aber gerade nicht der Fall.

Unterschiede zwischen den Entwurfsgrundlagen eines Bioreaktors und denjenigen eines Chemiereaktors

Die Anwendung der Auslegungsprinzipien für chemische Reaktoren ist grundsätzlich auch für Bioreaktoren sinnvoll. Allerdings sind diese klassischen Entwurfsgrundlagen nur bedingt übertragbar, weil mikrobielle Reaktionen spezifische Phänomene aufweisen, z.B.:

a) Die Dichte der suspendierten Mikroorganismen-Zellen ist annähernd gleich groß wie diejenige des sie umgebenden Mediums. Damit ist die Relativ-Geschwindigkeit zwischen der dispergierten und der kontinuierlichen Phase klein. Diese Situation ist völlig anders z.B. im Fall von Schwermetall-Katalysatoren, welche in chemischen Reaktionen eingesetzt werden.

b) Die Größe der einzelnen Zelle (also die Größe des mikrobiologischen Katalysators) ist sehr klein verglichen mit der Größe eines chemischen Katalysators. Es ist deshalb schwieriger, im mikrobiologischen System große Partikel-Reynoldszahlen zu erreichen.

c) Das Fließverhalten der Reaktionslösung wird durch das Ausscheiden von polymeren Stoffwechsel-Produkten einerseits und durch die Bildung von Myzelstrukturen andererseits sehr stark beeinflußt. Diese wechselnden Rheologien erschweren den Entwurf von Bioreaktoren sehr.

d) Sehr oft bilden die Mikroorganismen, speziell einige Pilzformen, relativ große Zellagglomerate (Klumpen oder Myzelpellets). Der Stoffaustausch in diesen Partikeln ist limitiert durch Diffusion und kann durch adäquate Rühr- und Mischvorrichtungen kaum beeinflußt werden.

e) Mikroorganismen produzieren meistens Kohlendioxid, welches aus der Umgebung der Zellen entfernt werden muß, weil der Zellmetabolismus sonst beeinflußt bzw. gehemmt werden könnte.

f) Biochemische Reaktionen erfordern im allgemeinen die Einhaltung enger Toleranzgrenzen (z. B. Feststoff-Konzentrationen, pH-Wert, Temperatur). Werden diese überschritten, so kann es zu irreversiblen Schädigungen kommen.

g) Die Konzentrationen der Edukte und Produkte sind bei einer Bioreaktion meistens sehr klein. Das Konzentrationsgefälle als treibende Kraft für den Stofftransport dieser Stoffe ist deshalb ebenfalls sehr klein und kann den Stoffaustausch nur unwesentlich beeinflussen.

h) Reaktionsgeschwindigkeiten für mikrobiologische Prozesse sind kleiner als chemische Reaktionsgeschwindigkeiten. Bioreaktoren sind deshalb im allgemeinen größer als chemische Reaktoren, und für kontinuierliche Prozesse sind längere Aufenthaltszeiten notwendig.

Auswirkungen der sterilen Prozeßführung auf den Bioreaktorentwurf

Aiba et al. (1973) haben für den Konstrukteur und den Hersteller von Bioreaktoren die folgenden „Regeln" aufgestellt:

1. Zwischen dem sterilen und dem unsterilen Bereich des Bioprozesses sollten keine direkten Verbindungen bestehen. Es ist bekannt, daß Mikroorganismen durch geschlossene Ventile wachsen können.
2. Flanschverbindungen sind nur sparsam einzusetzen. Durch Vibrationen und Wärmeausdehnungen können Flanschverbindungen undicht werden und Kontaminationen verursachen.
3. Unsaubere Schweiß-Stellen sind zu vermeiden. Es können darin Feststoff-Partikel zurückbleiben, die beim Sterilisieren Schwierigkeiten machen.
4. Tote Zonen (insbesondere bei Zuleitungen oder Ventilen) sind zu vermeiden. Wiederum können sich Feststoffe absetzen oder Polster bilden, welche eine erfolgreiche Sterilisation des gesamten Bioreaktor-Raumes unmöglich machen.
5. Es sollte möglich sein, daß einzelne Systeme des Bioreaktors separat sterilisiert werden können.
6. Jede Verbindung zum oder vom Reaktor ist mit einem Dampfanschluß zu versehen. Damit soll sichergestellt sein, daß diese Ein- und Ausgänge keine Ursachen für Kontaminationen bilden.
7. Spezielle Beachtung ist den Ventilen zu schenken. Sie sollen einfach zu reinigen und zu sterilisieren sein.
8. Üblicherweise ist ein Überdruck im Bioreaktor von Vorteil, denn damit ist sichergestellt, daß sich eine Leckage des Bioreaktors immer nach außen auswirkt und damit keine Infektion verursacht.

Die meisten der oben dargelegten Punkte betreffen den sterilen Betrieb von Bioreaktoren, was in der Tat eine für die Biotechnologie schwierige und entscheidende Anforderung ist. Ein speziell für Bioreaktoren entwickeltes Bereichskonzept sei hier dargestellt (Samhaber, 1983): Die Überlegungen zielten darauf ab, um den Bioreaktor herum einen in sich geschlossenen Bereich zu schaffen, der quasi als Schutzgürtel für einen sterilen Betrieb sorgen soll. Ferner ist diese Peripherie so zu gestalten, daß sie als Ganzes, daß aber auch Teilsysteme sterilisiert werden können. Dadurch dürfen die Züchtung oder die übrigen Peripheriesysteme, die sich gerade in Betrieb befinden, nicht beeinträchtigt werden. Jede Verbindung der Infrastruktur mit dem Bioreaktor ist also über diese Peripherie zu führen.

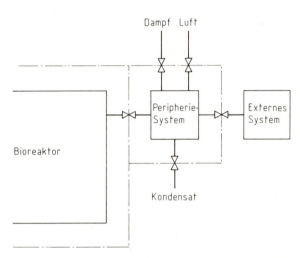

Abb. 6-9. Funktionsschema des Peripherie-Systems.

In Abb. 6-9 ist schematisch der Anschluß eines externen Systems, wie z. B. eines Impftanks, an den Bioreaktor gezeigt. Die gestrichelten Linien sollen die Grenzen des Peripherie- und des Bioreaktorbereiches verdeutlichen. Die Überimpfung wird hier in folgender Weise ausgeführt: Nach dem Anschließen eines externen Systems muß die Verbindungsleitung sterilisiert werden, dies wird in einem Programmschritt durchgeführt. Voraussetzung dafür ist natürlich, daß auch der Impftank mit einem entsprechenden Peripheriesystem ausgestattet ist, das an die Programmsteuerung angeschlossen werden kann. Nach dem mechanischen Anschluß der Impfleitung werden hier in einem ersten Schritt die beiden Peripheriesysteme gemeinsam mit der Verbindungsleitung sterilisiert. Durch diese Sterilisation wird eine Kopplung des Bioreaktors mit dem Impftank durch eine keimfreie Brücke erreicht.

Nach dem Ende dieser Sterilisation und nach der Abkühlung des Leitungssystems kann die Überimpfung durchgeführt werden. In Abb. 6-10 ist eine vereinfachte Schnittdarstellung der interessierenden Apparateteile eines Peripheriesystems gezeigt. Die Grenzen des Sterilbereiches dieses Systems sind durch das Sterilfilter und die beiden Balgventile festgelegt. Die Auswahl jener Ventile, die in diesem Bild durch ein Ventilsymbol dargestellt sind, ist hinsichtlich steriler Betriebsanforderungen unwesentlich. Hingegen ist bei der Wahl des Reaktorventils und des Ventils vor dem Kondensatsammler streng auf die Sterilisierungseignung zu achten. So entspricht das Balgventil weitgehend den gestellten Anforderungen: Es besitzt keine

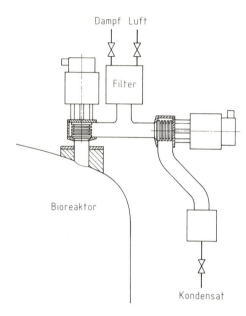

Abb. 6-10. Schnitt durch ein Peripheriesystem, (man beachte die beiden Balgenventile).

Stopfbüchse und kann von beiden Seiten auch im geschlossenen Zustand sterilisiert werden, wobei aufgrund des Ventilkonzeptes das gesamte Kondensat aus dem Ventilbereich nach beiden Seiten frei ablaufen kann. Die gesamte Peripherie einer Anlage wird aus derartigen Einzelsystemen aufgebaut und stellt damit die einzige Verbindungsmöglichkeit zwischen der Infrastruktur und dem Bioreaktor dar.

Materialien für die Bioreaktorkonstruktion

Der Materialfrage ist ebenfalls eine große Bedeutung zuzumessen. Oft sind Spuren von Metallverunreinigungen, welche in den verwendeten Konstruktionsmaterialien vorhanden sind, die Ursache von unbeabsichtigten Wachstumshemmungen. Eine kürzlich erschienene Arbeit (Sonnleitner et al., 1982) demonstriert sehr eindrücklich, wie Bioreaktoren aus rostfreiem Stahl minderer Qualität das Wachstum von Mikroorganismen hemmen können. In der gleichen Arbeit wird auch darauf hingewiesen, daß Schlauchverbindungen aus Polypropylen oder Polyacetal das Wachstum hemmen können. Es wäre aber falsch, diese Hemmeffekte zu verallgemeinern; vielmehr handelt es sich um spezifische Hemmstoff-Organismus-Interaktionen.

Am häufigsten finden Borsilikatglas sowie rostfreier Stahl Verwendung. Bioreaktoren bis zu 20 – 30 Liter sind oft aus Glas. Derartige Laborgeräte haben den Vorteil, daß die Reaktionen ständig beobachtet werden können. Größere Reaktoren sind in allen Fällen aus rostfreiem Stahl konstruiert. Dabei ist unbedingt zu vermeiden, daß beim gleichen Reaktor verschiedene Konstruktionsmaterialien verwendet werden.

Notwendigkeit der Weiterentwicklung von Bioreaktoren

Dadurch, daß Bioreaktoren immer größer werden und immer größere Leistungen zu erbringen haben (z. B. höherer Sauerstoff-Eintrag), steigen sowohl Investitionskosten als auch Betriebskosten für derartige Bioprozesse. Beide sind aber — um die biotechnisch erzeugten Produkte konkurrenzfähig zu machen — niedrig zu halten. Die Betriebskosten, bestehend aus den Energiekosten (Rühren und Belüften) und den Kühlkosten (Wärmeabfuhr) sind durch geeignete Maßnahmen zu minimieren. Neuentwicklungen von Bioreaktoren müssen einerseits die homogene Durchmischung gewährleisten, andererseits aber mit möglichst kleinen spezifischen Energieleistungen arbeiten. Schließlich stellen immer größer werdende Bioreaktoren größere Anforderungen bei der Konstruktion (Festigkeit, Dichtung, Wärmeübergangsfläche).

6.2.2 Einteilungskriterien

Bioreaktoren werden in Analogie zu Chemiereaktoren sehr oft als Dispergierapparate (Gas/Flüssigkeit) bezeichnet. In beiden Fällen ist zum Begasen von Flüssigkeiten eine große Phasengrenzfläche zwischen Flüssigkeit und Gas erwünscht. Die Erzeugung dieser Grenzfläche benötigt Energie. Es ist deshalb möglich, Bioreaktoren nach der Art des Energieeintrages (zur Erzeugung von Grenzflächen) zu unterteilen (ausführliche Darstellung bei Schügerl, 1980).

Der Energieeintrag kann auf verschiedene Arten erfolgen:

a) durch den Einbau von Rührorganen in den Bioreaktor;
b) durch eine Flüssigkeitspumpe in einem externen Kreislauf;
c) durch Begasung ohne Anwendung eines mechanischen Elementes.

Bioreaktoren mit Rührorganen

Mit Rührern versehene Bioreaktoren sind sehr weit verbreitet. Man trifft sie in den verschiedensten Bioprozessen an. Man spricht sogar vom Standardbioreaktor beim Reaktor mit den folgenden Abmessungen (Finn, 1954):

$D_i/D_t = 0.34$
$H_L/D_t = 1.0 - 3.0$
Prallblechbreite: $1/10\ D_t$
Abstand zwischen den Rührern: D_i,
(bei mehreren Rührern)
wobei:
H_L Flüssigkeitshöhe
D_i Rührerdurchmesser
D_t Reaktordurchmesser.

Sowohl den Variationen der Abmessungsverhältnisse als auch den Rührerformenvariationen sind keine Grenzen gesetzt. Es würde den Rahmen sprengen, alle Rührerformen explizit zu beschreiben und zu vergleichen.

Eine Haupteinteilung unterscheidet *radial* fördernde und *axial* fördernde Rührer. Die entsprechenden Fließmuster im Bioreaktor wurden bereits in Abb. 6-2 dargestellt.

Besonders radial fördernde Rührer werden oft mehrfach übereinander angeordnet installiert (sog. Multistage-Rührer, Abb. 6-11 A). Viele Varianten sind ferner durch den Einbau von Leitrohren möglich. Diese Leitrohre verleihen der Strömung bestimmte Fließrichtungen; es ergeben sich Zwangsrezirkulationen. Solche Bioreaktoren mit Leitrohren nennt man Schlaufenreaktoren mit interner Umwälzung (Abb. 6-11 B), im Gegensatz zu denjenigen mit externer Rezirkulation (z. B. Abb. 6-13). Der mechanisch durchmischte Bioreaktor kann sowohl hoch und schlank (Abb. 6-13 B) als auch horizontal angeordnet (Torus Abb. 6–11 D) sein.

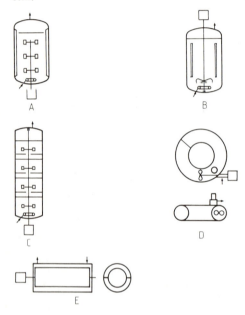

Abb. 6-11. Bioreaktoren mit mechanischen Rührvorrichtungen (Rührer). – A Scheibenrührer (Multistage), B Propellerrührer mit Leitrohr, C Kolonnenreaktor mit Mehrfachrührer, D Torus-Bioreaktor, E Dünnschichtreaktor, F Scheibenreaktor, G Schaufelreaktor.

Es ist erstaunlich, wie viele neue Bioreaktoren mit mechanisch erzeugter Durchmischung in den letzten Jahren entwickelt worden sind. Zwei Anliegen waren ursächlich daran beteiligt:

1. Intensive, den gesamten Reaktorinhalt umfassende Umwälzung unter minimalem Energieaufwand, die auch jegliches Sedimentieren oder Anwachsen der Zellen (Wandwachstum) unmöglich macht, sowie

2. die Möglichkeit, den Reaktor möglichst komplett mit dem Mehrphasengemisch gefüllt betreiben zu können (keine stehende Schaumkrone).

Diesen Anforderungen wurde vor allem bei der Entwicklung des total gefüllten Bioreaktors (Einsele und Karrer, 1980) sowie beim Torus (Läderach, 1979) Rechnung getragen. Im total gefüllten Bioreaktor (Abb. 6-12) entfällt der sonst ungenutzte, leere Kopfraum. Der Reaktor wird mit einem Gemisch von bis zu 90% Flüssigkeit gefüllt (der Rest ist Gasholdup). Die zugeführte Luft wird durch den Schaumseparator (oben) wieder entfernt. Im Torus (Abb. 6-11 D) wird der Stoffaustausch durch eine kreisförmige Bewegung innerhalb eines von einem Torus begrenzten Volumens verwirklicht. Im Torus-Reaktor wird die Durchmischung noch zusätzlich gefördert durch die intensive Quervermischung gekrümmter Strömungen.

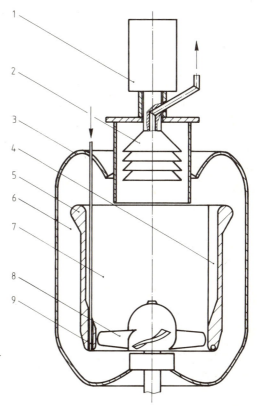

Abb. 6-12. Total gefüllter Bioreaktor mit Schaumseparator. – 1 Antriebsmotor mit Schaumseparator, 2 Schaumseparator, 3 Reaktorwand, 4 Prallbleche, 5 Leitrohr, 6 äußeres Volumen, 7 inneres Volumen, 8 Propeller, 9 Belüftung.

Dünnschichtbioreaktoren erzeugen sehr große Grenzflächen Gas/Flüssigkeit und ermöglichen so die mikrobielle Reaktion in dünnen Filmen. Sie sind schon seit längerer Zeit bekannt, erleben jetzt aber im Zusammenhang mit der Züchtung von Geweben pflanzlicher oder tierischer Herkunft eine Renaissance. Die dünnen Schichten werden z. B. mit rotierenden Walzen erzeugt (Dünnschichtbioreaktor, Abb. 6-11 E). Es sind aber auch sogenannte Scheiben-Bioreaktoren denkbar, bei welchen sich viele Scheiben in der Nährlösung drehen (Abb. 6-11 F). Schließlich bleibt noch der Walzenbioreaktor zu erwähnen. In diesem Fall dreht sich eine mechanisch bewegte Walze in einem Nährlösungstank (Abb. 6-11 G).

Bioreaktoren mit Energieeintrag durch eine Flüssigkeitspumpe in einem externen Kreislauf

In diesen Reaktoren wird der gesamte Reaktorinhalt dauernd über einen externen Kreislauf umgewälzt. In diesem Kreislauf wird ein hochturbulenter Flüssigkeitsstrahl erzeugt; dieser dient einerseits zur Dispergierung der Begasungsluft und andererseits zur Umwälzung im eigentlichen Reaktorteil. Vier typische Beispiele dieses Reaktortyps sind in Abb. 6-13 schematisch dargestellt: Dazu zählen die Tauchstrahl-Reaktoren, die Strahlschlaufen-Bioreaktoren sowie die Blasensäulen mit Flüssigkeitsführung im Gegenstrom. Alle diese Bioreaktoren haben im eigentlichen Bioreaktorteil keine mechanisch bewegten Einbauten.

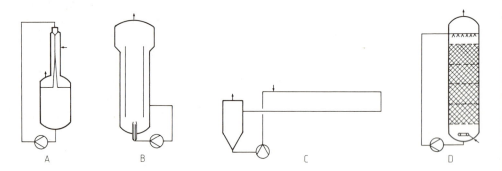

Abb. 6-13. Bioreaktoren mit Energieeintrag durch eine Flüssigkeitspumpe in einem externen Kreislauf. – A Tauchstrahlreaktor, B Strahlschlaufenreaktor, C Rohrschlaufenreaktor, D Blasensäulenreaktor mit externer Flüssigkeitspumpe im Gegenstrom zur Begasungsluft.

Die Konstruktion des *Tauchstrahlreaktors* (Vogelbusch-Bioreaktor) wurde erst möglich, nachdem eine Pumpe entwickelt worden war, welche ein 2-Phasen-Gemisch effizient fördern kann (vgl. Abb. 6-13 A). Diese Pumpe unterscheidet sich von konventionellen Pumpen u. a. darin, daß der Förderstrom am Eingang größer ist als am Ausgang der Pumpe, weil die Nährlösung in der Pumpe partiell entgast wird. Anschließend wird die Nährlösung in einem Fallschacht wieder mit Luft gesättigt. Dadurch, daß dieser Fallschacht wie eine Düse wirkt, wird die Luft angesaugt und mit der Flüssigkeit vermischt. Der so erzeugte 2-Phasen-Strahl trifft mit hohem Impuls von oben auf die Nährlösung im Reaktor. Dadurch entwickeln sich sehr hohe Turbulenzgebiete, der gesamte Reaktorinhalt wird umgewälzt.

Auf einem ähnlichen Prinzip beruht der *Strahlschlaufenreaktor* (Abb. 6-13 B) (Blenke, 1979). Allerdings wird hier der Gasstrom zusammen mit dem Flüssigkeitsstrahl von unten durch eine Ringdüse am Boden des zylindrischen Reaktors zugeführt.

Der 2-Phasen-Strahl erfüllt dabei drei Aufgaben:

- Möglichst gleichmäßige Verteilung aller Komponenten im gesamten Reaktionsraum und intensive Durchmischung der Phasen durch schnellen Umlauf des Reaktionsgemisches um die Einbauten, welche Zentralrohr oder Strömungsleitrohr genannt werden. Die Flüssigkeit fließt innen im Zentralrohr aufwärts und außen durch die konzentrische Kreisringfläche abwärts.
- Möglichst feine Zerteilung (Primärdispergierung) des in einer Gas-Ringdüse konzentrisch um den Flüssigkeitsstrahl zugeführten Gasstromes.
- Möglichst feine Zerteilung aller umlaufenden Komponenten beim wiederholten Durchströmen des Strahldüsenteils.

Blenke (1979) unterscheidet drei Typen von Strahlreaktoren: den Strahlschlaufenreaktor (SSR), den Strahldüsenreaktor (SDR) und den Freistrahlreaktor (FSR). Diese drei Typen unterscheiden sich durch verschiedenartige Einbauten. Der SSR ist ein schlanker Reaktionsturm mit einem konzentrisch eingebauten Strömungsleitrohr. Dieses soll in erster Linie eine möglichst gleichmäßige Durchmischung des gesamten Reaktorinhaltes bewirken. Im SDR ist der Düse ein Impulsaustauschraum, die Strahldüse, nachgeschaltet. Diese soll ein Entweichen des Gases aus dem Bereich des Flüssigkeitsstrahles verhindern und damit die Zerteilung der Gasphase verbessern. Der FSR schließlich besitzt keine zusätzlichen Einbauten zur Verbesserung der Zerteilung oder Verteilung des Gases.

Rohrschlaufenreaktoren (vgl. Abb. 6-13 C) stellen die extremste Form eines Bioreaktors mit externem Flüssigkeitskreislauf dar. Der eigentliche Bioreaktorraum ist nämlich identisch mit diesem Flüssigkeitskreislauf. Außer im Bereich der Schaumseparierung (zyklonartige Einrichtung) findet die mikrobiologische Reaktion ausschließlich in einem langen, dünnen Rohr statt. Der Rohrschlaufenreaktor hat den Vorteil, daß er mit seiner einfachen Geometrie durch wesentlich weniger Parameter bestimmt ist als klassische Rührkessel (Russell et al., 1974).

Allen Bioreaktoren mit Energieeintrag durch Kreislauf mit externer Flüssigkeitspumpe sind zwei Nachteile anzulasten, welche gerade in der Praxis der industriellen Anwendung nicht übersehen werden dürfen:

a) Probleme bei der Sterilhaltung des externen Kreislaufes
b) Schädigung von Mikroorganismen durch die Pumpe

zu a) Wie bereits im Abschn. 6.2.1 erwähnt, stellt die sterile Prozeßführung an die Konstruktion eines Bioreaktorsystems erhebliche Anforderungen. Diese zu erfüllen wird mit einem externen Kreislauf schwieriger. Dies gilt sowohl für die Phase der Sterilisation als auch die eigentliche Prozeßdurchführung.

zu b) Es ist bekannt, daß ein Rührorgan in einem Bioreaktor auch im Hinblick auf mögliche mechanische Schädigungen von Zellen oder Zellagglomeraten beurteilt werden muß. Die intensiven Scherkräfte in Pumpen und die hochturbulenten Strömungen in den Strahlreaktoren könnten sich negativ auswirken.

Bioreaktoren mit Energieeintrag nur durch Begasung ohne Anwendung eines mechanischen Elementes

In diesen Reaktoren wird die Energie ausschließlich durch die Gaszufuhr in den Bioreaktor eingebracht. Die Luft wird meistens von unten in den Reaktor geleitet. Der Energieeintrag ergibt sich dann aus den zur Kompression der Luft notwendigen Energien. Die Reaktoren selbst können ein- oder mehrstufig (z. B. Blasensäulen) gebaut sein oder aber interne oder externe Rezirkulationsströme haben (z. B. intern: Airlift-Bioreaktor). Die Beispiele sind in Abb. 6-14 dargestellt.

Abb. 6-14. Bioreaktoren mit Energieeintrag durch Begasen (ohne Anwendung eines mechanischen Elements). – A Blasensäule (1stufig), B Blasensäule (mehrstufig). C Mammutschlaufenreaktor, D Airliftreaktor, E ICI Deep shaft reactor.

Der Abstrom-Schlaufenreaktor ist vor allem in der Abwasserbehandlung anzutreffen, bekannt als ICI-Deep shaft-Reaktor (Kubota et al., 1978).

Der *Blasensäulen-Reaktor* (Abb. 6-14 A) ist gekennzeichnet durch eine Flüssigkeitssäule in einem vertikalen Rohr. Das zugeführte Gas wird durch Gasverteiler in der Flüssigkeit dispergiert, die entstandenen Gasblasen steigen in der Flüssigkeit auf und ermöglichen durch eine große Phasengrenzfläche einen guten Stoffaustausch zwischen den beiden Phasen. In den letzten Jahren ist der Blasensäulen-Reaktor mehr und mehr auch als Bioreaktor eingesetzt worden (Schügerl, 1981). Blasensäulen unterscheiden sich sehr wesentlich von den Rührkesseln. In einem Rührkessel wird das Gas durch ein Gaseinleitungsrohr (Primärdispergierorgan) grob dispergiert, während in einer Blasensäule das Gas durch einen statischen Begaser fein verteilt wird. Die daran anschließende sekundäre Dispersion findet in mehrstufigen Blasensäulen eventuell durch Zwischenböden statt; im Rührkessel hingegen werden die Blasen durch den Rührer fein dispergiert. Der Stofftransport in Blasensäulen wird neben der Art und Anordnung der Gasverteiler und den geometrischen Verhältnissen (Reaktorhöhe zu -breite) vor allem durch das Verhältnis von Gas- zu Flüssigkeitsmenge bestimmt.

Sehr weit verbreitet in der Biotechnologie sind die *Airlift-Bioreaktoren* (Abb. 6-14 D). Sie enthalten kein mechanisches Element im Reaktor, dadurch sind im allgemeinen die Scherkräfte kleiner als in klassischen Rührreaktoren. Airlift-Bioreaktoren werden deshalb oft für Gewebekulturen eingesetzt (siehe Abschn. 6.4.2).

6.2.3 Vergleich von Systemen

Um es gleich vorweg zu nehmen: Ein allgemein gültiger Vergleich von verschiedenen Reaktorsystemen ist unmöglich. Ein Reaktor kann niemals allen in der Einleitung dargelegten Anforderungen gerecht werden. In den meisten Fällen wird der Bioreaktor dem Bioprozeß angepaßt. Da es aber kein allgemein gültiges Kriterium zur Charakterisierung eines Bioprozesses gibt, kann auch kein Bioreaktor nach diesem Kriterium allgemein beschrieben werden.

Wie in Kap. 4 dargelegt, basieren sehr viele Überlegungen beim Entwurf eines Bioreaktors auf den Vorgängen während des Sauerstoff-Transportes. Es sei deshalb nochmals der Versuch unternommen, Bioreaktoren aufgrund ihrer Sauerstoffeintrag-Wirtschaftlichkeit zu vergleichen (vgl. Abschn. 6.1.6).

$$\text{Wirtschaftlichkeit} = \frac{\text{Sauerstoffeintrag}}{\text{Leistungseintrag}}$$

Der Sauerstoff-Übergang wird also dem hierfür notwendigen Energieaufwand gegenübergestellt. Tab. 6-2 zeigt einige typische Daten. Die in dieser Darstellung günstig erscheinenden Blasensäulen sind aber keineswegs die optimalsten Bioreaktoren, da es z. B. schwierig ist, darin hochviskose Nährlösungen zu belüften. Mit anderen Worten: Die Übersicht in Tab. 6-2 ist ein möglicher Vergleich. Zur Entscheidung über den effektiven Einsatz in einem gegebenen mikrobiellen Prozeß werden aber noch weitere, Prozeß-spezifische Größen notwendig sein.

Tabelle 6-2. Absorptionswirtschaftlichkeit (E) für verschiedene Begaser (vgl. Zlokarnik, 1980).

Begaser	Absorptionswirtschaftlichkeit E (kg · kWh^{-1})	Flüssigkeitshöhe H (m)
Scheibenrührer	2.0 bis 2.5	3
Propellerrührer	0.8 bis 1.1	3
Torus-Bioreaktor	1.0 bis 1.1	1
Tauchstrahlreaktor	0.88	10
Blasensäule (einstufig)	3.32	10
Blasensäule (mehrstufig)	3.39	10

Wobei: Wirkungsgrad für den Rührerantrieb: 0.9
Wirkungsgrad der Pumpe: 0.75
Wirkungsgrad des Kompressors: 0.60

6.3 Maßstabübertragung

6.3.1 Einführung

Ein mikrobieller Prozeß wird normalerweise über drei Stufen entwickelt; diese sind:

1. Stufe: Laborexperimente für grundlegene Abklärungen
2. Stufe: Versuche in Pilot-Anlagen (gelegentlich auch „Kilogramm-Labor" genannt), welche zum Ziel haben, die optimalen Betriebsbedingungen zu ermitteln und so die Voraussetzungen für die Übertragung auf die industrielle Stufe zu liefern.
3. Stufe: Produktionsanlagen; Entwicklung eines technisch optimalen, ökonomischen Prozesses.
(Siehe dazu Abb. 6-15.)

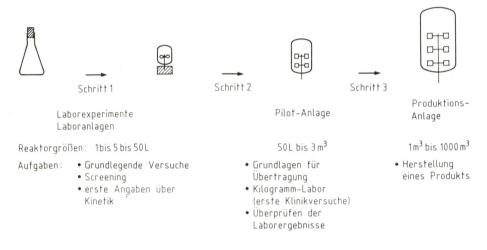

Abb. 6-15. Darstellung der Schritte bei der biologischen Maßstabsvergrößerung.

Die biologische Verfahrenstechnik hat im Rahmen der Maßstabvergrößerung eines Prozesses zwei Aufgaben zu unterscheiden:

Entweder geht es darum, einen im Labormaßstab und aufgrund von Marketing-Abklärungen erfolgversprechenden Prozeß auf die Produktionsgröße zu übertragen, oder es soll ein bereits im Industriemaßstab existierender Prozeß verbessert werden.

Im ersten Fall müssen die günstigsten Produktionsbedingungen auf den größeren Maßstab übertragen werden (scaling-up). Im zweiten Fall kann es durchaus sein, daß zunächst die Bedingungen des Produktionsverfahrens wieder in die Pilot-Anlage übertragen werden müssen (scaling-down), um dort die Umweltbedingungen der Industriestufe zu simulieren.

Die Bedingungen, die bei einer Prozeßübertragung beachtet werden müssen, umfassen einerseits *chemische Faktoren* (Substrat-, Nährstoffkonzentrationen etc.) und andererseits *physikalische Faktoren* (Stofftransport-Eigenschaften durch Mischung, Scherkräfte, Energieverteilung). Einige dieser Größen sind in Tab. 6-3 aufgeführt.

Tabelle 6-3. Chemische und physikalische Faktoren, die bei der Maßstabvergrößerung eines biologischen Prozesses eine Rolle spielen.

vom Reaktor	Einflüsse von der Reaktionsführung
Größenverhältnisse	Temperatur
Rührerdimensionierung:	pH-Wert
• Anzahl der Rührer	pH-Korrekturmittelzugabe
• Größe	pO_2
• Form	pCO_2
• Drehzahl	Redoxpotential
Prallblechgestaltung	Nährlösungszusammensetzung:
Belüftung:	• C-, N-, S-, P-Quellen
• Intensität	• Vitamine
• Gaszusammensetzung	• Spurenelemente
verwendetes Material	• komplexe Anteile
	Sterilisationsvorgang:
	• Dauer
	• Temperaturprofil
	Impfvorgang:
	• Alter der Impfkultur
	• Menge der Impfkultur
	• Anzahl Überimpfungen

Die Entwicklung eines biologischen Prozesses kann dann erfolgreich durchgeführt werden, wenn die für den jeweiligen Prozeß wichtigen Einflußgrößen bekannt sind. Wie in Abb. 6-15 dargelegt, bildet nach wie vor in der 1. Stufe die Züchtung im Schüttelkolben die Basis für den schrittweisen Aufbau eines biologischen Prozesses (z. B. Wahl der Nährlösungskomponenten, Stammauswahl, Züchtungsbedingungen). Die Abklärung der qualitativen und quantitativen Bedingungen dieses Systems liefert die Ansatzpunkte für die weitere Verfahrensentwicklung. Diese erste Stufe liefert bereits erste Angaben über Aufwand und Nutzen (Ausbeuten, Wachstumsgeschwindigkeiten etc.) des zukünftigen Produktionsverfahrens.

Es ist jedoch eine bekannte Tatsache, daß die Projektion der im Schüttelkolben gewonnen Resultate auf die Verhältnisse im Bioreaktor Einschränkungen unterliegt. Bei dieser Maßstabübertragung erfährt das System nämlich drastische Änderungen, es treten qualitativ und quantitativ neue Faktoren ins System ein. Wirkung von Scherkräften, Zugabe von Antischaummitteln, Erhöhung des Sauerstoff-Angebots). Auch können Züchtungsbedingungen, wie Temperatur oder pH-Wert, im Bioreaktor viel genauer konstant gehalten werden als im Schüttelkolben. So werden die beiden Faktoren Scherkräfte und Sauerstoff-Versorgung beim

Übergang vom Schüttelkolben auf den Bioreaktor die größte Rolle spielen und zu einer erheblichen Verschiebung in der Hierarchie der Einflußfaktoren (Tab. 6-3) führen. Diese Verschiebungen erfordern eine erneute Stabilisierung des Systems, was in der Regel zu Veränderungen im Substratverbrauch bzw. in der Biomassebildung führt.

Der zweite Schritt umfaßt die Übertragung der Labor-Bioreaktorergebnisse auf die *Pilot-Anlage*. Als Pilot-Anlagen werden Bioreaktoren der Größenordnung 50 L bis etwa 3000 L bezeichnet. Die Pilot-Anlage ist zur Durchführung einer Verfahrensstufe in einem gegenüber industriellen Großanlagen verkleinerten Maßstab konzipiert. Hauptzwecke der Pilot-Anlage sind:

- Experimentelle Untersuchung von Prozessen und Ausrüstungen (Testung von Modellen und Optimierung von Betriebsparametern);
- Erarbeitung von Grundlagen für die Auslegung von Industrieanlagen;
- Erzeugung zunächst geringer Mengen neuer Produkte für anwendungstechnische Untersuchungen (Klinikprüfungen) oder zur Einführung auf dem Markt.

In der Regel ist es bedeutend schwieriger, die Verhältnisse des industriellen Maßstabs in der Pilot-Anlage zu repräsentieren als Experimente vom (kleinen) Labor-Bioreaktor auf die Pilot-Anlage zu übertragen. Die Erarbeitung von Grundlagen in der Pilot-Anlage ist aber unerläßlich, um die Bedingungen für die spätere Produktion kennenzulernen.

Der dritte und zugleich bedeutsamste Schritt ist die Übertragung der Pilot-Ergebnisse auf die *Produktion*. Hier gilt es, die in den folgenden Abschnitten aufgezeichneten Regeln der Maßstabübertragung zu beachten.

Industrielle Bioreaktor-Anlagen bewegen sich in der Größenordnung von 5 m^3 bis zu mehreren 100 m^3. Zur Produktivitätssteigerung oder aus Rationalisierungsgründen werden heute Reaktoren von mehreren 1000 m^3 eingesetzt. Die Größe der in Bioprozessen eingesetzten Bioreaktoren hängt unter anderem von der Substratkonzentration sowie von der Kinetik des Prozesses ab. Als Faustregel zur Ermittlung von Reaktorgrößen können die Werte in Tab. 6-4 betrachtet werden.

Tabelle 6-4. Übersicht über Bioreaktorgrößen in Produktionsanlagen für verschiedene Prozesse.

Bioprodukt	Reaktorgrößen (m^3)
Sekundärmetabolite	30 bis 100
Einzellerbiomasse	100 bis 1000
Abwasserreinigung (biologische Stufen)	bis über 1000
Züchtung tierischer Zellen	1

Grundsätzlich spielt die Konzentration des Produktes im Reaktor eine entscheidende Rolle. So ist die mikrobielle Abwasserreinigung ein Prozeß, der in sehr verdünnten Substratkonzentrationen durchgeführt wird. Entsprechend sind die Arbeitsvolumina sehr groß. Ähnliches gilt für Reaktoren, in denen Massenprodukte (z. B. Biomasse) hergestellt werden. Je exklusiver ein Produkt ist, umso kleiner ist der Ansatz. Als Extremfall können die Züchtungen tierischer Zellen (siehe Spezialreaktoren) betrachtet werden. Hier kann ein einzelner Ansatz mit derart hohen Kosten verbunden sein, daß – um bei Ausfällen den Verlust zu reduzieren – die Reaktionsvolumina klein gehalten werden (z. B. 1 m^3).

Um die Bedeutung der Maßstabvergrößerung von Bioreaktoren zu illustrieren, sind in Tab. 6-5 einige Bioreaktorkapazitäten in Westeuropa befindlicher Reaktoren aufgezeigt (Hepner, 1978). Dabei handelt es sich nur um Prozesse, bei welchen ein mikrobielles Produkt synthetisiert wird; d.h. Reaktoren in der Abwasserbiotechnologie sind nicht enthalten. Die Zusammenstellung zeigt, daß etwa 2/3 der Gesamtkapazität von über 60 000 m^3 Reaktorinhalt zur Herstellung von Sekundärmetaboliten verwendet werden.

Tabelle 6-5. Geschätzte Bioreaktorkapazitäten in Westeuropa, geordnet nach Ländern (nach Hepner, 1978).

Land	Kapazität (m^3)	Hauptprodukte
Belgien	900	Enzyme, Antibiotica
Bundesrepublik Deutschland	7 500	Enzyme, Antibiotica, Steroide
Dänemark	3 000	Enzyme, Antibiotica
Finnland	1 300	Einzellerprotein, Enzyme, Gluconsäure
Frankreich	8 200	verschiedene Produkte
Großbritannien	10 800	verschiedene Produkte
Irland	4 200	Citronensäure, Tetracycline
Italien	13 000	Antibiotica, Glutaminsäure, Citronensäure
Niederlande	4 400	Penicilline, Enzyme, Organische Säuren, Antibiotica
Norwegen	350	Antibiotica
Österreich	2 000	Penicilline, Citronensäure, Alkaloide
Portugal	600	Antibiotica
Schweden	1 400	Antibiotica, Einzellerprotein, Polysaccharide
Schweiz	1 000	Steroide, Alkohol, Gluconsäure, Einzellerbiomasse
Spanien	4 500	Antibiotica, Milchsäure

6.3.2 Grundlagen

Die Grundlagen der Maßstabübertragung stammen aus der chemischen bzw. thermischen Verfahrenstechnik. Aufbauend auf der Ähnlichkeitstheorie, ist ein Reaktor so zu vergrößern, daß die Kenngrößen sowohl der geometrischen als auch der dynamischen Ähnlichkeit konstant bleiben. Diese Forderung führt aber zu einander widersprechenden Aussagen bezüglich der Dimensionierung eines Reaktors. Bei der Maßstabvergrößerung von Reaktoren – nicht nur bei Bioreaktoren – entsteht die Schwierigkeit, eine Vielzahl nicht miteinander verträglicher

Forderungen der Ähnlichkeitslehre in Einklang zu bringen. Die Lösung dieses Problems ergibt sich daraus, daß in den meisten Fällen eine einzige Kenngröße für den Gesamtvorgang von entscheidender Bedeutung ist, während die anderen eine vergleichsweise geringe Bedeutung haben. Dies spielt besonders auch bei der biologischen Verfahrensentwicklung eine wichtige Rolle. Zur Beurteilung einer Maßstabübertragung wäre also festzustellen:

a) Welche Kenngröße oder welcher Parameter beherrscht den Vorgang im Kleinmaßstab (Labor-, Pilotmaßstab)?
b) Kann der Reaktor unter Konstanthaltung der unter (a) gefundenen Größe vergrößert werden?
c) Beherrscht diese Kenngröße den Vorgang auch im großen Maßstab?

Punkt a) beinhaltet den Zusammenhang zwischen Betriebsgrößen und biologischen Daten; dies wird im folgenden „das biologische Konzept" genannt. Punkt b) ist dann die rein verfahrenstechnische, konstruktive Seite, bzw. „das physikalische Konzept".

Biologisches Konzept

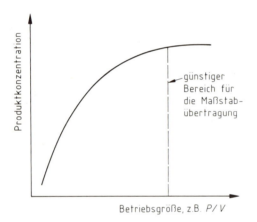

Abb. 6-16. Grundlagen der Maßstabsübertragung: Zusammenhang zwischen Produktkonzentration und spezifischer Leistungsaufnahme des Rührers (P/V).

Abb. 6-16 zeigt den Zusammenhang zwischen der Produktkonzentration eines mikrobiellen Prozesses und der spezifischen Leistung (P/V) des Bioreaktors. Diese Darstellung ist charakteristisch für jeden mikrobiellen Prozeß, vorausgesetzt, die Betriebsgröße der X-Achse ist diejenige Kenngröße, die den mikrobiellen Prozeß entscheidend beherrscht. Wie in der Abbildung angegeben, kann diese Größe z. B. die spezifische Leistungsaufnahme des Bioreaktors umfassen. Die relative Produktkonzentration nimmt zunächst mit wachsender spezifischer Leistungsaufnahme zu und erreicht ein Maximum. Wird dem Bioreaktor in diesem speziellen Fall eine noch höhere spezifische Leistung zugeführt, so nimmt die relative Produktkonzentration nicht mehr zu. Im Gegenteil kann es vorkommen, daß die Produktkonzentration für sehr hohe P/V-Werte wieder abnimmt, sei es als Folge zu hoher Energiedichte im Reaktor oder sei es als Folge anderer ungünstiger Bedingungen. Der günstigste Bereich für eine Maßstabvergrößerung ist nun derjenige Bereich, in welchem die maximale Produktkonzentration mit einem minimalen Wert für die Betriebsgröße erreicht wird. Dabei ist offensichtlich, daß der aus diesem biologischen Experiment hervorgehende günstige Bereich in einer zweiten Betrachtung untersucht werden muß. Es gilt nämlich zu prüfen, ob sich diese Bedingungen überhaupt in einem größeren Maßstab realisieren lassen. Beispielsweise könnte das biologische Konzept einen optimalen Bereich in der Gegend sehr hoher spezifischer Leistungseintragungen ergeben. In diesem Fall könnte die Maßstabvergrößerung an der sehr großen, kostenintensiven Durchmischung oder an der Unmöglichkeit, die entstehende Wärmemenge abzuführen, scheitern. Die in Abb. 6-16 gezeigte Abhängigkeit der Produktkonzentration von der spezifischen Leistungsaufnahme ist das Ergebnis von Untersuchungen im Labor- und im Pilot-Maßstab. Diese Abhängigkeit darf aber nicht verallgemeinert werden; sie wird von Organismus zu Organismus und von Prozeß zu Prozeß verschieden sein. In der Literatur sind derartige Korrelationen nur selten zu finden.

Beispiele:

Bei einer mikrobiellen Penicillin-Herstellung wurde eine eindeutige Korrelation zwischen dem Produkt-Titer und der spezifischen Leistungsaufnahme gefunden (Abb. 6-17). Es sind drei Bioreaktoren untersucht worden, wobei der Vergrößerungsfaktor jeweils etwa 1:10 betrug. Aus Abb. 6-17 ist ersichtlich, daß die Vergrößerung des Reaktors dann erfolgreich verläuft, wenn der spezifische Leistungseintrag mindestens $2 \text{ W} \cdot \text{L}^{-1}$ beträgt. In allen drei Reaktoren nimmt die Produktivität unter $2 \text{ W} \cdot \text{L}^{-1}$ sehr schnell ab.

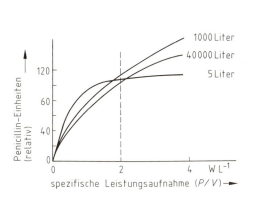
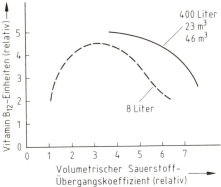

Abb. 6-17. Beispiel 1: Zusammenhang zwischen der Penicillin-Ausbeute und der spezifischen Leistungsaufnahme (für verschiedene Bioreaktorgrößen).

Ab. 6-18. Beispiel 2: Zusammenhang zwischen der Vitamin B_{12}-Ausbeute und dem volumetrischen Sauerstoff-Übergangskoeffizienten (für verschiedene Bioreaktorgrößen).

Das zweite Beispiel handelt von einer Vitamin B_{12}-Produktion. Bei dieser bakteriellen Züchtung ist die Produktbildung mit dem volumetrischen Sauerstoff-Übergangskoeffizienten korreliert worden. In Abb. 6-18 sind Versuche im Labor-Maßstab (8 L), im Pilot-Maßstab (400 L) sowie in Produktions-Bioreaktoren (23 m³ und 46 m³) dargestellt. Es ist auffallend, daß die Produktivität des Prozesses zuerst mit Zunahme des Sauerstoff-Übergangskoeffizienten ansteigt, aber nach einem Maximum wieder abnimmt. Ein zu großer Sauerstoff-Übergangskoeffizient ist für die Maßstab-Übertragung ungeeignet.

Physikalisches Konzept

Ist die im vorhergehenden Abschnitt beschriebene Kenngröße experimentell verifiziert, so geht es jetzt darum, ob diese Kenngröße nach physikalischen Kriterien auf den größeren Maßstab übertragen werden kann, und welche Auswirkungen dies auf die Dimensionierung des Bioreaktors hat.

Die folgenden Annahmen werden getroffen:

- Die geometrische Ähnlichkeit bleibt erhalten;
- die Nährlösungszusammensetzung sowie optimale Betriebsparameter, wie pH-Wert, Temperatur etc., bleiben bei der Maßstabsübertragung konstant;
- die Mikroorganismen sind über den gesamten Reaktorinhalt homogen verteilt.

Dann entstehen in der Flüssigkeit eines Bioreaktors (Volumen V) mit einem Rührer (Durchmesser D_i und Drehzahl N) die folgenden Proportionalitäten bezüglich P (Leistungsaufnahme des Rührers) und F (Pumpkapazität des Rührers):

$$P \sim N^3 D_i^5$$

$$V \sim D_i^3$$

$$F \sim N \cdot D_i^3 .$$

Einer dieser erwähnten (oder davon abgeleiteten) physikalischen Zusammenhänge wird nun bei der Maßstabvergrößerung – neben der geometrischen Ähnlichkeit – konstant gehalten. Es sind dies:

a) die spezifische Leistungsaufnahme, P/V:

$$P/V \sim N^3 D_i^2$$

b) die Flüssigkeitsumwälzung im Reaktor, F/V:

$$F/V \sim N$$

c) die Rührerspitzengeschwindigkeit, v:

$$v \sim N \cdot D_i$$

d) die modifizierte Reynoldszahl N_{Re}, $ND_i^2 \varrho/\eta$, wobei ϱ und η die Dichte bzw. die Viskosität der flüssigen Phase darstellen:

$$N \cdot D_i^2 \varrho/\eta \sim N \cdot D_i^2 .$$

Wie bereits erwähnt, können niemals mehrere dieser Zusammenhänge gleichzeitig konstant gehalten werden. Tab. 6-6 verdeutlicht dies anhand von Berechnungen über eine Maßstabsvergrößerung eines 80-Liter-Bioreaktors auf einen 10 000-Liter-Bioreaktor (linearer Vergrößerungsfaktor: 5, volumetrischer Vergrößerungsfaktor: 125). Bei diesen Berechnungen wird je einmal P/V, F/V, ND_i sowie die Reynoldszahl konstant gehalten. Man sieht aus der Tabelle, daß die Rührer-Drehzahl, N, sowie die Größe des Antriebsmotors, P, stark beeinflußt werden.

Tabelle 6-6. Auswirkungen physikalischer Größen auf den Entwurf größerer Reaktoren; Berechnungen für eine Vergrößerung von 80 Liter Inhalt auf 10 000 Liter.

Kenngröße	kleiner Maßstab 80 L	großer Maßstab 10 000 L			
		P/V = const.	F/V = const.	$N \cdot D_i$ = const.	N_{Re} = const.
Leistung P	1.0	125	3125	25	0.2
Spezifische Leistung P/V	1.0	1.0	25	0.2	0.0016
Drehzahl N	1.0	0.34	1.0	0.2	0.04
Umwälzung F/V	1.0	0.34	1.0	0.2	0.04
Rührerspitzengeschwindigkeit $N \cdot D_i$	1.0	1.7	5.0	1.0	0.2
Reynoldszahl N_{Re}	1.0	8.5	25	5.0	1.0

Biologische Prozesse benötigen oft viel Sauerstoff, und in der Tat werden viele Experimente durch den Sauerstoff limitiert (vgl. Kap. 4 sowie 6.1). Es wurde deshalb versucht, zur Maßstabsübertragung den volumetrischen Sauerstoff-Übergangskoeffizienten $K_L a$ heranzuziehen (z. B. Abb. 6-18). Man benötigt deshalb die Zusammenhänge zwischen $K_L a$ und den Betriebsparametern (vgl. Abschn. 6.1).

Bartholomew (1960) hat beispielsweise für geometrisch ähnliche Reaktoren folgende Beziehung experimentell verifiziert:

$$K_L a = f\left[\left(\frac{P_g}{V^3}\right)^a \cdot (v_s)^b\right],$$

wobei P_g die Leistungsaufnahme im belüfteten Zustand darstellt, v_s die Gasleerrohrgeschwindigkeit, und a sowie b mit zunehmendem Volumen kleiner werden (5 L: a = 0.95; b = 0.667; 500 L: a = 0.65; b = 0.667 und 50 000 L: a = 0.45; b = 0.50).

Sowohl der Einfluß des $K_L a$ auf den biologischen Prozeß als auch die Einflüsse der Betriebsparamter auf den $K_L a$-Wert sind vielfältig. Es wäre deshalb verfehlt, die Verknüpfungen der Betriebsparameter mit den $K_L a$-Werten (z. B. in Bartholomew, 1960), zu verallgemeinern. Im Gegenteil, aus zahlreichen Veröffentlichungen erhält man den Eindruck, daß für jeden Prozeß spezifische Gleichungen ermittelt werden müssen. Alle empirischen Formeln erfassen aber nie die Komplexität des biologischen Systems.

Als weiterführende Literatur über Grundlagen zur Maßstabsübertragung seien erwähnt: Aiba et al. (1977); Young (1979); Moser (1981); Zlokarnik (1973).

6.3.3 Praktische Anwendungen

Im Rahmen einer Studie, die in einigen europäischen Ländern durchgeführt wurde, ist der Frage nachgegangen worden, ob sich aus dem empirischen Vorgehen bei der Maßstabübertragung allgemeine Erkenntnisse ergeben, welche mit theoretischen Grundlagen verglichen werden können (Einsele, 1977). In der Untersuchung wurden in Pilot- und Produktionsanlagen diejenigen hydrodynamischen Verhältnisse festgehalten, welche zur mikrobiellen Produktion eingehalten worden sind. Um theoretische Grundlagen besser anwenden zu können, wurden nur geometrisch ähnliche Bioreaktoren erfaßt.

Für die im folgenden gezeigten Bioreaktoren gelten diese ähnlichkeitstheoretischen Bedingungen:

- D_i/D_t-Verhältnis zwischen 0.30 und 0.38
- H_L/D_t-Verhältnis von 2
- 2 oder 3 Rührer

wobei D_i Rührerdurchmesser, D_t Tankdurchmesser und H_L Flüssigkeitshöhe. Die in Tab. 6-7 dargestellten Bioreaktoren von 0.15 m³ bis 160 m³ Inhalt wurden unter den jeweiligen Betriebsbedingungen charakterisiert. Es wurden ausgewertet: die experimentell bestimmte Mischzeit T_m; die gemessene spezifische Leistungsaufnahme P/V; die Reynoldszahl ($N_{Re} \sim N \cdot D_i^2$) sowie die Rührerspitzengeschwindigkeit v ($v \sim N \cdot D_i$). Die Darstellungen in den Abb. 6-19 bis 6-21 basieren auf den Werten in Tab. 6-7.

Tabelle 6-7. Zusammenstellung der hydrodynamischen Verhältnisse in Pilot- und Produktionsanlagen unter Betriebsbedingungen.

Vol (m³)	D_i/D_t	D_i (m)	N (s⁻¹)	berechnete Werte		experimentelle Werte	
				N_{Re} $N \cdot D_i^2$	v $N \cdot D_i$	P/V (W·L⁻¹)	T_m (s)
0.15	0.38	0.18	10.0	0.30	1.75	10.3	16
1.0	0.40	0.40	3.33	0.53	1.33	5.55	31
10.6	0.37	0.60	1.66	0.72	0.99	2.01	35
20	0.34	0.96	1.88	1.73	1.80	1.22	–
22.7	0.37	0.92	1.58	1.33	1.45	1.64	–
24	0.31	0.85	1.91	1.37	1.62	1.04	41
52	0.35	1.1	1.63	1.97	1.79	1.90	58
55	0.37	1.39	1.41	2.70	1.95	2.36	–
76	0.30	1.22	1.53	2.27	1.86	1.22	–
160	0.30	1.30	1.66	2.80	2.15	2.34	–

Mischzeiten T_m

Die Annahme ist berechtigt, daß größere Bioreaktoren infolge schlechter Durchmischung einen inhomogen gerührten Inhalt aufweisen. Während im Labor- und im Pilotmaßstab der Reaktor in guter Annäherung als ideal durchmischt angesehen werden kann, trifft dies für Produktionsreaktoren nicht mehr zu. Um diese schlechte Vermischung zu vermeiden, sollte die Mischzeit T_m bei der Maßstabvergrößerung konstant gehalten werden. Wie aus Abb. 6-19 hervorgeht, ist dies aber für die dargestellten Reaktoren nicht der Fall; im Gegenteil, die Mischzeiten nehmen zu und können wie folgt korreliert werden:

$$T_m \sim (V)^{0.3}.$$

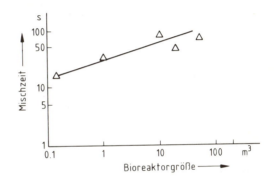

Abb. 6-19. Zusammenhang zwischen Bioreaktorgröße und Mischzeit T_m.

Spezifische Leistungsaufnahme P/V

In der chemischen Verfahrenstechnik ist es durchaus üblich, die spezifische Leistungsaufnahme bei der Vergrößerung des Maßstabs konstant zu halten. In der Biotechnologie ist dies nicht der Fall, die spezifische Leistungsaufnahme (P/V) sinkt mit zunehmendem Reaktorvolumen nach folgender empirischer Korrelation:

$$P/V \sim (V)^{-0.5}.$$

Die Werte sinken aber selten unter $1.0-1.5\ W \cdot L^{-1}$, d.h. es ist mindestens mit diesem spezifischen Energieeintrag zu rechnen (vgl. Abb. 6-20).

Reynoldszahl N_{Re}

Auch die Reynoldszahl bleibt bei der Maßstabsvergrößerung nicht konstant; sie nimmt bei steigendem Volumen zu (vgl. Abb. 6-21).

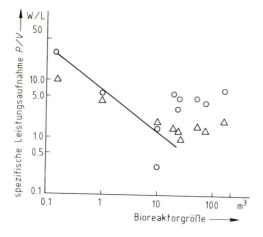

Abb. 6-20. Zusammenhang zwischen Bioreaktorgröße und der gemessenen spezifischen Leistungsaufnahme.

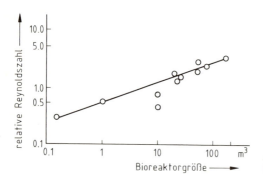

Abb. 6-21. Zusammenhang zwischen Bioreaktorgröße und der relativen Reynoldszahl N_{Re}.

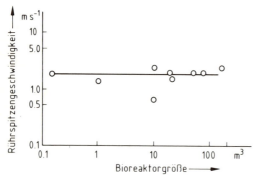

Abb. 6-22. Zusammenhang zwischen der Bioreaktorgröße und der berechneten Rührerspitzengeschwindigkeit.

Rührerspitzengeschwindigkeit v

Rührerspitzengeschwindigkeiten sind ein Maß für die Scherkräfte am Rührer. Dieser Zusammenhang ist vor allem für Myzelzüchtungen von Bedeutung, denn durch erhöhte Geschwindigkeiten kann der Stofftransport in diesen Myzelien verbessert werden. Allerdings können bei zu großen Scherkräften Zellschädigungen auftreten. Die Studie hat aufgezeigt, daß die Rührerspitzengeschwindigkeit für sehr viele Bioreaktoren konstant ist. Die Berechnungen ergaben Absolutwerte zwischen 1 bis 3 m · s^{-1} (vgl. Abb. 6-22) für die optimale Rührerspitzengeschwindigkeit.

Berechnungsbeispiel

Ein mikrobiologischer Prozeß ergab in einem 10 Liter-Bioreaktor die besten Resultate bei der Drehzahl N_1 = 500 rpm. Die Belüftungsmenge in diesem Laborreaktor betrug 1 vvm. Unter Beibehaltung von Stamm, Nährlösung sowie Belüftungsmenge soll dieses Verfahren auf einen Bioreaktor von 10 000 L übertragen werden.

Frage:

Wie groß wird die Drehzahl N_2 im großen Bioreaktor sein unter folgenden Annahmen:

a) P/V bleibt konstant
b) die Mischzeit, T_m, bleibt konstant
c) die Rührerspitzengeschwindigkeit, v, bleibt konstant
d) die Reynoldszahl, N_{Re} bleibt konstant

Lösung:

a) Wenn P/V = konstant, dann gilt:

$$N_2^3 \cdot D_2^2 = N_1^3 \cdot D_1^2$$

also $\quad N_2 = N_1 \left(\dfrac{D_1}{D_2}\right)^{2/3}$

$\quad N_2 = 500 \left(\dfrac{1}{10}\right)^{2/3} = 108 \text{ rpm}$.

b) Wenn $T_{m_1} = T_{m_2}$, dann gilt:

$$N_1 = N_2$$

also $\quad N_2 = 500$.

c) Wenn $v_1 = v_2$, dann gilt:

$$N_1 \cdot D_1 = N_2 \cdot D_2$$

also $N_2 = \dfrac{N_1 \cdot D_1}{D_2}$

$N_2 = \dfrac{500 \cdot 1}{10} = 50$

d) Wenn $N_{Re1} = N_{Re2}$, dann gilt:

$N_1 D_1^2 = N_2 D_2^2$,

also $N_2 = \dfrac{N_1 \cdot D_1^2}{D_2^2}$

$N_2 = \dfrac{500 \cdot (1)^2}{(10)^2} = 5$.

Die Drehzahl des großen Rührers (N_2) kann also beträchtlich variieren, und zwar von 5 bis 500 rpm, je nach gewähltem Kriterium.

6.4 Spezialreaktoren

6.4.1 Reaktoren mit fixiertem Biomaterial

In diesem Abschnitt werden Bioreaktoren behandelt, in denen nicht frei in der Nährlösung schwimmende Mikroorganismen gezüchtet werden, sondern in denen ganze Zellen bzw. Teile davon (Enzyme) an Trägermaterial fixiert werden und auf diese Weise eine biochemische Reaktion katalysieren. Es handelt sich um die folgenden Spezialreaktoren: Enzymreaktoren, Membranreaktoren.

Die ersten Entwicklungen mit fixiertem Biomaterial befaßten sich ausschließlich mit der Fixierung von Enzymen. Die Immobilisierung ganzer Zellen kam erst später dazu. Dabei handelt es sich um ein bereits in der Natur verbreitetes Phänomen. Die Bildung von biologischen Filmen durch den mikrobiellen Wuchs auf Oberflächen von Sand, Mineralien, Metallen oder Polymeren ist seit langem bekannt (Beispiele sind die Essigsäure-Produktion, die biologische Erzaufbereitung oder die biologische Abwasserreinigung). In diesen Prozessen wirken adhäsive Kräfte. Es ist aber auch möglich, daß die Mikroorganismen eine extrazelluläre Adhäsionsschicht ausbilden, welche aktiv an der Fixierung mithilft.

Der Vorteil von immobilisierten Zellen oder Enzymen gegenüber frei suspendierten Mikroorganismen liegt darin, daß man derartige Systeme in geeigneten Reaktoren mehrfach oder kontinuierlich nutzen kann (Thomas and Gellf, 1982; Klibanov, 1983). Mit fixierten Enzymen können nur Prozesse durchgeführt werden, welche einen einzigen Schritt umfassen, und zwar denjenigen, der durch das Enzym katalysiert wird. Benötigt dieser enzymatische Schritt ein Coenzym, ist dieses mitzufixieren. Benötigt eine Reaktion mehrere Enzyme, so sind alle benötigten Biokatalysatoren zu immobilisieren, um die Multienzymreaktion zu bewirken. Die gleichzeitige Fixierung mehrerer Katalysatoren ist sehr schwierig. Multienzymreaktionen sind mit Vorteil durch fixierte ganze Zellen durchzuführen. Ganze Zellen bieten zudem den Enzymen die notwendige physiologische Umgebung (Microenvironment). Nicht zu unterschätzen ist ebenfalls der geringere Aufwand der Fixierung ganzer Zellen verglichen mit einer Isolierung, Reinigung und Fixierung einzelner Enzyme. Vielfach verlieren die Enzyme während der Reinigung einen Teil ihrer Aktivität. Werden die Zellen als Ganzes fixiert, so bleibt die Aktivität eher erhalten. Indessen gilt generell, daß fixiertes Biomaterial (ob Zellen oder Enzyme) durch den Immobilisierungsvorgang an Aktivität verlieren kann. Der Immobilisierungsvorgang ist in jedem Fall dem Katalysator optimal anzupassen. Es gibt erst wenige geeignete Fixierungsmethoden, welche die katalytische Aktivität erhalten. Von über 3000 bekannten Enzymen werden höchstens deren 30 in fixiertem Zustand in einem technischen Prozeß eingesetzt.

Der Hauptvorteil immobilisierter Zellen und Enzyme gegenüber freien liegt auf *verfahrenstechnischem Gebiet*. Auf die Mehrfachverwendung der biokatalytischen Systeme im fixierten Zustand wurde bereits hingewiesen. Im immobilisierten Zustand sind Prozeßverläufe und Prozeßkontrollen möglich, die im freien Zustand oft nicht oder nur schwierig durchführbar sind. Immobilisierte Partikel sind größer als Einzelzellen und daher technologisch besser zu handhaben. Prozesse können viel eher kontinuierlich durchgeführt aber auch gestoppt werden, ohne daß der Katalysator inaktiviert wird. Auch können durch die Immobilisierung unerwünschte Nebenreaktionen unterdrückt oder die Produktsynthese kann unter günstigeren Bedingungen durchgeführt werden.

Die gebräuchlichsten Methoden zur Fixierung von Biomaterial lassen sich in zwei große Gruppen einteilen, nämlich in eine *physikalische* und in eine *chemische* Vorgehensweise (vgl. Abb. 6-23). Bei der physikalischen Methode geht es um einen *Einschluß* in ein Trägermaterial, bei der chemischen um eine *Bindung* an ein Trägermaterial. Diese Vereinfachung dient zum besseren Verständnis der grundlegenden Vorgänge. In Wirklichkeit ist es oft viel komplizierter, da verschiedene Immobilisierungsreaktionen gleichzeitig ablaufen: Ein bestimmtes Enzym kann z. B. sowohl in eine Matrix eingeschlossen als auch an sie adsorbiert sein.

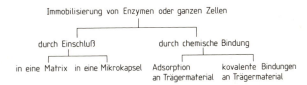

Abb. 6-23. Methoden zur Fixierung von Biomaterial.

Um ein Enzym in eine *Matrix* einzuschließen, wird entweder ein quervernetzendes Polymer um das Enzym aufgebaut, oder das Enzym wird in ein Polymer eingebettet. Das Material kann anschließend auf eine gewünschte Partikelgröße verkleinert werden. Am gebräuchlichsten sind Polyacrylamidgel, Silicagel, Stärke oder Silicongummi.

Der Einschluß in eine Matrix ist eine weit verbreitete Methode, um Zellen oder Enzyme zu fixieren. Eine unkomplizierte und effektive Fixierungsmethode ist der Einschluß von Zellen in Alginat-Perlen. Alginate sind Salze der Alginsäure, einem natürlichen Polymer mit einer großen Anzahl von Carboxylgruppen. Alginate werden aus Braunalgen gewonnen. Wird die Lösung eines Natriumsalzes dieser Alginsäure in eine Salzlösung mit mehrwertigen Kationen (z. B. Ca^{++}) getropft, so gehen diese Kationen mit mehreren Carboxylgruppen der Alginsäure eine Ionenbindung ein, es können Vernetzungen entstehen. Die zu fixierenden Zellen werden in derartige Netzwerke eingeschlossen. Die folgende Rezeptur beschreibt den Einschluß von Hefezellen:

Einschluß von Hefezellen in Alginat

1 g Hefemasse wird mit ca 1 ml H_2O zu einer fließfähigen Masse verrührt. Diese Hefemasse wird mit 19 g einer 8%igen wässerigen Natriumalginat-Lösung gut vermischt. Die Hefe/Alginat-Mischung wird in eine Einweg-Plasticspritze geeigneter Größe gefüllt (Durchmesser der Kanüle: 0.4 mm).

In einem 2 L-Becherglas werden 1.5 L einer 2%igen $CaCl_2$-Lösung (pH-Wert = 4.5) als Vernetzerbad angesetzt. Diese Lösung wird mit Hilfe eines Magnetrührers so stark gerührt, daß sich auf der Oberfläche eine trichterförmige Vertiefung (Trombe) bildet. Aus der Spritze wird die Hefe/Alginat-Mischung langsam in die Vertiefung der $CaCl_2$-Lösung getropft. Die sich bildenden Alginat-Perlen werden ca. 30 Minuten in einem Vernetzerbad belassen, bis sie gebrauchsfertig sind. Zellen oder Enzyme sind in dieser Matrix wie in einem Gitter eingeschlossen. Somit können sowohl Substratmoleküle als auch Produktmoleküle frei durch die Poren diffundieren. Die Porengröße muß so dimensioniert sein, daß die Enzyme nicht hinausdiffundieren können, daß aber andererseits Substrat- und Produkttransport nicht behindert werden.

Die *Mikroverkapselung* läßt das Enzym unverändert, so daß seine typischen Eigenschaften erhalten bleiben. Der Katalysator wird mit einer Membran umgeben (Mikrokapsel). Dicke und Durchlässigkeit der Membran sind entscheidend für die katalytische Reaktionsfähigkeit. Es kommen deshalb nur Enzyme in Frage, deren Substrate und Produkte ein niedriges Molekulargewicht haben.

Die *Adsorption* ist die Bindung an eine Oberfläche, die keine speziellen funktionellen Gruppen für eine kovalente Bindung enthält. Die Adsorption ist reversibel. Dieser Vorgang hängt unter anderem vom pH-Wert, von Zeit und Temperatur ab. Die Adsorption ist die einfachste und wirtschaftlichste Immobilisierungsmethode.

Die *kovalente Bindung* eines Enzyms an einen Träger wird als die dauerhafteste Möglichkeit zur Immobilisierung angesehen. Sie ist auch die am meisten untersuchte Methode (Sharma et al., 1982). Kovalent gebundene ganze Zellen sind jedoch noch kaum verwendet worden.

Reaktortypen

Auch für den Einsatz mit immobilisiertem Biomaterial gibt es eine Vielzahl von Reaktortypen (Sharma et al., 1982; Messing, 1975; Kent et al., 1978). Das Spektrum reicht vom ideal durchmischten gerührten Tank bis zum Reaktor mit Pfropfströmungsverhalten. Einige Reaktoren, welche sich grundsätzlich von denjenigen in Abschn. 6.2 unterscheiden, sich aber für den Einsatz mit fixiertem Biomaterial eignen, sind in Abb. 6-24 dargestellt. Gegenüber dem Reaktor mit freien Zellen hat der Reaktor für die Anwendung fixierten Materials den folgenden zwei Randbedingungen zu genügen:

1. Die Prozeßführung muß der Art und der Form des Trägermaterials angepaßt werden können;
2. fixiertes Material muß im Reaktor für den weiteren Einsatz zurückbleiben.

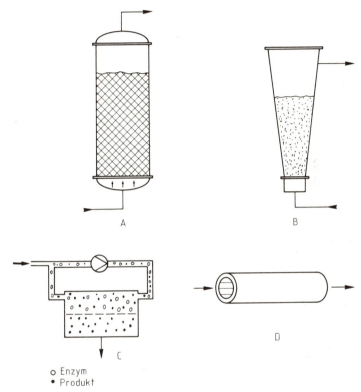

Abb. 6-24. Spezialreaktoren zum Einsatz mit fixiertem Biomaterial. – A Festbettreaktor, B Wirbelschichtreaktor, C Membranreaktor, D Hohlfaserreaktor (vgl. Text).

Wie in Abb. 6-24 dargestellt, sind die folgenden Spezialreaktoren für diesen Einsatz zweckmäßig:

- Festbettreaktoren
- Wirbelschichtreaktoren
- Membranreaktoren
- Hohlfaserreaktoren.

Der *Festbettreaktor* ist dank seiner Einfachheit in der Prozeßtechnik mit fixierten Zellen sehr verbreitet. Das Trägermaterial kann beispielsweise in einer Kolonne aufgeschichtet werden. Allerdings müssen die Form, die Größe sowie die Aufschichtungscharakteristik des Trägermaterials in idealer Weise mit den physikalischen Eigenschaften des Reaktionssystems (Molekülgröße der Edukte und Produkte sowie Viskosität der wäßrigen Phase) übereinstimmen. So sind z. B. Glaskugeln infolge besserer Fließeigenschaften als Trägermaterial geeigneter als Cellulose- und Dextran-Träger.

In einem *Wirbelschichtreaktor* werden die Katalysatorteilchen in Suspension gehalten und durch den Aufwärtsstrom der Flüssigphase durch das Katalysatorbett umgerührt. Der Flüssigstrom muß so groß sein, daß eine Suspension der Partikel gewährleistet ist, jedoch nicht zu groß, damit keine Partikel aus dem Reaktor entfernt werden. Zwei verschiedene Säulenformen sind für Flüssig-Wirbelschichtreaktoren geeignet: die traditionelle Form mit konstanter Querschnittfläche über die gesamte Länge und die sich nach oben erweiternde Form. Durch die Ausweitung wird die Fließgeschwindigkeit in der Säule verändert.

Flüssigbett-Reaktoren haben große Vorteile gegenüber Festbett-Reaktoren (Allen et al., 1979):

- keine Verstopfungsgefahr in der Säule
- geringer Druckverlust
- gute Wärme- und Stofftransporteigenschaften
- auch unlösliche Substrate können verarbeitet werden
- System kann belüftet werden.

Der Flüssig-Wirbelschichtreaktor ist sowohl für fixierte Enzyme als auch für fixierte Zellen eingesetzt worden.
Beispiele: Hydrolyse von Lactose in Molke, Abwasserbehandlung, Hydrolyse von Stärke, Glucoseisomerisierung, Phenolabbau, Denitrifikation.

Membranreaktoren

Der Membranreaktor besteht in einer Kombination einer Ultrafiltrationseinheit mit einem Bioreaktor (Michaels, 1980). Ursprünglich sollte damit ermöglicht werden, freie Enzyme für eine kontinuierliche, katalytische Reaktion einzusetzen. Die Ultrafiltrationseinheit hat dabei die Aufgabe, das Enzym zurückzuhalten und der weiteren Verwendung zugänglich zu machen (Abb. 6-25). Dank der ständigen Verbesserungen der Membrantechnologie (vgl. Kap. 8) wird dieser Reaktortyp mehr und mehr eingesetzt. Auch wird versucht, die Enzyme oder gegebenenfalls Zellen an der Membran kovalent zu fixieren, um damit die Produktbildung noch mehr zu fördern. Grundsätzlich sind zwei Varianten möglich: der Diffusions-kontrollierte Membranreaktor und der Konvektions-kontrollierte Membranreaktor. Im ersten Fall wird der immobilisierte Biokatalysator in einem Bereich festgehalten, welcher von Membranen umschlossen ist. Die Membranen gestatten den Durchtritt von Nährstoffen, Zellprodukten und Metaboliten. Die Ausgangsnährlösung mit dem Substrat wird dem äußeren Bereich zugeführt. Umgekehrt kann dem Reaktor ein Produktabfluß entzogen werden, der frei ist von Biomaterial.

Eine Alternative zu diesem System ist die Möglichkeit, die Substratlösung konvektiv durch den Bereich der fixierten Biokatalysatoren zu führen. Dies geschieht vornehmlich durch

Drucküberlagerungen. Diese Überlegungen führen zum nächsten Typ: dem Hohlfaser-Reaktor.

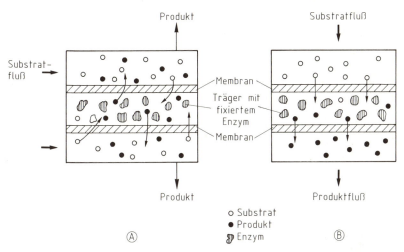

Abb. 6-25. Membranreaktoren für den Einsatz mit fixiertem Biomaterial. – A Diffusionskontrollierter Stofftransport, B Konvektionskontrollierter Stofftransport (z. B. durch Drucküberlagerung).

Hohlfaser-Reaktor

Bei diesem Reaktor fließt die Substrat enthaltende Lösung durch ein Hohlfaserbündel. Das Biomaterial ist dabei entweder an den Bündeln adsorptiv festgehalten oder zwischen den Fasern eingebettet. Der Substratstrom wird durch die Bündel geführt oder gepreßt, und im Kontakt mit den Biokatalysatoren findet die Reaktion statt. Der Reaktor hat ausgesprochene Pfropfströmcharakteristik. In neuester Zeit gewinnt dieser Bioreaktor sehr an Bedeutung, v. a. auch in der Bioanalytik. Synonyme für diesen Reaktortyp sind: Analytik-Membranbioreaktor, Kapillar-Bioreaktor.

6.4.2 Zellkulturen

Obwohl Mikroorganismen und pflanzliche bzw. tierische Zellen den gleichen Grundgesetzen gehorchen, sind in der technischen Durchführung der Züchtung dieser verschiedenen Zellarten entscheidende Unterschiede festzustellen. Im folgenden sollen deshalb die grundsätzlichen Unterschiede und, davon abgeleitet, die verfahrenstechnischen Maßnahmen zur Züchtung von Pflanzen- oder Tierzellen aufgelistet werden. Viele der technischen Maßnahmen lassen sich aus der Verschiedenheit der Zelltypen ableiten (vgl. Tab. 6-8). Besonders hervorzuheben sind die Unterschiede in Größe, Nährstoffansprüchen und die Verdoppelungszeiten.

Tabelle 6-8. Vergleich einiger Eigenschaften zwischen Mikroorganismen und pflanzlichen rsp. tierischen Zellen.

	Mikroorganismen	pflanzliche Zellen	tierische Zellen
Größe	1 bis 10 μ	20 bis 200 μ	10 bis 100 μ
Stoffwechselregulation	intern	intern und extern durch Wachstumsregulatoren	intern und hormonell
Ernährungsspektrum	viele Substrate	eingeschränkt	sehr spezifisch
Verdoppelungszeiten	0.5 bis 2 h	bis 20 h	12 bis 60 h
Umgebungseinflüsse	relativ große Toleranzbereiche, welche z. T. reversibel überschritten werden können	Kallusbildung möglich	sehr enge Toleranzbereiche, Zellen sehr fragil

Im Prinzip sind die Pflanzenzellen den tierischen Zellen sehr ähnlich, d. h. die Abweichungen von den Mikroorganismen sind viel größer als die dieser beiden Zelltypen untereinander. Die Auswirkungen der Besonderheiten von Gewebekulturen auf den Entwurf von Bioreaktoren sind daher für Pflanzen- und Tierzellen ähnlich. Historisch gesehen kann die Pflanzenzellzüchtung auf eine größere Erfahrung zurückblicken. Indessen erscheint die Züchtung von Tier- oder Humanzellen momentan sehr aussichtsreich. Es sei in diesem Zusammenhang erinnert an die Herstellung von Vakzinen, Hormonen, Interferonen oder von monoklonalen Antikörpern.

Die Verfahrenstechnik der industriellen Zellzüchtung ist besonders bei der Herstellung von Säugetierzellen noch im Anfangsstadium (Cartwright and Birch, 1978). Dies hat vor allem zwei Gründe: Erstens lassen sich viele Zell-Linien in vivo mit großer Ausbeute züchten (z. B. Hybridomzellen in Mäusen), andererseits sind technische Probleme noch nicht gelöst. Auf jeden Fall sind technische Lösungen für ein Scaling-up, wie es beispielsweise für die Antibiotikagewinnung die Norm ist (z. B. Bioreaktoren in der Größe von 100 m^3), noch nicht realistisch (Fleischaker et al., 1981; Katinger and Scheirer, 1982). Die Problemkreise können wie folgt umschrieben werden:

1. Die Nährlösungen für die Züchtung von tierischen Zellen sind sehr komplex, da ihre Zusammensetzung die in der Natur vorkommenden Umweltbedingungen möglichst nahe repräsentieren soll. Diese Bedingung steht der andern Anforderung, wonach Nährlösungen im technischen Maßstab billig und einfach zu handhaben sein sollten, entgegen. Serum stellt einen großen Kostenfaktor bei Zellkulturnährlösungen dar. Außerdem lassen sich serumhaltige Lösungen nicht thermisch sterilisieren, da dabei instabile Stoffe zerstört werden könnten. Schließlich ist die Zusammensetzung der aus Tieren erhaltenen Seren nicht konstant. Dies bedingt sehr umfangreiche Qualitätskontrollen dieses Rohstoffes, um Zellzüchtungen in repräsentativer Weise

durchführen zu können. Viele Forschergruppen arbeiten deshalb an der Entwicklung von Serum-freien, synthetischen Medien, welche auch im Autoklaven sterilisierbar sind (Katinger und Scheirer, 1982).
2. Obwohl Säugetierzellen einzeln und in Suspension wachsen können, haben viele die Tendenz, mit Vorliebe an festen Teilen zu wachsen, z. B. an Glas oder Plastik. So können Petrischalen derart behandelt werden, daß sich Zellkulturen vornehmlich auf der festen Unterlage vermehren, ganz im Gegensatz zu Mikroorganismen, die eine derartige „Verankerung" selten benötigen. Mit Vorliebe wachsen Zellen in „Rasenform" auch auf Collagen-behandelten Oberflächen (vgl. auch Adams, 1980).

Das Bedürfnis der Zellen, in Form eines Rasens oder von Zellschichten zu wachsen, hat tiefgreifende Konsequenzen für den Bioreaktor-Entwurf. Nach wie vor wird ein großer Teil der heutigen Zellzüchtungen in *Rollerflaschen* durchgeführt. Diese Flaschen (2 – 2.5 L) enthalten 150 mL Nährlösung und werden in horizontaler Lage langsam drehend bebrütet. Die Zellen wachsen auf der inneren Oberfläche der Flasche auf einer Fläche von etwa 1000 cm^2. Die Umdrehgeschwindigkeit der Rollerflaschen liegt zwischen 0.25 und 1 min^{-1}. Diese Methode ist aber für größere Produktionsmengen sehr arbeitsintensiv.

Eine Rationalisierung der Kultivierung in Form von *Zellrasen* stellt die Entwicklung des Gyrogen-Bioreaktors dar (Girard et al., 1980). Ein Glasrohrbündel dreht sich um eine horizontal gelagerte Achse in einem horizontalen Glas- oder Stahlzylinder. Die Meßinstrumente (pH-, pO_2-, Temperatursonden) sind seitlich eingebaut. Das Glasrohrbündel wird während der Drehung periodisch in die Nährlösung eingetaucht. Der Vorteil dieser Zellzüchtungsvorrichtung gegenüber den Rollerflaschen besteht darin, daß eine Regelung und Überwachung der Züchtungsparameter möglich ist. Je nach Größe ersetzt ein derartiges Kulturgefäß 9 bis 60 Rollerflaschen.
3. Verschiedene Bioreaktorkonfigurationen sind getestet worden für die Kultivierung von *Zellsuspensions-Kulturen*. Katinger und Scheirer (1982) haben die folgenden Entwurfsgrundlagen für die verfahrenstechnische Auslegung von Zellkulturreaktoren festgehalten:

- Alle Phasen (Gas, flüssig, fest) müssen im Reaktor in jederzeit kontrollierbarer Weise geführt werden, damit keine Gradienten (bezüglich **aller** Reaktanden) auftreten. Stromlinienförmige (turbulenzfreie) Strömungen mit kleinen Strömungsgeschwindigkeiten sind dabei von Vorteil (wenige cm · s^{-1}). Die Sauerstoff-Übergangsrate muß den extrem kleinen Bedürfnissen angepaßt werden. Um Zellschädigungen zu vermeiden, sind möglichst kleine Leistungsaufnahmen, kleinste lokale Energiedissipationsdichten sowie kleinste Scherkräfte anzuwenden.
- Die meisten bisherigen Informationen basieren auf Versuchen im mL- oder L-Maßstab. Die Vergrößerung des Maßstabs bis zu Reaktoren mit mehreren m^3 ist bis jetzt u. a. daran gescheitert, daß bei der Vergrößerung die physikalischen Parameter nicht konstant gehalten werden könnten. Damit würde die Mikroumgebung der Zellen verändert, welche über Gelingen oder Mißlingen der Zellzüchtung entscheiden kann.

- Die Beschaffenheit der Nährlösung mit vielen komplexen Bestandteilen ergibt für bakterielle Kontaminationen die besten Voraussetzungen. Die bakterielle Infektion kann aber eine ganze Zellzüchtung zunichte machen, was besonders für große Ansätze mit weitreichenden finanziellen Folgen verbunden ist. An die Steriltechnik solcher Bioreaktoren werden deshalb sehr hohe Anforderungen gestellt.

Reaktorentwürfe

Der gebräuchlichste Bioreaktor mit axial oder radial wirkenden Rührerblättern steht in vielen Belangen den Anforderungen an die Zellzüchtung diametral entgegen. Vorerst ist das Strömungsbild im Reaktor viel zu komplex, als daß es sich in angemessener Weise für die Zellzüchtung im Maßstab vergrößern ließe. Zudem sind die lokalen Turbulenzen an den Rührerflügeln für fragile Zellen viel zu groß.

Es gibt Hinweise darauf, daß Bioreaktoren mit einem Vibromischer vorteilhaft für die Züchtung von Zellen eingesetzt worden sind (Katinger und Scheirer, 1982). Allerdings sind auch im Falle des Vibromischers die Strömungsverhältnisse eher ungünstig.

Ausführliche Untersuchungen liegen hingegen vor für die Blasensäule als Reaktor für Säugetierzellen. Die eintretende Luft steigt in Blasen auf. Dadurch wälzt sie die Flüssigkeit um und hält die Zellen in Suspension. Da nur ganz minimale Umwälzgeschwindigkeiten gefordert sind, genügt eine sehr kleine Luftmenge. Der Leistungseintrag kann mit $10-15$ W $\cdot$ m^{-3} sehr klein gehalten werden; entsprechend treten minimale Scherkräfte auf. Die Sauerstoff-Übergangsgeschwindigkeiten liegen in der Größenordnung von 1 mmol $\cdot$ L^{-1} $\cdot$ h^{-1} und erfüllen somit ideal die Sauerstoff-Bedürfnisse der Zellen. Immerhin wird berichtet, daß bereits das Aufsteigen und Zerplatzen von Luftblasen Scherkräfte erzeugen kann, welche die Zellen mechanisch zu schädigen vermögen.

So wurden noch andere Belüftungssysteme für Säulenreaktoren untersucht:

- Verschiedene Blasenverteiler
- Belüftung durch die Gasphase im Kopfraum des Reaktors
- Zuführung von Sauerstoff-gesättigter Nährlösung in den Reaktor
- Belüftung durch Membranen

Alle diese verfahrenstechnischen Ansatzpunkte für die Durchführung von Zellkulturen befinden sich noch im Entwicklungsstadium.

Erwähnt sei noch eine dieser Entwicklungen, welche den Einsatz von *Mikroträgern* für Zellkulturen vorsieht. Mikroträger sind kleine Feststoffpartikel, auf oder in denen die Zellen in Form eines Rasens gedeihen. Die Partikel selbst werden durch die Umwälzung im Bioreaktor in Suspension gehalten. Prinzipiell ähnelt das Vorgehen demjenigen mit fixierten Zellen (s. dort).

Der Einsatz von Mikroträgern bringt zwei Vorteile: Erstens können die Zellen in einer von ihnen bevorzugten Form (Zellschicht oder -rasen) wachsen, und zweitens läßt sich das Ganze als Suspensionskultur durchführen. Die Mikroumgebung wirkt sich vorteilhaft auf die Vermehrung der Zellen aus. Zudem lassen sich die Mikroträger bzw. die darauf wachsenden Zellen durch Sedimentation auf einfache Weise vom übrigen Medium separieren.

7 Prozeßleittechnik

7.1 Gebietsumschreibung und Definition

Bei jedem biologischen Verfahren ist die Analyse des *Prozeßzustandes* Grundlage für die Schaffung optimaler Bedingungen für eine maximale biologische Aktivität im Bioreaktor. Im Prinzip werden für die Prozeßleittechnik biologischer und chemischer Prozesse die gleichen Instrumente verwendet. Doch weist die biologische Messung entscheidende Besonderheiten auf. Vor allem stellen die Notwendigkeit der sterilen Prozeßführung sowie die Komplexität eines biologischen Prozesses an die Übertragung von bekannten Instrumentierungsmöglichkeiten auf einen Bioprozeß zusätzliche Forderungen.

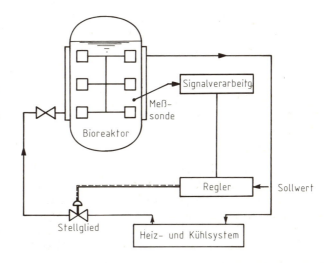

Abb. 7-1. Temperatur-Regelung eines Bioreaktors. – Ein klassischer Regelkreis besteht aus dem Meßfühler mit entsprechender Signalverarbeitung (z. B. Verstärker), dem Regler und den Stellgliedern. Der Regler dient zur Sollwerteinstellung (z. B. 30 °C). Als Stellglied kann ein Ventil eingesetzt werden, es regelt die Zufuhr von Heiz- oder Kühlmittel im Doppelmantel des Bioreaktors.

Abb. 7-1 zeigt schematisch den Aufbau eines klassischen *Regelkreises* am Beispiel der Temperatur-Regelung. Ein Regelkreis setzt sich immer aus dem *Meßfühler,* dem *Regler* und den *Stellgliedern* zusammen. Die Besonderheiten eines biologischen Prozesses wirken sich auf die Gestaltung des Meßfühlers sowie auf die Stellglieder aus. Anders ausgedrückt: die Art und Weise der Informationsgewinnung aus dem Bioprozeß sowie die Möglichkeiten des Eingriffs in den Prozeß sind besonders zu beachten. Diese Punke werden in den folgenden Ausführungen über die einzelnen Meßgrößen behandelt. Hingegen werden die Regler als solche durch den mikrobiologischen Prozeß nicht tangiert und werden daher nicht behandelt.

Eine optimale Analyse des Prozeßzustandes umfaßt letztlich die Ermittlung aller Größen, die für den Bioprozeß relevant sind. Diesem Idealzustand sind aber Grenzen gesetzt, da einerseits die Meßtechnik zu wenig entwickelt ist, andererseits die Verknüpfungen der Meßgrößen und deren Einflüsse auf die biochemischen Reaktionen teilweise noch nicht bekannt sind. Die Meßgrößen im Bereich des Bioreaktors können in physikalische, chemische und biochemische Größen eingeteilt werden. Tab. 7-1 zeigt eine Übersicht über gebräuchliche Größen. Diese Tabelle ist allerdings nicht vollständig, sie kann − bedingt durch spezielle Prozesse − um biochemische Größen erweitert werden.

Tabelle 7-1. Meßgrößen im Bereiche des Bioreaktors.

physikalische	chemische	biochemische
	Meßgrößen	
Temperatur	pH-Wert	Gesamtproteine
Druck	Redoxpotential	Nucleinsäuren (DNA oder RNA)
Leistungseintrag	pO_2 sowie pCO_2	Enzyme
Viskosität	Luftzusammensetzung	
Luftmenge	Substratkonzentration	
optische Dichte	Produktkonzentration	

Eine andere, manchmal vorteilhafte Beurteilung der Instrumentierungsmöglichkeiten eines Bioreaktors erlaubt die systemanalytische Betrachtung, wie sie in Tab. 7-2 zusammengefaßt ist. Die Meßverfahren werden dabei klassifiziert nach dem *Ort der Messung,* der *Zeit,* der *Signalverarbeitung* sowie nach der *Methode:*

Tabelle 7-2. Terminologie der Messverfahren. − Die Verfahren werden nach 4 verschiedenen Gesichtspunkten (Variablen) klassifiziert. Die beiden Alternativen haben jeweils einen großen Einfluß auf den Informationsgehalt eines Meßverfahrens.

Variable	Alternative	
Meßort	*in situ* am Ort	im by-pass am Austritt
Zeit (Dynamik)	Echtzeit	nicht-Echtzeit
Signalverarbeitung (manuelle Eingriffe)	on-line	off-line
Methode	direkt	indirekt („Gateway-Sensor")

- Entscheidend für die Aussagekraft und die Gestaltung des Meßfühlers wirkt sich der *Meßort* aus. Anzustreben sind *in-situ*-Messungen, denn nur dadurch kann der aktuelle Zustand zuverlässig wiedergegeben werden. Messungen im *by-pass* haben den entscheidenden Nachteil, daß der Zustand der Zellen unter veränderten Bedingungen (z. B. bezüglich Sauerstoffgehalt, pH etc.) gemessen wird. Andererseits hat eine Sonde, welche in den Bioreaktor eingesetzt wird, den Anforderungen an die Sterilität zu genügen. Diese Bedingung kann bei vielen Meßfühlern nicht erfüllt werden.
- Besonders bei der Erfassung von nicht-stationären Zuständen ist der *Zeit* und den durch die Dynamik der Systeme bedingten Abweichungen („dynamischer Fehler") Beachtung zu schenken. Erst wenn das Übertragungsverhalten bekannt ist, kann eine Meßgröße unter quasi-Echtzeitbedingungen erfaßt werden (z. B. Berücksichtigung der Ansprechdynamik einer pO_2-Sonde).
- *Off-line*-Signalverarbeitungen – beispielsweise bei der Bestimmung der Trockensubstanz – bedingen manuelle Manipulationen zur Durchführung der Messung. Da die Zeitdifferenz zwischen Probeentnahme und Meßresultat beträchtlich sein kann, sind off-line-Resultate für Regelaufgaben ungeeignet. Neuerdings ist daher ein Trend zur Automatisierung der Probeentnahme und vor allem zur Verkürzung der Analysenzeiten festzustellen. Eine vollständige Automatisierung der Probeentnahme und der Analyse (Autoanalyser-Systeme) ergeben ein *on-line*-Verfahren.
- Was schließlich die *Methode* anbelangt, so ist zwischen *direkten* und *indirekten* Methoden zu unterscheiden. Beispielsweise dient der pH-Wert direkt zur Regelung des pH-Wertes und indirekt (über die Erfassung der Zugabemenge für pH-Korrekturmittel) zur Ermittlung einer Wachstumskurve. Ähnliches gilt für die Sauerstoff-Messung. Indirekte Verfahren werden auch als „Gateway-Sensoren" bezeichnet.

Zusammenfassend können die Anforderungen an die Prozeßleittechnik für einen Bioprozeß wie folgt umschrieben werden:

- Zur Erfassung dynamischer Vorgänge muß das Übertragungsverhalten der Meßkette bekannt sein; optimal sind kurze Zeitkonstanten.
- Off-line-Systeme sollten kurze Totzeiten haben.
- Eine Meßanordnung muß eine gesuchte Größe selektiv und sensitiv erfassen.
- Das Signal sollte stabil bleiben, und diese Stabilität muß durch eine Eichmöglichkeit dauernd überprüft werden können.
- Das Meß-System darf die sterile Arbeitsweise des Bioreaktors nicht beeinträchtigen.

Diese Forderungen machen die Weiterentwicklung klassischer Meßeinrichtungen für den Einsatz im Bioreaktor notwendig. Dementsprechend dürfen die Instrumentierungskosten eines Bioreaktors nicht unterschätzt werden. Ein Vergleich zeigt, daß die Kosten für die Instrumentierung 3 – 4 mal so hoch sein können wie die Kosten für den eigentlichen Rührkessel (gerechnet für den Labormaßstab).

7.2 Direkte Meßgrößen und deren Regelung

7.2.1 Physikalische Meßgrößen

Temperatur

Die Messung und Konstanthaltung einer gewünschten Temperatur gehören zu den trivialsten, aber auch wichtigsten Prozeßleittechniken. Die Geschwindigkeiten sowohl chemischer, als auch mikrobiologisch-biochemischer Reaktionen hängen von der Temperatur ab. Die Einhaltung einer konstanten Temperatur in einem Bioreaktor ist eine unabdingbare Voraussetzung für ein reproduzierbares Experiment (vgl. auch Abb. 3-1).

Es existiert eine große Vielfalt von gebräuchlichen Temperaturfühlern. Zur Messung der Temperatur in einem Bioreaktor werden vorwiegend Glaskontaktthermometer, Widerstandsthermometer oder Thermoelemente herangezogen. Glasthermometer sind einfache Meßinstrumente, die vor allem für Laborreaktoren eingesetzt werden. Zum Schutz vor mechanischer Beschädigung während der Reaktion und während der Sterilisation wird das Thermometer in eine Stahlhülse eingebaut. Dabei ist zu beachten, daß das Thermometer über eine gut wärmeleitende Flüssigkeit (z. B. Glycerin) mit der Stahlhülse in Verbindung steht.

Widerstandsthermometer sind die gebräuchlichsten elektrischen Temperaturfühler. Das Prinzip beruht auf der beträchtlichen Änderung des elektrischen Widerstands der meisten Materialien infolge Temperaturveränderungen. Bekannt sind auch Halbleiter-Widerstandselemente, sie werden *Thermistoren* genannt. Thermistoren sind relativ klein und sehr preisgünstig.

Obwohl die Metall-Widerstandsthermometer (Platin oder Nickel) nicht die große Temperaturabhängigkeit der Thermistoren aufweisen, haben sie doch große Vorzüge gegenüber letzteren: Die Metall-Widerstandsthermometer sind sehr stabil und zeigen einen linearen Temperaturkoeffizienten über einen großen Temperaturbereich. Als Widerstandsmaterial wird vor allem Platin verwendet. Dabei ist festgelegt, daß der Nennwiderstand bei $\vartheta = 0\,°C$ gerade $R_0 = 100\,\Omega$ sei (Bezeichnung „Pt 100").

Die Temperatur im Bioreaktor kann auf verschiedene Arten konstant gehalten werden. Eine wichtige Rolle spielt die Größe des Bioreaktors (vgl. dazu Abb. 7-2). Kleine Laborreaktoren können in ein Wasserbad gestellt werden. Die konstante Temperatur des Wasserbades stellt dann die gewünschte Züchtungstemperatur sicher. Bioreaktoren aus Glas besitzen oft Prallbleche oder Umlenkeinsätze, die als Wärmetauscherflächen ausgebaut sind. In den weitaus meisten Fällen (Bioreaktoren ab etwa 10 L bis Pilotanlagen von 3000 L) sind die Seitenwände des Rührkessels als Doppelmantel ausgebildet. Über diesen Doppelmantel wird die Temperatur des Bioprozesses mittels Kalt- oder Heißwasser (ev. Dampf oder ein Heizelement) geregelt (siehe auch Abb. 7-1). Zusätzliche Wärmetauscherflächen werden in zwei Fällen benötigt: Zum einen bei sehr großen Reaktoren; zum andern bei Reaktionen mit hohen Zellkonzentrationen und entsprechend starker biochemischer Wärmeentwicklung. In diesen Fällen werden zusätzliche Kühlschlangen in den Bioreaktor eingebaut. Allerdings werden damit die Strömungsprofile im Reaktor beeinflußt. Auch wird die Reinigung des Tankinnern erschwert. Eine andere Möglichkeit besteht darin, daß der Reaktorinhalt über einen externen, d.h. vom eigentlichen Reaktionsbehälter abzweigenden, Wärmetauscher abgekühlt wird. Nachteile dieser Variante sind: Mögliche Verarmung der Mikroorganismen im externen Kreislauf (z. B. an Sauerstoff) und Probleme der Sterilhaltung.

Die Temperatur in einem Bioreaktor sollte zwischen ±0.1°C und ±0.2°C konstant gehalten werden. Diese Abweichungen sind für mikrobielle Versuche im Labormaßstab zulässig. Bedingt durch lokale Inhomogenitäten im großen Pilot-Reaktor und durch die reduzierte Wärmeleitfähigkeit in viskosen Nährlösungen können allerdings auch Abweichungen von ±0.2°C bis ±1.0°C toleriert werden.

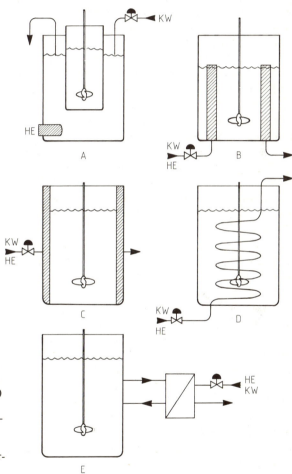

Abb. 7-2. Möglichkeiten zur Temperatur-Regulierung eines Bioreaktors. – In allen Fällen wird die Wärme durch ein Heizelement (elektrisch, Dampf oder Heißwasser, HE) und die Kälte durch Kaltwasser (KW) zugeführt. – A Wasserbad; B Ausbau von Prallblechen und Umlenkflächen zu Wärmetauscherflächen; C Doppelmantel; D Wärmetauscherschlangen; E Regulierung durch externe Wärmetauscher.

Druck

Die Löslichkeit von Gasen (z. B. Kohlendioxid und Sauerstoff) sowie von flüchtigen Substanzen hängt u. a. vom Druck im Bioreaktor ab. Es ist deshalb wichtig, den Druck zu messen und zu regeln. Die Bedeutung dieser Meßgröße (vor allem bei Laborbioreaktoren) wird häufig unterschätzt. Prinzipiell werden Bourdon-Federn oder Diaphragma-Druckmesser zur Bestimmung des Druckes verwendet. Bourdonfeder-Instrumente werden ausschließlich im unsterilen Bereich verwendet, so vor allem in Dampfleitungen und im Abgas. Diese einfache Druckbestimmungsmethode hat den Nachteil, daß eine Berechnung des Bioreaktordruckes aus dem Druck in der Abluft bei nassen oder verstopften Ausgangsfiltern zu falschen Werten führen kann.

Die direkte Bestimmung des Bioreaktordruckes erfolgt mit Diaphragma-Druckmessern, bei welchen die Meßeinrichtung mittels einer Membran vom sterilen Bereich getrennt ist. Die Druck-Regelung wird über ein Ventil in der Ausgangsluft durchgeführt.

Leistung an der Rührerwelle

Die Leistungsmessung an der Rührerwelle eines mechanisch gerührten Bioreaktors dient:

1. zur Berechnung der Betriebskosten für die Durchführung eines Prozesses und
2. zur Charakterisierung eines Bioreaktors, insbesondere zur Korrelation mit den Stofftransportdaten.

Im ersten Fall wird die Gesamtenergie des Antriebsmotors bestimmt, im zweiten aber nur derjenige Anteil der Gesamtenergie, der durch die Rührer auf die Flüssigkeit übertragen wird. Diese Messungen verlangen eine unterschiedliche Methodik. In Abb. 7-3 sind die verschiedenen Meßmöglichkeiten schematisch dargestellt.

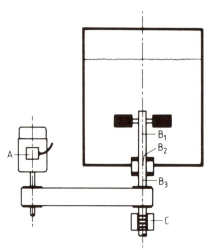

Abb. 7-3. Schematische Darstellung der Leistungsmeßmöglichkeit für einen Bioreaktor. – A Bestimmung der Klemmwerte am Antriebsmotor; B Bestimmung der Torsion an der Antriebswelle mittels Dehnungsmeßstreifen (DMS); B_1 DMS im sterilen Bereich; B_2 DMS in der Wellendurchführung; B_3 DMS außerhalb des Bioreaktors; C Schleifringkörper.

Die *Gesamtenergie*, welche für einen mechanisch gerührten Bioreaktor aufgewendet wird, wird üblicherweise mit einem Wattmeter gemessen. Die meisten Bioreaktoren sind mit einem Wattmeter ausgerüstet, das die Klemmenwerte am Antriebsmotor mißt.

Die durch den Rührer *auf die Flüssigkeit übertragene Energie* läßt sich prinzipiell aus der Gesamtenergie für den Antriebsmotor, dem Wirkungsgrad des Motors und den Reibungsverlusten an Wellenlagern und -abdichtungen berechnen. Die Abschätzung dieser Leistungsverluste ist aber nicht zuverlässig durchführbar. Zweckmäßigerweise wird die Leistungsübertragung auf die Flüssigkeit mit Dehnungsmeßstreifen (DMS) gemessen. Die DMS werden an der Antriebswelle angebracht. Die praktische Durchführung im Bereich des Bioreaktors erfordert allerdings besondere Vorkehrungen. Die DMS werden außerhalb des Bioreaktors, in der Wellendurchführung oder im Innern (d. h. im sterilen Bereich) auf die Welle aufgeklebt. Bei den ersten beiden Varianten werden allerdings noch Leistungsverluste in Lagern und Abdichtungen erfaßt. Es wird also nicht die effektiv auf die Flüssigkeit im Bioreaktor übertragene Leistung gemessen. Diese wird einzig durch die DMS im Reaktor ermittelt. Eine solche DMS-Fixierung darf aber weder die Sterilität des Bioreaktors beeinträchtigen noch die Charakteristik des DMS verändern. Zudem sind die elektrischen Verbindungen zwischen DMS und Schleifringkörper (als Verbindung zwischen rotierendem und statischem Teil) ebenfalls so zu gestalten, daß die sterile Arbeitsweise des Reaktors sichergestellt ist.

Drehzahl

Die Drehzahl N spielt bei der Auslegung eines Bioreaktors eine große Rolle. Zusammen mit dem Drehmoment ergibt sie die Leistung. Ferner dient die Drehzahl zusammen mit dem Rührerdurchmesser D_i zur Berechnung der Rührerspitzengeschwindigkeit V_{tip}, gemäß

$$V_{tip} = \pi \cdot N \cdot D_1 \tag{7-1}$$

Die Drehzahl wird direkt oder indirekt gemessen. Indirekte Methoden beruhen auf der Ausnützung von magnetischen oder optischen Effekten. Diese Geräte ermöglichen eine problemlose Messung der Drehzahl. Im allgemeinen ist mit einer Genauigkeit der Messung von ±2% des gesamten Bereiches zu rechnen. Direkt messende Geräte werden durch die Rührerwelle angetrieben. Tab. 7-3 zeigt typische Bereiche für die Drehzahlen mechanisch gerührter Bioreaktoren. Diese Erfahrungswerte weisen darauf hin, daß die Rührerspitzengeschwindigkeit vielfach konstant bleibt. Demzufolge sind die Drehzahlen für kleine Reaktoren hoch und diejenigen für große Gefäße kleiner.

Tabelle 7-3. Typische Bereiche für die Drehzahlen mechanisch gerührter Bioreaktoren.

Bioreaktorinhalt (L)	Drehzahlbereich (min^{-1})
3	200 bis 2500
10	200 bis 2000
50	100 bis 1500
200	50 bis 800
500	50 bis 400
1 000	50 bis 300
10 000	25 bis 200
50 000	20 bis 100
100 000	20 bis 80

Schaum

Viele mikrobiologische Wachstumssysteme neigen während bestimmten Wachstumsphasen zur Schaumbildung. Die Schaumbildung, die letztlich eine Folge der intensiven Durchmischung und Belüftung ist, wird durch die Anwesenheit oberflächenaktiver Substanzen stark gefördert. Diese Substanzen wiederum können entweder bereits zu Beginn des Experiments im Medium vorliegen, oder sie werden während des Versuchs gebildet und von den Zellen ausgeschieden.

Die Schaumentwicklung wird meistens mit Schaumsonden gemessen. Diese sind in ihrem Aufbau Füllstandsmeßfühlern sehr ähnlich. Man unterscheidet zwischen kapazitiven Schaumsonden und solchen, die auf dem Prinzip der Leitfähigkeitsmessung beruhen. Im ersten Fall besteht der Kondensator aus der Behälterwand und der Sonde. Normalerweise ist der obere Teil des Kondensators mit Luft gefüllt. Sobald der Schaum entsteht, taucht die Sonde in den Schaum ein. Somit bildet die Sonde einen Kondensator, dessen Kapazität sich durch die steigende oder sinkende Schaumkrone ändert.

Leitfähigkeits-Meßsonden beruhen auf dem Prinzip der Widerstandsänderung. Wenn im Bioreaktor kein Schaum vorhanden ist, ist der Widerstand zwischen den Elektroden unendlich groß; bei Eintauchen der Elektrodenspitze in ein leitendes Medium (z. B. Schaum) vermindert sich der Widerstand entsprechend der Leitfähigkeit. Die Leitfähigkeitsmethode erfordert einen geringeren Kostenaufwand als die kapazitive Schaummessung.

Die Schaumentwicklung kann auch berührungslos mittels Gammastrahlen gemessen werden. Als Strahlenquelle werden radioaktive Präparate (Cobalt oder Caesium) eingesetzt. Die Messeinrichtung besteht aus 2 Geräten (Abb. 7-4):

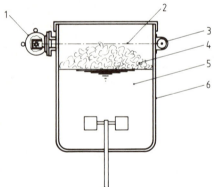

Abb. 7-4. Bestimmung der Schaumentwicklung mit Gammastrahlen. – 1 radioaktive Quelle in einem Strahlenschutzbehälter; 2 Strahlenweg; 3 Detektor mit Geiger-Müller-Zählrohr; 4 Schaum; 5 Nährlösung; 6 Reaktorwand.

1. einem Strahlenschutzbehälter mit der Strahlenquelle auf der einen Seite des Reaktors, sowie
2. dem Detektor mit eingebautem Geiger-Müller-Zählrohr auf der anderen Bioreaktorseite.

Die radioaktive Strahlung durchdringt den Kopfteil des Bioreaktors. Auf dieser Meßstrecke wird die Strahlung durch die Dichte des Schaumes beeinflußt.

Die Schaumentwicklung kann auf zwei Arten unterbunden werden: erstens durch eine mechanische Schaumentwicklung und zweitens durch die Zugabe von Antischaummitteln. Abb. 7-5 zeigt den schematischen Aufbau eines mechanischen Schaumseparators für einen Bioreaktor im Labormaßstab. Der Schaum ($\overset{*}{V}_s$) tritt von unten in den rotierenden Teil ein. Im Rotor wird der Schaum in die flüssige und die gasförmige Phase getrennt. Der Flüssigkeitsstrom ($\overset{*}{V}_L$) verläßt den Zentrifugen-ähnlichen Kopf durch einen Schlitz. Der Gasstrom ($\overset{*}{V}_G$) entweicht durch die hohle Antriebswelle des Schaumseparators und verläßt den Bioreaktor.

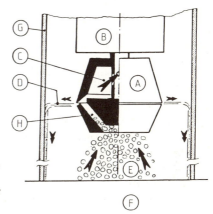

Abb. 7-5. Prinzip eines mechanischen Schaumseparators. – A rotierender Teil mit Antriebswelle; B statischer Teil, verbunden mit dem Bioreaktor; C separierte Gasphase; D separierte flüssige Phase; E eintretender Schaum; F Reaktionsraum; G Behälterwand; H unterer Teil des Rotors.

Normalerweise wird die Schaumbildung durch die Zugabe von chemischen Schaumbekämpfungsmitteln herabgesetzt. Als Antischaummittel sind Silikone oder andere Substanzen wie Mineralöl, Fischöl, n-Octylalkohol oder Polypropylenglykol verwendbar. Der Einsatz dieser Stoffe hängt vom Bioprozeß ab. Generell ist aber zu beachten, daß Antischaummittel den Sauerstoff-Transport erniedrigen können. Ebenfalls kann ein nicht abbaubares Antischaummittel bei der Produktaufbereitung stören.

Viskosität

Das rheologische Verhalten einer Kulturlösung kann durch einen mikrobiologischen Prozeß stark beeinflußt werden. Sehr ausgeprägt ist dieser Einfluß in Anwesenheit von filamentösen Organismen oder wenn ein Polymer während der Züchtung ausgeschieden wird. Obwohl die Viskosität eine wichtige Meßgröße in einem Bioreaktor darstellt, existieren sehr wenig Bemühungen, die Viskosität in situ zu erfassen. Normalerweise wird dem Bioreaktor eine Probe entnommen, welche off-line in einem Rotationsviskosimeter auf das rheologische Verhalten untersucht wird. Dabei ist zu beachten, daß feinverteilte Gasblasen die Viskosität vergrößern können. Ebenfalls entstehen durch Feststoffe (Zellen oder Myzelaggregate) fehlerhafte Messungen, und zwar entweder durch Ablagerungen an den Grenzflächen des Viskosimeters oder durch langsame Sedimentation in der Meßlösung. Die in einem Viskosimeter gemessene Viskosität kann nur bei Newtonschen Flüssigkeiten direkt auf den Reaktor übertragen werden. Bei nicht-Newtonschen Nährlösungen ist die scheinbare Viskosität abhängig von der Scherkraft. In diesem Fall ist die Erfassung der Rheologie in situ praktisch unmöglich. Allerdings kann das Fließverhalten durch die Leistungsaufnahme des Rührers charakterisiert werden. Zur Durchführung dieser Bestimmung müssen im Bioreaktor laminare Strömungsverhältnisse vorliegen. Wenn die Drehzahl soweit reduziert ist, daß diese Bedingung erfüllt ist, dann gilt:

$$N_P \cdot h = K_R \cdot N_{Re}^{-1} , \qquad (7\text{-}2)$$

wobei N_P Leistungskennzahl; h geometrischer Faktor für den Rührer, K_R Proportionalitätsfaktor zwischen N_P und der Reynoldszahl N_{Re} im laminaren Bereich.

Diese nur für den laminaren Strömungsbereich gültige Proportionalität zwischen Leistungskennzahl und Reynoldszahl sowie die Tatsache, daß die Scherrate in einem Scheibenrührer aus der Rührerspitzengeschwindigkeit berechnet werden kann, sind die Grundlagen zur in-situ-Bestimmung der Schubspannung bzw. der scheinbaren Viskosität (vgl. auch Kap. 4.3.1).

Trübungsmessung

Mikroorganismen-Suspensionen streuen eintretendes Licht. Das Ausmaß der Streuung wird beeinflußt durch Zahl, Größe und Form der suspendierten Zellen. Streuungs- und Trübungsmessungen sind für die Bestimmung der Zellzahlen unerläßlich. Sind Größe und Form der Zellen konstant, so ist die Trübung ein Maß für das Wachstum der Zellkultur. Diese Methode spielt in der Mikrobiologie vor allem als off-line-Technik eine große Rolle. Die Messung erfolgt als Relativmessung gegen geeignete Standards (meist die unbewachsene Kulturlösung) in einem Fotometer.

On-line-Trübungsmessungen für einen Bioreaktor sind prinzipiell auf zwei Arten möglich:

1. indem aus dem Bioreaktor ein konstanter Strom von Nährlösung durch ein Fotometer (Fließzelle) geleitet wird oder
2. indem mittels Lichtleiter die Lichtstrahlen direkt in den Bioreaktor geführt werden.

Im ersten Fall wird die Nährlösung aus dem Bioreaktor und durch eine Fotometer-Meßküvette gepumpt. Ist die Meßvorrichtung sterilisierbar, so kann die gemessene Lösung wieder in den Reaktor zurückgebracht werden.

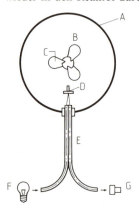

Abb. 7-6. Messung der optischen Dichte mittels Lichtleiter. — A Reaktorwand; B Bioprozeß; C Rührer; D Lichtreflektor; E Lichtleiter; F Lichtquelle; G Photozelle.

Im zweiten Fall dient die Meß-Sonde zur Erfassung der in-situ-Trübung. Abb. 7-6 stellt den prinzipiellen Aufbau einer derartigen Lichtleiter-Meßvorrichtung dar. Der von einer externen Lichtquelle erzeugte Lichtstrahl wird über eine Glasfaser-Optik in den Bioreaktor projiziert. Die durch die Zellen verursachte Veränderung des Lichtes (Streuung, Absorption etc.) kann durch einen Lichtreflektor erfaßt und wiederum über den Lichtleiter in den Bioreaktor auf eine Fotozelle geführt werden. Ähnlich aufgebaute Geräte sind auf dem Markt erhältlich (Brattka, 1982; Lee, 1981). Die Einsatzgrenzen einschließlich Meßtoleranzen für die Bestimmung optischer Dichten in mikrobiologischen Suspensionen sind durch die Elektronik einerseits und die Art dieser Mehrphasen-Strömung hinsichtlich Volumenkonzentration andererseits gegeben. Dabei sind zwei Problemkreise besonders hervorzuheben:

a) Form und Zahl der Zellen
b) Einfluß der dispergierten Luft.

Die Streuung bzw. Absorption des einfallenden Lichtes durch die Zellen ist nur in verdünnten Nährlösungen direkt der Zelldichte proportional (vgl. Abb. 3-3). Dichte Zellsuspensionen sind vor der Bestimmung der optischen Dichte zu verdünnen. Ferner ist bekannt, daß sich auch der physiologische Zustand der Zellen sowie evtl. Verklumpungen auf die Übertragbarkeit von Daten optischer Dichte ungünstig auswirken. Die Messung der optischen Dichte von Myzelsuspensionen ist daher extrem schwierig.

Schließlich wird die optische Dichte einer Zellsuspension auch durch die suspendierten Luftblasen beeinflußt, welche ihrerseits abhängig sind von der Drehzahl und der Luftmenge im Reaktor. Eine Veränderung der beiden zuletzt genannten Meßgrößen während der Trübungsmessung würde daher die on-line-Bestimmung der optischen Dichte verfälschen.

Fest steht, daß die Entwicklung von in-situ-Meß-Sonden für die optische Dichte von mikrobiellen Suspensionen noch nicht abgeschlossen ist. Es ist darum in jedem Fall angezeigt, zur Erfassung von Wachstumskurven noch andere Meßgrößen heranzuziehen (vgl. Abschn. 3.1).

7.2.2 Sensoren für chemische Meßgrößen

pH-Wert

Von ganz entscheidender Bedeutung für das Wachstum von Mikroorganismen ist die Einhaltung eines bestimmten pH-Wertes während der Züchtung. Die Einflüsse des pH-Wertes auf die spezifische Wachstumsgeschwindigkeit μ sind bereits im Abschn. 3.1 beschrieben worden (vgl. Abb. 3-2). Da die H^+- und OH^--Ionen, deren mengenmäßige Anteile den pH-Wert ausmachen, sehr bewegliche Ionen sind, können kleine Abweichungen vom optimalen pH-Wert große Auswirkungen auf ein Verfahren haben. Biotechnische Prozesse ohne pH-Messung oder pH-Kontrolle sind fast undenkbar.

Die pH-Messung erfolgt fast ausnahmslos mit einer sog. Einstabmeßkette, auch kombinierte Elektrode genannt (Bühler, 1976). In dieser pH-Sonde sind sowohl Glasmembran (Meßelektrode) als auch Bezugselektrode in einer einzigen Stabmeßkette untergebracht.

Die Einsatzfähigkeit einer pH-Sonde kann anhand der Messung von:

- Steilheit
- Ansprechzeit und
- elektrischem Widerstand

beurteilt werden. Eine gute pH-Sonde gestattet eine pH-Meßgenauigkeit von ± 0.025 pH-Einheiten. Die Qualität einer pH-Sonde wird während ihres Einsatzes vor allem durch zwei Effekte beeinträchtigt:

- durch die Sterilisation
- durch die Diaphragmaverunreinigungen.

Der Alterungsprozeß einer pH-Sonde wird vor allem durch die Sterilisation beschleunigt. Die Alterung manifestiert sich in einer längeren Ansprechzeit und in einem erhöhten Membranwiderstand. Diese beiden Effekte werden durch eine Quellschicht, welche sich auf beiden Seiten der pH-aktiven Membran ausbildet, ausgelöst. Zumindest die äußere Quellschicht kann durch kurzzeitiges Eintauchen in Flußsäure verkleinert werden.

Diaphragmaverschmutzungen führen zu wesentlich erhöhten Diffusionsspannungen. Die Verschmutzungen des keramischen Diaphragmas durch Proteine oder Silber-Verbindungen sind die häufigsten Ursachen für fehlerhafte pH-Messungen während mikrobiellen Züchtungen im Bioreaktor. Solche Verunreinigungen können durch eine Behandlung mit Proteasen oder Thioharnstoff entfernt werden.

Genauigkeit und Zuverlässigkeit von pH-Messungen hängen fast ausschließlich von der Eichung vor und während der Bioreaktion ab. Diese periodische Überprüfung ist unerläßlich bei Prozessen, welche mehrere Tage oder Wochen dauern. Normalerweise ist aber der sterile Wiedereinbau der geprüften und geeichten pH-Elektrode in den Bioreaktor nur mittels einer speziellen Wechselsonde möglich. Oft kann auch der Einbau einer zweiten pH-Meß-Sonde die Reproduzierbarkeit der Messung verbessern.

In einem pH-Regelkreis gibt der pH-Regler ein Signal auf ein oder mehrere Stellglieder, welche die Zugabe von pH-Korrekturmittel in den Bioreaktor erlauben. Als Stellglieder werden im Labor oft Pumpen eingesetzt, in größeren Anlagen dagegen Ventile. Die Signale für die Stellglieder enthalten Informationen, welche noch weiter verarbeitet werden können. So kann z. B. aus der Menge des zugegebenen pH-Korrekturmittels (die zum Stellgliedsignal proportional ist) das Wachstum quantitativ ermittelt werden. Ferner kann dieses Signal auch zur Zudosierung von Kohlenstoff- oder Stickstoff-Quellen benützt werden. Insbesondere gilt das für Fälle, in denen das pH-Korrekturmittel gleichzeitig die für das Wachstum erforderliche Stickstoffquelle darstellt (z. B. Ammoniak).

Redoxpotential

Mit Hilfe der exakten pH-Messung können orientierende Angaben wie „sauer" oder „basisch" durch meßbare Größen ersetzt werden. In ähnlicher Weise können die Begriffe „oxidierend" und „reduzierend" durch Redoxwerte ersetzt werden. Im Gegensatz zur Protonenaktivität, die durch den pH-Wert ausgedrückt wird, wird die Redoxspannung durch die Elektronenaktivität bestimmt. Der Ausdruck „Elektronenaktivität" ist richtig; er ist jedoch abstrakt, da in wäßrigen Lösungen keine freien Elektronen vorkommen. Die Redoxspannung kann auch als Maß für die Kraft aufgefaßt werden, mit der eine Substanz Elektronen aufnimmt oder abgibt.

Die Redoxspannung wird mit einer Redoxelektrode gemessen. Diese Elektrode kann selbst Elektronen aufnehmen oder abgeben. Die Bestimmung der Redoxspannung ist eine potentiometrische Messung; die praktisch stromlose Spannungsmessung verändert die chemische Zusammensetzung der Nährlösung nur unwesentlich.

In mikrobiellen Wachstumssystemen liegt eine Vielzahl von Redoxsystemen vor. Da die Redoxspannung immer durch das Verhältnis aller oxidierten und aller reduzierten Komponenten bestimmt wird, ist es unmöglich, aus der Redoxspannung die Konzentration einer einzelnen Komponente zu berechnen.

Die Messung im Bioreaktor ist sehr einfach: Man verwendet eine handelsübliche, sterilisierbare Platinelektrode zusammen mit der Bezugselektrode einer in der gleichen Nährlösung befindlichen pH-Elektrode. Zur Signalverstärkung genügt ein normaler pH-Meßverstärker. Da das Redoxpotential gleichzeitig auf pH-Wert und Sauerstoff-Partialdruck-Veränderungen reagiert, ist es angebracht, diese beiden anderen Meßgrößen mitzubestimmen.

Obwohl die Redoxpotentialmessung in biologischen Systemen beschrieben worden ist (Rabotnova, 1963; Jacob, 1971; Kjaergaard, 1977), wurde diese Meßgröße bisher noch wenig beachtet. Eine zuverlässige Interpretation der Meßergebnisse ist schwierig. Es können Meßwertveränderungen auftreten, die mit der Ausscheidung von Stoffen oder mit Stoffwechselveränderungen in Beziehung stehen.

Gelöster Sauerstoff

Wie bereits in Abschn. 4.1 dargestellt, ist der Sauerstoff in aeroben Wachstumssystemen sehr wichtig. Ist die Sauerstoffkonzentration in der Nährlösung zu gering, d.h. kann nicht genügend Sauerstoff aus der Gasphase nachgeliefert werden, so verändert sich die mikrobielle Produktivität eines Prozesses. Es ist daher von großer Bedeutung, daß der Sauerstoff in der Nährlösung gemessen werden kann. Um die Sauerstoffmessung korrekt zu interpretieren, müssen die folgenden Begriffe unbedingt auseinandergehalten werden:

gelöster Sauerstoff (C_L) (Sauerstoff-Konzentration): Anzahl der Menge von Sauerstoffmolekülen, die in der wäßrigen Phase gelöst sind, ausgedrückt in mg · L^{-1} oder ppm.

Sauerstoff-Partialdruck (pO_2) (oxygen tension): Anteil des Sauerstoffs bezogen auf den Gesamtdruck, ausgedrückt in Torr, atm oder bar. Der Gesamtdruck ist gleich der Summe aller Partialdrucke.

Sauerstoffaktivität: Anteil an der gesamten Sauerstoffmenge, der frei wirksam ist. Die aktive Masse erhält man durch Multiplikation der molekularen Konzentration mit dem Aktivitätskoeffizienten. Sie kann annäherungsweise mit der Sauerstoffkonzentration gleichgesetzt werden.

Der Zusammenhang zwischen Sauerstoff-Konzentration und Sauerstoff-Partialdruck ist bereits in Gleichung (4-1) beschrieben. Setzt man anstelle der Henrykonstanten den Löslichkeitskoeffizienten a ein, so entsteht:

$$C_L = a \cdot pO_2$$

Der Löslichkeitskoeffizient wird nicht nur von der Temperatur, sondern auch von der Zusammensetzung der Nährlösung stark beeinflußt (vgl. dazu Tab. 4-2), d.h. bei gleichbleibendem Sauerstoff-Partialdruck kann die effektive Löslichkeit ganz verschiedene Werte annehmen.

Wie wird der Sauerstoff gemessen? In biologischen Nährlösungen wird der Sauerstoff fast immer mit Sauerstoff-Sonden gemessen. Man unterscheidet grundsätzlich zwei Typen von Sauerstoffelektroden:

- Elektroden ohne Membran
- Elektroden mit gasdurchlässiger Membran (sog. Clark-Prinzip).

Sonden ohne Membranen sind in der Biotechnologie fast bedeutungslos. Wie später noch eingehender behandelt wird, haben membranlose Messungen den Vorteil, daß damit direkt die Sauerstoff-Konzentration gemessen werden kann. Allerdings sind derartige Elektroden (mit Gold oder Platin als Elektrodenmaterial) nicht länger als 1 bis 2 Stunden im Bioreaktor einsetzbar, da die Elektroden sich beschlagen. Zudem ist die Messung stark strömungsabhängig.

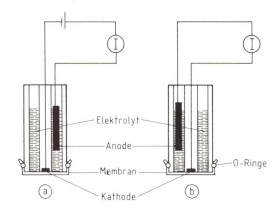

Abb. 7-7. Schematische Darstellung einer Membran-bedeckten Sauerstoff-Sonde. – a) polarographische Methode; b) galvanische Methode.

Heute werden in den meisten Fällen *Membran-Sonden* eingesetzt, Abb. 7-7 zeigt den Aufbau einer solchen Sonde nach dem Clark-Prinzip. Die Sauerstoff-Elektrode besteht aus einer Kathode und einer Anode, die durch einen Elektrolyten elektrisch leitend verbunden sind. Anode, Kathode und Elektrolyt sind von der Meßlösung durch eine gasdurchlässige, aber Ionen-undurchlässige polymere Membran getrennt. Der Sauerstoff diffundiert durch die Membran und wird an der Kathode selektiv reduziert. Aus dieser Reaktion entsteht zwischen

Kathode und Anode ein elektrischer Strom, der dem Sauerstoff-Partialdruck proportional ist. Da diese Sauerstoff-Meßmethode auf einer Strommessung basiert, werden diese Sonden *amperometrische Elektroden* genannt.

Die Menge des durch die Membran diffundierenden Sauerstoffs und damit die Größe des Elektrodenstromes werden von den folgenden Parametern beeinflußt:

- Sauerstoffpartialdruck der Meßlösung
- Membran-Material und -Dicke
- Größe der Kathode
- Temperatur
- Strömungsverhältnisse in der Meßlösung

Das Ficksche Gesetz ergibt den folgenden mathematischen Zusammenhang dieser Parameter:

$$i_{pO_2} = K \cdot \frac{A \cdot P \cdot pO_2}{d} \qquad (7\text{-}3)$$

i_{pO_2} Elektrodenstrom
K Konstante
A Kathodenoberfläche
P Membranpermeabilität bezüglich O_2
d Membrandicke
pO_2 Sauerstoff-Partialdruck in der Meßlösung

Unter der (berechtigten) Annahme, daß bei einer handelsüblichen pO_2-Sonde alle konstruktiven Parameter konstant sind, ist der Elektrodenstrom porportional zum Sauerstoff-Partialdruck in der Meßlösung. Mit einer membranbedeckten pO_2-Sonde kann also nie eine Sauerstoff-Konzentration bestimmt werden! Das gilt auch für den anderen Typ membranbedeckter Sonden, für die *galvanischen pO_2-Sonden*. Diese Sonden benötigen keine externe Spannungsquelle zur Reduktion des Sauerstoffes an der Kathode. Der Sauerstoff-abhängige Strom wird durch die Spannung zwischen einer Zink- oder Blei-Anode und einer Edelmetallkathode erzeugt.

Die folgenden vier Problemkreise sollten bei einer pO_2-Messung im Bioreaktor beachtet werden, damit die Messung zuverlässig wird:

- Ansprechzeit
- Stabilität
- Eichmöglichkeit
- Inhomogenitäten im Reaktor.

Die *Ansprechzeit* von pO_2-Sonden spielt vor allem bei schnellen, dynamischen Messungen eine Rolle (vgl. Abschn. 4.2). Die Ansprechzeiten konventioneller Sonden liegen in der Größenordnung von 1 Minute (d.h. Zeit von 0% bis 90% O_2-Sättigung bei Begasung mit

Luft). Für dynamische $K_L a$-Messungen sind diese Werte zu groß. Die Ansprechzeit ist proportional zu d^2. Mit einer sehr dünnen Membran kann diese Zeit also im Bereich von wenigen Sekunden liegen. Für Langzeitmessungen (z. B. biologische Versuche während mehrerer Tage oder Wochen) sind Ansprechzeiten von 1 Minute ausreichend.

Die Stabilität wird durch dicke Membranen verbessert. Insbesondere werden damit die pO_2-Sonden von der Strömung im Reaktor unabhängig. Wird die Membran von außen mit Mikroorganismen oder Schmutzpartikeln (auch Antischaummitteln) belegt, so kann die Sonde „driften". Verunreinigte Membranen zeigen eine längere Ansprechzeit. Es ist deshalb wichtig, die pO_2-Sonde regelmäßig zu *eichen*. Vor dem mikrobiologischen Experiment kann die Eichung mit Luft bzw. mit Stickstoff auf einfache Weise durchgeführt werden. Während des Versuches sind die Eichmöglichkeiten dagegen eingeschränkt. Die bereits bei der pH-Messung erwähnte Wechselsonde kann auch hier Abhilfe schaffen. In der Praxis hat sich auch vielerorts die Plazierung zweier Sauerstoff-Sonden im Bioreaktor bewährt. Erstens ist dadurch eine Querkontrolle sichergestellt, und zweitens ist es möglich, die eine Sonde mit einer dünnen Membran (dynamische Messungen) und die andere mit einer dickeren zu bestücken.

Theoretisch ist nur im ideal durchmischten Reaktor der Sauerstoff-Partialdruck im gesamten Volumen konstant. In der Praxis ist dies – besonders in größeren Reaktoren – nie der Fall. Da der pO_2-Wert je nach Aufnahmerate, Belüftungs- und Rührintensität im Reaktor Gradienten aufweist, ist der Ort, an dem die Sonde eingebaut wird, von Bedeutung. Insbesondere ist zu vermeiden, daß die Sonde direkt in der Rührerzone (zu hohe Werte) oder in einer stagnierenden Zone, z. B. hinter den Prallblechen (zu tiefe Werte), eingebaut wird.

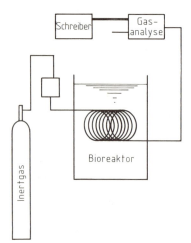

Abb. 7-8. Bestimmung der Sauerstoff-Konzentration im Bioreaktor mit der Schlauchmethode (Tubing method).

Eine Alternative zur Messung mittels pO_2-Sonden stellt die sogenannte *Schlauch-Methode* (Tubing method) dar. Bei dieser Methode wird ein langer, dünner Teflonschlauch (bis zu mehreren Metern lang) in den Bioreaktor eingebaut (vgl. Abb. 7-8). Der aus der Flüssigkeit in den Schlauch diffundierte Sauerstoff wird in einem Sauerstoff-freien Inertgasstrom einer Sauerstoff-Analyse zugeführt. Vorteile dieser Messung sind:

- Die Sterilität des Reaktors wird nicht beeinträchtigt;
- als Meßresultat ergibt sich keine örtliche pO_2-Angabe, sondern ein integraler Wert über die gesamte Schlauchlänge.

Die diffundierende Sauerstoff-Menge ist sehr oft so klein, daß zur exakten Analyse (sowohl für den Gasvolumenstrom als auch für die Gasanalyse) sehr genaue Instrumente notwendig sind.

Mit der Sauerstoff-Messung wird auch eine Regelung des Sauerstoff-Partialdruckes im Bioreaktor möglich. Diese Regelung kann auf eine der folgenden Arten erfolgen:

- durch Erhöhung des Luftdurchsatzes,
- durch Verbesserung der Rührintensität,
- durch Veränderung der Zusammensetzung der Zuluft und schließlich
- durch Kombination der vorher genannten Möglichkeiten.

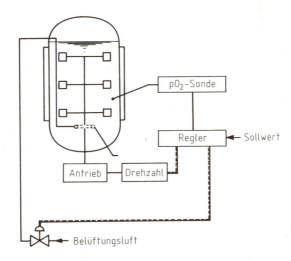

Abb. 7-9. Möglichkeiten zur Regelung des Sauerstoff-Partialdruckes im Bioreaktor. – In einem Falle geschieht dies über die Drehzahl des Rührers, und im anderen Falle über die Belüftungsintensität.

Eine mögliche Variante ist in Abb. 7-9 dargestellt.

Die für den jeweiligen Prozeß günstigste Methode muß fallweise eruiert werden. Die alleinige Erhöhung des Luftdurchsatzes kann zur Folge haben, daß die Schaumbildung zu groß wird. Auf der anderen Seite hat die Erhöhung der Drehzahl den Nachteil, daß die Strömung im Reaktor ungünstig verändert werden kann (anderes Strömungsmuster). Die Konstanthaltung des Sauerstoff-Partialdrucks durch Veränderung der Belüftungsluftzusammensetzung umgeht die vorhin genannten Nachteile. Diese Methode ist vor allem im Labormaßstab praktikabel, da die Kosten im Produktionsmaßstab (Zufuhr von reinem Sauerstoff) zu groß werden.

Abschließend sei noch die folgende Frage tangiert: Wird das Wachstum von Zellen durch den Sauerstoff-Partialdruck oder durch die Sauerstoff-Konzentration beeinflußt? Die Frage ist nicht eindeutig zu beantworten. Es gibt Belege für beide Möglichkeiten: Wenn die Zelle als ein System von mehreren Membranen (z. B. cytoplasmatische Membran) angesehen wird, dann sollte das Verhalten demjenigen einer membranbedeckten pO_2-Sonde ähnlich sein; es sollte also eine Beeinflussung nur durch den Partialdruck erfolgen. Es gibt aber experimentelle Hinweise, wonach Hefezellen eindeutig auf die aktuelle Sauerstoff-Konzentration (bei konstantem Partialdruck) reagiert haben (Einsele und Maric, 1980).

Gelöstes Kohlendioxid

Kohlendioxid kann den mikrobiellen Metabolismus sowohl positiv als auch negativ beeinflussen. Es gibt Mikroorganismen, die dauernd eine bestimmte Menge Kohlendioxid benötigen, um überhaupt wachsen zu können. Bekannter ist hingegen der Hemmeffekt von Kohlendioxid: Wird ein Bioreaktor mangelhaft belüftet, so besteht die Gefahr, daß zu wenig entstehendes Kohlendioxid ausgetrieben wird. Die daraus resultierende hohe Kohlendioxid-Konzentration ist für viele Wachstumssysteme hemmend.

Genaue Aussagen über die kritische Kohlendioxid-Konzentration in Nährlösungen sind schwierig, da exakte Meßmethoden fehlen. Obwohl die Kohlendioxid-Partialdruckmessung im Blut schon seit längerer Zeit durchgeführt wird, ist diese Bestimmung im Bioreaktor erst seit kurzem möglich, und zwar durch die Entwicklung einer sterilisierbaren pCO_2-Elektrode (vgl. Puhar et al., 1980a). Grundsätzlich basiert diese Sonde auf einer pH-Elektrode, deren Spitze aber von zwei weiteren Schichten umgeben ist (Abb. 7-10): In einer ersten − direkt an der Glaselektrode − ist eine wäßrige Bicarbonat-Lösung als Elektrolyt immobilisiert; eine zweite Schicht besteht aus einer gaspermeablen Membran (z. B. Teflon oder Silikon). Das Kohlendioxid diffundiert so lange durch die verstärkte, gasdurchlässige Membran in der Elektrolytschicht, bis der Partialdruck auf der Elektrolytseite und in der Nährlösung gleich groß ist. Wird die Schichtdicke des Bicarbonat-Elektrolyten klein gehalten und eine hoch durchlässige Membran verwendet, so stellt sich dieses Gleichgewicht sehr schnell ein.

Auf der Basis dieses Gleichgewichts und des Nernstschen Verhaltens der pH-Elektrode, mißt die pH-Elektrode schließlich eine Spannung, die dem Kohlendioxid-Partialdruck in der Nährlösung proportional ist.

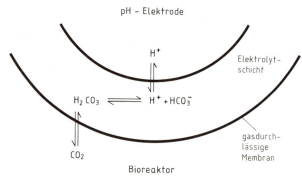

Abb. 7-10. Prinzip der CO_2-Elektrode. − Zwischen der flüssigen Phase im Bioreaktor und der Elektrolytschicht befindet sich eine gasdurchlässige Membran. Die Elektrolytschicht umgibt die pH-Elektrode.

Die Sonde kann auf zwei Arten geeicht werden:

1. indem ein in der Zusammensetzung bekanntes Luftgemisch in den Bioreaktor geleitet wird, oder
2. indem anstelle der Bicarbonatlösung von außen eine spezielle Pufferlösung in den Zwischenraum zwischen gasdurchlässiger Membran und Glaselektrode gebracht wird. Diese Pufferlösungen entsprechen bekannten $p\,CO_2$-Werten. Auf diese Weise kann die Sonde ohne weiteres während des Versuches nachgeeicht werden.

Flüchtige chemische Substanzen

In belüfteten mikrobiellen Kulturen spielt die Erfassung flüchtiger Substanzen aus zwei Gründen eine wichtige Rolle:

1. Die qualitative Bestimmung von Substanzen, welche über die Ausgangsluft den Bioreaktor verlassen (z. B. Ethanol) kann wichtige Hinweise über den Stoffwechsel liefern.
2. Die quantitative Erfassung aller Stoffe, die durch ihren Dampfdruck in der Ausgangsluft enthalten sind, ist eine unabdingbare Voraussetzung zur vollständigen Darstellung einer Kohlenstoff-Bilanz.

Flüchtige Substanzen können entweder im Abluftstrom selbst oder aber mit der Tubing-Methode direkt in der Nährlösung erfaßt werden. Die Tubing-Methode wurde bereits im Zusammenhang mit der Erfassung des gelösten Sauerstoffes erwähnt (vgl. Puhar et al., 1980). Zur Durchführung der Tubing-Methode braucht es zweierlei:

1. Eine selektiv permeable Membran, durch welche die gesuchte Substanz diffundiert und in einem inerten Medium aufgenommen wird, und
2. eine Analyseneinheit, welche selektiv die gesuchte Substanz erfaßt.

Die Beschaffenheit des Membranmaterials hat großen Einfluß auf den Stoffdurchtrittskoeffizienten. Die Diffusion des gesuchten Stoffes wiederum ist entscheidend für die Auslegung der Membrangröße (bzw. Schlauchlänge). Beispielsweise läßt sich Alkohol in Nährlösungen mit einem Silikonschlauch von 30 cm Länge zuverlässig bestimmen. Hingegen sind bereits 5 – 10 cm Teflonschlauch (Porosität 80%; Porengröße 10^{-6} m) für das Erreichen des Gleichgewichtes ausreichend. Durch die Auswahl eines geeigneten Schlauchmembranmaterials läßt sich diese Methode auch auf die Bestimmung anderer Substanzen ausweiten, z. B. auf Wasserstoff, Ammoniak, Methan, Essigsäure, Sauerstoff, Kohlendioxid oder Methanol.

Das Medium des Inertstromes kann prinzipiell flüssig oder gasförmig sein. Obwohl meist Stickstoff als Inertgasstrom zum Einsatz kommt, sind durchaus auch flüssige Medien denkbar.

Die Analyse des Gasstromes kann wiederum auf verschiedene Arten erfolgen: mittels Gaschromatographie, durch Gashalbleiter oder mit Massenspektrometern. Vermehrt werden heutzutage kompakte Geräte mit Gashalbleitern verwendet. Das Prinzip dieses Gerätes ist ähnlich demjenigen eines Rauchdetektors. Der Sensor ist ein Gashalbleiter, der seine elektrische Leitfähigkeit verändert, wenn er mit brennbaren Gasen (Wasserstoff, Kohlenmonoxid, Methan u. a.) bzw. mit organischen Dämpfen in Berührung kommt.

Die Bestimmung von flüchtigen Substanzen mit einem Massenspektrometer ist dank der Weiterentwicklung dieser Analysengeräte immer häufiger anzutreffen. Obwohl der Gestehungspreis eines Massenspektrometers hoch ist, sinkt der Preis pro Analyse enorm, da das Gerät infolge seiner Schnelligkeit für mehrere Analysen und/oder Bioreaktoren einsetzbar ist. In Entwicklung begriffen ist ein Teflonmembransystem, welches direkt in den Bioreaktor eingebaut werden kann. Durch diese Membran diffundieren Moleküle der flüchtigen Substanzen. Diese gelangen dabei in das Hochvakuum-System des Massenspektrometers und werden auf diese Weise der Massenanalyse zugeführt. Diese Methode hat mehrere Vorteile: Erstens hat dieses System enorm kleine Ansprechzeiten, was für dynamische Messungen von Vorteil ist, und zweitens lassen sich kleinste Mengen flüchtiger Substanzen nachweisen. Dies ist besonders für die Messung von Sauerstoff von Interesse, da die handelsüblichen Sauerstoff-Sonden im mikro-aerophilen Bereich keine zuverlässigen Daten liefern.

Ionensensitive Elektroden

Die ionensensitiven Elektroden sind elektrochemische Ionensensoren, bei denen aufgrund des Ionendurchtritts über die Phasengrenze „Elektrode/Meßlösung" eine Potentialdifferenz auftritt, die proportional der Meßionenaktivität bzw. -konzentration ist. Je nach Aufbau und Wahl von Membran und Elektrode ist die Elektrode spezifisch, d. h. sensitiv für ein spezielles Ion. Demzufolge können diese Meßelektroden als Konzentrations-Spannungswandler aufgefaßt werden. Am bekanntesten ist die bereits besprochene pH-Glaselektrode. In den letzten Jahren sind etwa 15 weitere Elektroden entwickelt worden, mit welchen sich in der allgemeinen Analysentechnik etwa 30 Ionenarten und neutrale Gase quantitativ erfassen lassen. Man unterteilt die ionensensitiven Elektroden in verschiedene Kategorien: ionensensitive Festkörperelektroden, Flüssigmembranelektroden und gassensitive Elektroden. Tab. 7-4 gibt einen Überblick über die Meßmöglichkeiten mit diesen Sondentypen. In der Biotechnologie sind ionensensitive Elektroden – außer den pH-Glaselektroden – eher selten anzutreffen. Zwei Gründe erklären dies:

1. Die wenigsten dieser Elektroden lassen sich mit Hitze sterilisieren, so daß ein in-situ-Einsatz nicht in Frage kommt.
2. Viele der für die allgemeine Analysentechnik entwickelten Sensoren (z. B. für Na^+; K^+; Ag^+; Cl^-; F^- u. a.) sind für die kontinuierliche Routine-Messung im Bioreaktor uninteressant.

Allerdings ist zu hoffen, daß Weiterentwicklungen von ionensensitiven Elektroden neue Möglichkeiten für Messungen in Bioreaktoren bieten. Von vordringlichstem Interesse für den Einsatz im Bioreaktor sind Sonden zur Erfassung von wichtigen Nährlösungskomponenten, wie Stickstoff, Phosphor oder Schwefel. In einem umfassenden Übersichtsartikel über die Rolle ionensensitiver Elektroden in der Kontrolle mikrobieller Prozesse wird die zukünftig steigende Bedeutung dieser Analytik beschrieben (Clark et al., 1982). Weitere Hinweise sind zu entnehmen: Grünke, 1980; Kell, 1980.

Tabelle 7-4. Systematik der ionensensitiven Elektroden (mit Beispielen).

Elektrodentyp	bestimmbare Ionen bzw. Atome
Festkörperelektroden	F^-, Cl^-, Br^-, J^-, CN^-, H^+, Na^+, Cu^{2+}, Cd^{2+}, Pb^{2+}
Flüssigmembranelektroden	K^+, Ca^{2+}, NO_3^-
Gassensitive Elektroden	NH_3, CO_2

7.2.3 Sensoren mit fixiertem Biomaterial

Theoretisch lassen sich die Sensoren mit fixiertem Biomaterial als eine Erweiterung der ionensensitiven Elektroden auffassen, eine Erweiterung allerdings, die das Anwendungsgebiet fast ins Unermeßliche ausdehnt. Wie im vorhergehenden Abschnitt erwähnt, besteht die Selektivität einer ionenspezifischen Sonde darin, daß die Membran zwischen der wäßrigen Phase in der Meßlösung einerseits und derjenigen auf der Elektrodenseite anderseits die Ionensensitivität bestimmt.

Die Möglichkeit, Enzyme oder ganze Zellen in dieser Grenzschicht zu fixieren, erhöht die Selektivität eines Sensors ganz allgemein.

Sensoren mit fixierten Enzymen

Im Unterschied zu den ionensensitiven Elektroden, welche in der Biotechnologie wenig verbreitet sind, ist das Anwendungsgebiet der Sensoren mit fixierten Enzymen vor allem in der biochemischen Analytik zu suchen. Sie erlauben die quantitative Erfassung von wichtigen Substanzen in einer Nährlösung (Kell, 1980; Clarke, 1982). Das Prinzip einer Enzymsonde ist in Abb. 7-11 schematisch dargestellt. Die Sonde besteht aus zwei Teilen: einem fixierten Enzym in der Nähe der sensitiven Elektrodenfläche sowie einem elektrochemischen Sensor. Das spezifische, fixierte Enzym erfaßt die zu analysierende Substanz als Substrat und setzt sie zu einem meßbaren Produkt um. Das Enzym an der Elektrodenspitze ist normalerweise durch eine semipermeable Membran geschützt. Die zu erfassende Substanz diffundiert also durch die Membran zur Matrix, welche das Enzym fixiert. Das entstehende Produkt wird durch den elektrochemischen Sensor erfaßt. Dieser Sensor kann eine amperometrische oder eine potentiometrische Elektrode sein (vgl. Situation bei den Sauerstoff-Elektroden). Als Beispiel sei die Enzymelektrode zur Bestimmung von Penicillin hervorgehoben: Die Selektivität der Bestimmung ist gegeben durch das Enzym Penicillinase, welches in der Membran fixiert ist. Bei der Reaktion von Penicillin mit der Penicillinase entstehen H^+-Ionen. Diese Ionen werden mit einer pH-Sonde erfaßt, es entsteht ein Signal, das mit der Penicillin-Konzentration korreliert werden kann.

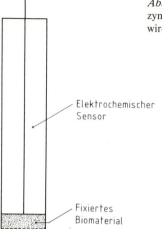

Abb. 7-11. Prinzip einer Enzymelektrode. – Das immobilisierte Enzym katalysiert eine Produkt-spezifische Reaktion. Die Reaktion wird mit einem elektro-chemischen Sensor verfolgt.

Tab. 7-5 gibt eine Übersicht über Anwendungsmöglichkeiten für Enzymelektroden. Die meisten Enzymelektroden können nicht in Bioreaktoren eingesetzt werden, da sie nicht sterilierbar sind. Es ist also notwendig, die Messung im Ausgangsstrom (für kontinuierliche Kulturen) oder allenfalls im by-pass durchzuführen. Auf diese Weise sind viele automatisierte Analysensysteme entstanden: Der Abfluß aus dem Bioreaktor wird direkt einem Analysensystem zugeführt. Das bekannteste Anwendungsbeispiel für Enzymsonden in der Analytik ist der Glucoseanalyzer.

Neuere Entwicklungen, die zwei oder mehrere Enzyme verwenden oder mit gleichzeitig fixierten Co-Enzymen arbeiten, zielen darauf ab, die Langzeitstabilität von Enzymelektroden zu verbessern.

Zwei weitere Analysensysteme sind unter dem Aspekt der Enzymanalytik zu erwähnen: der Enzym-Thermistor sowie die Kombination von Enzymelektroden mit dem Massenspektrometer. Im Enzym-Thermistor können enzymkatalysierte, exotherme Reaktionen erfaßt

Tabelle 7-5. Anwendungsbeispiele für Enzymelektroden.

zu analysierende Substanz	fixiertes Enzym	elektrochemischer Sensor
Glucose	Glucose-Oxidase	Sauerstoffelektrode
Glucose	Glucose-Oxidase	pH-Elektrode
Lysin	Lysin-Decarboxylase	CO_2-Elektrode
Asparagin	Asparaginase	Ionensensitive (NH_4^+) Elektrode
Glutamin	Glutaminase	Ionensensitive (NH_4^+) Elektrode
Harnstoff	Urease	pH-Elektrode
Penicillin	Penicillinase	pH-Elektrode
Ethanol	Alkoholdehydrogenase	Sauerstoffelektrode

werden. In einem Durchflußkalorimeter ist ein spezielles Enzym fixiert. Die zu analysierende Substanz fließt durch den Thermistor, dabei wird die entstandene Wärmemenge gemessen und daraus die Menge der gesuchten Substanz berechnet (Danielsson and Mosbach, 1979; Danielsson et al., 1979).

Der Einsatz des Massenspektrometers im Zusammenhang mit fixierten Enzymen ist relativ neu. Prinzipiell ist das Massenspektrometer aber als eine Erweiterung des elektrochemischen Sensors aufzufassen. Das Enzym ist nach wie vor auf einer Membran fixiert und setzt das gesuchte Substrat katalytisch um. Das entstehende Produkt muß nun aber ein kleines Molekulargewicht haben, um leicht flüchtig zu sein. Diese leicht flüchtigen Stoffe gelangen durch das Hochvakuum in den Massenspektrometer zur Analyse. Beispielsweise ist durch diese Technik Harnstoff (CO_2 als flüchtiges Produkt) bestimmt worden (Weaver et al., 1976; Weaver et al., 1980).

Sensoren mit fixierten ganzen Zellen

Die Entwicklung von Sonden mit fixierten ganzen Zellen ist eine logische Weiterführung des grundlegenden Prinzips, welches schon bei den Sonden mit fixierten Enzymen angewendet worden ist. Die Methode der Fixierung von einzelnen Enzymen wird dann aufwendig, wenn mehrere Enzyme notwendig sind, um eine Reaktion zu katalysieren. Die verschiedenen Enzyme müssen zuerst isoliert, gereinigt und schließlich mit einer geeigneten Methode fixiert werden. Oft müssen Kompromisse bezüglich der pH-Wert-Optimierung in der Matrix des Membranmaterials gemacht werden, denn die zu fixierenden, verschiedenen Enzyme weisen sehr oft unterschiedliche pH-Wert-Optima auf.

Es liegt deshalb nahe, anstelle einzelner Enzyme die ganzen Zellen zu fixieren. Auf diese Weise können viele Vorteile verbunden werden: Keine Beschaffung von teuren Enzymen, bessere Langzeitstabilität, komplexere Reaktionssequenzen können erfaßt werden, die Regenerierung der Cofaktoren wird von den Zellen übernommen.

Die mikrobiellen Sonden bestehen, ähnlich wie die Enzymsonden, aus zwei Teilen: dem fixierten mikrobiologischen Material sowie dem elektrochemischen Sensor. Suzuki and Karube (1979) teilen die mikrobiellen Sonden in drei Kategorien ein:

1. Sensoren, bei welchen das Produkt durch eine Sauerstoff-Elektrode gemessen wird,
2. Sensoren, welche entstehende Substanzen amperometrisch messen, und schließlich
3. mikrobielle Sonden, bei welchen das Produkt mit einer pH-Wert- oder einer pCO_2-Sonde gemessen wird.

Tab. 7-6 gibt eine Übersicht über Sonden mit fixierten Mikroorganismen, welche zur Prozeßkontrolle von Bioprozessen eingesetzt werden. Es ist auch bei diesen Sonden möglich, die entstehenden Produkte mit dem Massenspektrometer zu erfassen.

Sonden mit fixierten Zellen können ebenfalls nicht mit Hitze sterilisiert werden. Dem Einsatz im Bioreaktor sind deshalb einige Grenzen gesetzt. Viele Entwicklungen stammen aus dem Gebiet der Abwassertechnik (Erfassung des BOD-Gehaltes oder des Phenolgehaltes).

Tabelle 7-6. Einige Elektroden mit fixierten Zellen.

Zu bestimmende Substanz	Fixierte Zellen	Elektrochemischer Sensor	Meßbereich (mg · L^{-1})	Stabilität (d)
Glucose	*Pseudomonas fluorescens*	Sauerstoff-Elektrode	3 bis 20	14
assimilierbare Zucker	*Bacillus lactofermentum*	Sauerstoff-Elektrode	20 bis 200	20
BOD	aktiver Schlamm	Sauerstoff-Elektrode	3 bis 20	30
Nicotinsäure	*Lactobacillus arabinosus*	pH-Elektrode	$5 \cdot 10^{-2}$ bis 5	30
Glutaminsäure	*Escherichia coli*	Kohlendioxid-Elektrode	8 bis 800	15
Phenol	*Trichosporon cutaneum*	Sauerstoff-Elektrode	0 bis 15	5

7.3 Indirekte Meßgrößen

Definitionsgemäß handelt es sich bei den indirekten Meßgrößen um Analysendaten, welche eine indirekte Aussage über den Prozeß im Bioreaktor zulassen. Derartige Analysendaten sind dann für eine indirekte Aussage geeignet, wenn sie entweder in einem funktionalen Zusammenhang mit einer zu messenden Größe (Abschn. 7.3.1) oder aber die Grundlage darstellen für Bilanzierungen mit dem Bioreaktor als Bilanzgebiet (Abschn. 7.3.2).

Indirekte Methoden sind wertvoll, weil sie oft keinen direkten Eingriff in den Bioprozeß notwendig machen. Damit können die Probleme der Sterilisation einer Meßvorrichtung elegant umgangen werden. Im englischen Sprachgebrauch nennt man diese Größen oft „Gateway-Sensoren", weil sie den Weg zu einer neuen Information öffnen. Indirekte Meßgrößen benötigen oft den Einsatz von Prozeßrechnern, da sie umfangreiche Berechnungen notwendig machen.

7.3.1 Indirekte Sensoren

Tab. 7-7 zeigt einige Möglichkeiten auf, wie Sensoren zur Erfassung von indirekten Informationen verwendet werden können.

Die pH-Sonde ist ein Beispiel für einen Sensor, der sowohl direkte als auch indirekte Informationen liefern kann. Die direkte Information, nämlich der pH-Wert einer Kulturlösung, ist die bekanntere Anwendung. Dient aber der Meßwert zur Korrektur des pH-Wertes, so wird durch den Vergleich des pH-Ist- und des pH-Soll-Wertes die Zugabe des pH-Korrekturmittels (Säure oder Lauge) gesteuert. Die Zugabemenge kann erfaßt werden, sie ergibt, je nach Berechnungsart (kumulativ oder differentiell) die additive bzw. die momentane Produktbildungsgröße. Daher kann diese Zugabemenge unter bestimmten Voraussetzungen als indirektes Maß für die Zelldichte und damit zur Aufnahme von Wachstumskurven verwendet werden.

Die Sauerstoff-Sonde ist vielfach als indirekter Sensor zur Bestimmung der Sauerstoff-Aufnahme beschrieben worden.

Tabelle 7-7. Sensoren für indirekte Informationen.

Sensor	Information
pH-Wert	Säureproduktionsgeschwindigkeit
pO_2	Sauerstoff-Aufnahmegeschwindigkeit
O_2-Analyse, Gasdurchfluß	Sauerstoff-Aufnahmegeschwindigkeit
CO_2-Analyse, Gasdurchfluß	Kohlendioxid-Produktionsgeschwindigkeit
Fluorometer	Fluoreszenz von Zellbestandteilen, Fluoreszenz von Produkten

Die *Fluorometer*-Sonde verspricht mehr und mehr, zu einer aussagekräftigen Meßmethode in der mikrobiologischen Verfahrenstechnik zu werden. Stark vereinfacht versteht man unter der Fluoreszenz die Eigenschaft von Molekülen, absorbiertes Licht mit einer spektralen Verschiebung wieder zu emittieren (Beyeler et al., 1981). Diese Methode, eingesetzt in der Biologie, macht sich zu Nutzen, daß viele biologische Komponenten fluoreszieren (z.B. NAD(P)H, Chlorophyll, Alkaloidderivate oder Antibiotica). Da bisher wenige Fälle bekannt sind, in welchen der fluoreszierende Stoff direkt interessiert, wird die Fluorometer-Sonde in die Kategorie der indirekten Meßmethoden eingereiht. (vgl. Abb. 7–12). Die wesentlichen Vorteile der Fluoreszenzmethode sind:

- große Empfindlichkeit,
- praktisch keine zeitliche Verzögerung durch die Sonde,
- hohe Selektivität durch geeignete Wahl der Anregungs- bzw. der Fluoreszenzwellenlänge.

In den bisherigen Anwendungen in der Biotechnologie wurden vor allem reduzierte Pyridinnukleotide (NADH und NAD(P)H) gemessen. Die Erfassung der NADH-abhängigen Fluoreszenz im Verlauf eines mikrobiellen Prozesses ist aus folgenden Gründen relevant:

- die NADH-Fluoreszenz korreliert mit der Biomassekonzentration;
- das NAD/NADH-Gleichgewicht ist abhängig von wichtigen Parametern wie Sauerstoff- und Substratkonzentration: Substratmangel verschiebt das Gleichgewicht zugunsten von NAD, Sauerstoff-Mangel hingegen auf die Seite von NADH.

Abb. 7–13 zeigt die Abhängigkeit des Fluoreszenzsignals von der Biomassekonzentration einer Kultur von *Saccharomyces cerevisiae*. In diesem Falle ist es also möglich, im Bereich von 2 bis 10 g · L^{-1} mittels Fluoreszenz ein linear abhängiges Signal zu ermitteln, welches die indirekte Bestimmung einer Wachstumskurve erlaubt. Abb. 7–14 ist eine Darstellung der

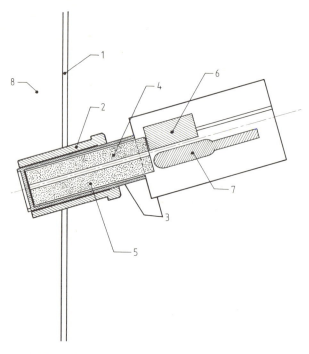

Abb. 7-12. Schema des Fluorometers. – 1 Reaktorwand; 2 Stutzen; 3 Sonde; 4/5 Lichtleiter; 6 Photodetektor; 7 UV-Lampe; 8 Bioreaktor.

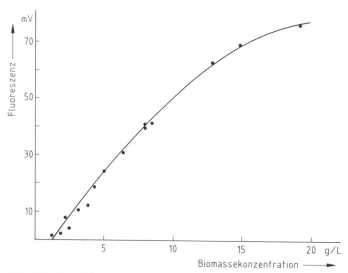

Abb. 7-13. Sensitivität des Fluorometers. – Abhängigkeit der Fluoreszenz von der Biomassekonzentration.

7.3 Indirekte Meßgrößen 177

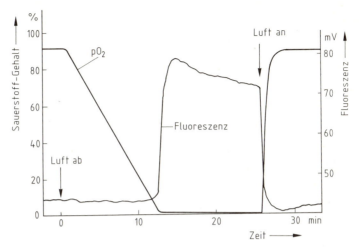

Abb. 7-14. Verlauf der Fluoreszenz während einer kontinuierlichen Kultur von *Candida tropicalis.* — Die Fluoreszenz und der Sauerstoff-Gehalt zeigen im Verlauf des Shifts aerob-anaerob-aerob charakteristisches Verhalten.

Fluoreszenz als Funktion des Sauerstoff-Partialdruckes. In diesem Experiment wurde die Belüftung unterbrochen. Als Folge davon sinkt der Sauerstoff-Partialdruck in der Nährlösung. Wird der kritische Partialdruck unterschritten, so verschiebt sich das NAD/NADH-Gleichgewicht, die Fluoreszenz steigt an. Dies kann durch Öffnen der Luftzufuhr wieder rückgängig gemacht werden. Unter solchen Voraussetzungen kann das Fluoreszenzsignal zur indirekten Bestimmung der optimalen Belüftung verwendet werden. Ein analoges Vorgehen ist bei der Regelung der Substratdosierung in einem Bioprozess möglich. Prinzipiell können mittels der NADH-abhängigen Fluoreszenz folgende Problemstellungen behandelt werden:

- Bestimmung der Biomassekonzentration
- Bestimmung von Wachstumsgeschwindigkeiten
- Optimierung von Substratzuführungen
- Bestimmung des kritischen pO_2
- Bestimmung von $K_L a$ - Werten
- Kinetik der Substrataufnahme
- Überwachung von kontinuierlichen Kulturen

Da bei der Verwendung von anderen Spektralbereichen auch andere fluoreszierende Stoffe gemessen werden können, läßt sich diese Methodik noch erweitern. So kann man sich durchaus vorstellen, damit auch eine on-line-Analytik von (fluoreszierenden) Stoffen durchzuführen (z.B. Alkaloide, Antibiotica).

Abb. 7–12 zeigt die schematische Darstellung einer Fluoreszenz-Sonde im Bioreaktor. Die Fluoreszenzmessung als solche ist schon lange bekannt (Schwedt, 1981), indessen ist die sterilierbare Meß-Sonde im Bioreaktor neu. Das Licht der UV-Lampe wird über ein Linsensystem oder einen optischen Leiter in den Bioreaktor gestrahlt. Das entstandene Fluoreszenzlicht aus der Nährlösung wird ebenfalls über ein Lichtleitersystem einem Fotodetektor zugeführt. Durch die Wahl der Filtersysteme kann die Wellenlänge des anregenden Lichts auf die zu erfassende Substanz abgestimmt werden.

7.3.2 Bilanzierungen

Die Bilanzierung ist eine Methode, um indirekt Informationen über einen Bioprozeß zu erhalten. Oft ist eine Bilanz sogar die einzige Möglichkeit, um quantitative Aussagen über ein System zu machen. In der Biotechnologie sind wichtige Bilanzgrößen die Masse (z. B. Kohlenstoff, Sauerstoff etc.) und die Energie. Für die meisten Bilanzgrößen gelten Erhaltungssätze, d.h. sie können weder erzeugt noch vernichtet werden. Die Bilanzierung umfaßt die Festlegung des Bilanzraumes, die Auswahl der Bilanzgrößen, die Aufstellung der Bilanzgleichungen mit dem Ziel, quantitativ ausgeglichene, zusammengefaßte Gegenüberstellungen der interessierenden Bilanzgrößen zu erhalten, sowie die zahlenmäßige Auswertung der Bilanzgleichungen. Zur Aufstellung einer Bilanz ist der zu betrachtende räumliche bzw. zeitliche Bereich genau abzugrenzen und zu kennzeichnen. Dies erfolgt durch die Festlegung des Bilanzbereichs oder der Bilanzhülle, die das zu bilanzierende System (z. B. den Bioreaktor als Bilanzraum) von der Umgebung abtrennt. Kopplungen mit der Umgebung sind als Ein- und Ausgänge zu interpretieren.

Die Bilanzhülle kann je nach Bilanzgröße und Bilanzbereich durchlässig sein. Ist die Bilanzhülle durchlässig, so spricht man von einem offenen System; ist sie undurchlässig, nennt man das entsprechende System geschlossen. Im folgenden werden einige, im Bilanzraum Bioreaktor wichtige Bilanzen besprochen.

Die *Biomassebilanz* in einer kontinuierlichen Kultur
(Chemostat als offenes System):

$$\frac{d(V_R \cdot x)}{dt} = F_O \cdot x_O + r_x \cdot V_R - F_1 \cdot x_1 \qquad (7-4)$$

| Änderung der Biomassekonzentration im Bioreaktor | In den Bioreaktor eintretende Biomasse | Im Bioreaktor gebildete Biomasse | Aus dem Bioreaktor austretende Biomasse |

dabei bedeuten: V_R Volumen der flüssigen Phase im Bioreaktor, F Flußgeschwindigkeit, r_x Biomassebildungsgeschwindigkeit, x Biomassekonzentration; Indices: 0 Eingang, 1 Ausgang.

Im chargenweisen Ansatz gilt $F_0 = 0$ und $F_1 = 0$, somit entsteht:

$$\frac{d(V_R \cdot x)}{dt} = r_x \cdot V_R \, . \qquad (7-5)$$

Die *Substratbilanz* einer kontinuierlichen Kultur (Chemostat als offenes System) lautet:

$$\frac{d(V_R \cdot S)}{dt} = F_O \cdot S_O + r_S \cdot V_R - F_1 \cdot S_1 \qquad (7-6)$$

| Änderung der Substratkonzentration im Bioreaktor | In den Bioreaktor einfließendes Substrat | Im Bioreaktor verbrauchtes Substrat | Aus dem Bioreaktor austretendes Substrat |

dabei bedeuten: S Substratkonzentration und r_S Substratverbrauchsgeschwindigkeit.

Sauerstoff-Bilanz

Zur Auslegung eines aeroben, mikrobiologischen Prozesses in einem Bioreaktor wird vorwiegend die Sauerstoff-Bilanz herangezogen. Es ist zu unterscheiden zwischen einer Sauerstoff-Bilanz in der Gasphase und einer solchen in der Flüssigphase des Bioreaktors (unterschiedlicher Bilanzraum!)

Für die Gasphase gilt:

$$\frac{d(V_G \cdot C_{O_2})}{dt} = LM_E \cdot C_{O_2,E} - K_L a(C^*_{O_2,L} - C_{O_2,L}) - LM_A \cdot C_{O_2,A} \qquad (7-7)$$

| Änderung der O_2-Konzentration in der Gasphase | eingeblasener Sauerstoff | in die Flüssigkeit transportierter Sauerstoff | mit der Abluft ausgetragener Sauerstoff |

wobei bedeuten: V_G Gasstrom, LM Luftmenge; Indices: E Eingang, A Ausgang und L flüssige Phase.

Für die flüssige Phase gilt:

$$\frac{d(V_R \cdot C_{O_2,L})}{dt} = K_L a(C^*_{O_2,L} - C_{O_2,L}) \cdot V_R - Q_{O_2} \cdot X \cdot V_R \qquad (7-8)$$

| Änderung der O_2-Konzentration in der Flüssigphase | In die Flüssigphase eingetragener Sauerstoff | Sauerstoff, von den Zellen aufgenommen |

wobei: Q_{O_2} spezifische Sauerstoff-Aufnahmegeschwindigkeit der Zellen.

Diesen dynamischen Sauerstoff-Bilanzen stehen die statischen Sauerstoff-Bilanzen zur Berechnung von Gasumsätzen gegenüber:

$$LM_E \cdot a_{O_2,E} = LM_A \cdot a_{O_2,A} - Q_{O_2} X \cdot V_R \tag{7-9}$$

| Masse des in den Bilanzraum eingetragenen Sauerstoffs | Masse des aus Bilanzraum ausgetragenen Sauerstoffs | Masse des im Bilanzraum umgesetzten Sauerstoffs |

wobei a Anteil des Gases am Gasgemisch.

Eine analoge Massenbilanz kann für das Kohlendioxid erstellt werden:

$$LM_E \cdot a_{CO_2,E} = LM_A \cdot a_{CO_2,A} - Q_{CO_2} \cdot X \cdot V_R \tag{7-10}$$

Der in den Gleichungen eingesetzte Massenstrom der Luft *(LM)* wird experimentell selten bestimmt. Gemessen wird häufiger der Volumenstrom *(LV)*. Die Umrechnung hat nach dem Gesetz für ideale Gase zu erfolgen. Danach ist die Masse eines Gases dem Volumen, dem Druck und reziprok der Temperatur proportional.

1 Mol eines idealen Gases nimmt bei Normalbedingungen ($T = 0\,°C = 273,16$ K; $P = 1013$ mbar) ein Volumen von 22.414 Liter ein. Nimmt man die im mikrobiologischen Versuch umgesetzten Gase als ideal an, dann gilt für die Berechnung des Massenstromes:

$$LM = \frac{LV \cdot P \cdot 273,16}{1013 \cdot T}, \tag{7-11}$$

wobei T in K (absolute Temperatur) und P in mbar anzugeben sind.

Zu beachten ist ferner, daß die Zusammensetzung eines Gases normalerweise im trockenen Zustand bestimmt, die Volumenmessung aber am feuchten Gas vorgenommen wird. Die Nichtberücksichtigung dieses Unterschieds kann erhebliche Fehler zur Folge haben. Es ist zweckmäßig, die Berechnung auf der Basis von trockenem Gas durchzuführen, daher ist bei der Volumenstrommessung mit wassergefüllten Gasuhren der Wasserdampfpartialdruck zu berücksichtigen.

Ferner muß beachtet werden, daß der Massenstrom am Eingang des Bioreaktors (Belüftungsmenge) nur dann gleich dem Massenstrom am Bioreaktorausgang (Ausgangsluft) ist, wenn außer Kohlendioxid und Sauerstoff keine weiteren Gase an der Reaktion teilnehmen oder entstehen, und wenn dabei gleichzeitig die Sauerstoff-Aufnahme gleich groß ist wie die Kohlendioxid-Abgabe. Die Annahme, daß Ein- und Ausgang des Bioreaktors gleiche Massenströme haben, ist nur richtig, wenn der Respirationsquotient $RQ = 1$ ist. In vielen Fällen ist dies nicht der Fall, so daß entweder beide Gasströme erfaßt werden müssen, oder – was einfacher ist – ein Gasstrom aus dem anderen berechnet wird. Die Inertgasbilanz basiert auf der

Voraussetzung, daß Gaskomponenten nicht am mikrobiellen Metabolismus teilnehmen (z. B. Stickstoff oder Argon).

In der Inertgasbilanz gilt:

$$LM_E \cdot a_{I,E} = LM_A \cdot a_{I,A} \tag{7-12}$$

wobei a_I den jeweiligen Anteil der inerten Gase im Gasgemisch darstellt. In vielen Fällen kann angenommen werden, daß nur Sauerstoff und Kohlendioxid als Edukt bzw. Produkt involviert sind. Dann berechnet sich der Inertgasanteil wie folgt:

$$a_{I,E} = 1 - a_{O_2,E} - a_{CO_2,E} \tag{7-13}$$
$$\text{bzw. } a_{I,A} = 1 - a_{O_2,A} - a_{CO_2,A} . \tag{7-14}$$

Nehmen weitere Gase am Metabolismus teil, so sind diese ebenfalls in der Gleichung zu berücksichtigen. Aus praktischen Gründen wird oft nur der Ausgangsluftstrom des Bioreaktors gemessen. Dann gilt für den Eingangsluftstrom:

$$LM_E = LM_A \frac{1 - a_{O_2,A} - a_{CO_2,A}}{1 - a_{O_2,E} - a_{CO_2,E}} \tag{7-15}$$

Wird für die Belüftung Preßluft mit der Zusammensetzung: Volumenanteil Sauerstoff = 20.946 ± 0.002%; Volumenanteil Kohlendioxid = 0.033 ± 0.001% eingesetzt, dann vereinfacht sich die Gleichung:

$$LM_E = LM_A \cdot \frac{1 - a_{O_2,A} - a_{CO_2,A}}{0.79021} \tag{7-16}$$

Kohlenstoffbilanz (C-Bilanz)

Die Kohlenstoffbilanz ist prinzipiell eine erweiterte Form der Biomassebilanz. Da sie aber alle Kohlenstoff-haltigen Edukte (Substrate) und alle Kohlenstoff-haltigen Produkte umfaßt, liefert sie bedeutend mehr Informationen. Die Interpretation einer C-Bilanz kann nicht nur Aufschlüsse über den Zellmetabolismus geben, sondern ist auch eine wertvolle indirekte Methode zur Überprüfung der analytischen Zuverlässigkeit von Untersuchungsmethoden. Es gilt für den chargenweisen Ansatz:

$$\sum_i (S_{i,E} \cdot a_i) = \sum_j (p_j \cdot a_j) + \sum_i (S_{i,A} \cdot a_i) \tag{7-17}$$

Kohlenstoff-	Kohlenstoff-	Kohlenstoffanteil
anteil in den	anteil in den	in den nicht umge-
Edukten	Produkten	setzten Edukten
(Substrate)		(Restsubstrat)

wobei bedeuten:

S_i, p_j Konzentration des Substrates i bzw. des Produktes j
a_i, a_j molarer Anteil des Kohlenstoffs im Substrat i bzw. im Produkt j.
E, A Eingang rsp. Ausgang

Die Kohlenstoffbilanz wird analog dem englischen Sprachgebrauch (Carbon recovery) auch als Kohlenstoff-Wiederfindungswert bezeichnet. Gemeint ist damit das Verhältnis der Masse Kohlenstoff am Eingang (bzw. Anfang des chargenweisen Ansatzes) zur Masse Kohlenstoff am Ausgang (bzw. Ende des Versuches):

$$\text{Kohlenstoff-Wiederfindungswert} = \frac{\text{Kohlenstoff}_E}{\text{Kohlenstoff}_A} \cdot 100\,(\%) \,. \tag{7-18}$$

Ist der Kohlenstoff-Wiederfindungswert kleiner als 1, so liegt die Vermutung auf der Hand, daß entweder die Edukte oder Produkte ungenau erfaßt oder ein kohlenstoffhaltiges Produkt nicht miteinbezogen worden ist.

Wärmebilanz

Die Grundlage zur Auslegung eines Temperaturkreislaufes ist in jedem Falle die Wärmebilanz. In einem System mit konstantem Druck enthält die Wärmebilanz ausschließlich zu- oder abgeführte Wärmemengen, z.B. Wärmemengen, die durch biochemische Reaktionen frei gesetzt werden; Wärmeänderungen durch Phasentransaktionen (Verdunsten, Kondensieren), die Enthalpie, die aus der Durchmischung zugeführt wird, und die Wärmemenge, welche durch Wärmeaustauscherflächen von oder zu einer zweiten Flüssigkeit fließt. Somit gilt:

$$Q_{bio} + Q_{mi} = Q_{anr} + Q_{aus} + Q_{verd} \tag{7-19}$$

Q_{bio} Wärmeproduktion durch biochemische Reaktionen
Q_{mi} Wärmeproduktion durch die Reaktordurchmischung
Q_{anr} Wärmeanreicherung
Q_{aus} Wärmetransport durch die Austauschflächen
Q_{verd} Wärmeverlust durch Verdampfen.

Die für die Biotechnik spezielle Größe Q_{bio} wurde im Kapitel über Energetik (Abschn. 1.4) behandelt. Die anderen Größen lassen sich aus der allgemeinen Verfahrenstechnik ableiten.

7.4 Spezielle Ausrüstungen

7.4.1 Gasanalyse

Die Analyse des ein- und austretenden Gases kann auf verschiedene Arten erfolgen, nämlich durch:

- Bestimmung des Paramagnetismus (Sauerstoff-Analyse) und Infrarotmessung (Kohlendioxid-Analyse) (vgl. Abb. 7-15);
- membranbedeckte Sonden (Bestimmung des Sauerstoff- bzw. Kohlendioxid-Partialdruckes in der Gasphase; vgl. Abb. 7-16);
- Gaschromatographie;
- Massenspektrometrie (vgl. Abb. 7-17).

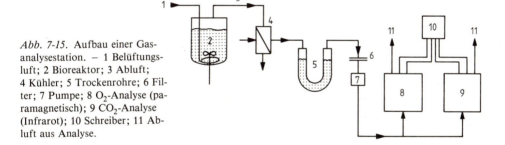

Abb. 7-15. Aufbau einer Gasanalysestation. – 1 Belüftungsluft; 2 Bioreaktor; 3 Abluft; 4 Kühler; 5 Trockenrohre; 6 Filter; 7 Pumpe; 8 O_2-Analyse (paramagnetisch); 9 CO_2-Analyse (Infrarot); 10 Schreiber; 11 Abluft aus Analyse.

Da Sauerstoff das am stärksten paramagnetische Gas ist, stören Fremdgase bei Analysegeräten das *Paramagnetismus-Prinzip* nicht. Der Meßeffekt des Infrarotanalysengerätes beruht auf der spezifischen Strahlungsabsorption von Kohlendioxid im Spektralbereich des mittleren Infrarotes.

Als größte Fehlerquelle ist die ungenaue Behandlung des Meßgasstromes anzusehen. Der Gasstrom muß konstant und frei von Feuchtigkeit sein. Fehlermöglichkeiten sind bereits im Abschn. 7.5.3.2 (Gasbilanzen) erwähnt worden.

Das Meßgas wird nach dem Abluftfilter entnommen. Das Meßgas wird durch Trockenrohre oder Meßgaskühler konditioniert. (Im Meßgaskühler wird der Feuchtigkeitsgehalt durch Abkühlen des Gases auf den Taupunkt erniedrigt.) Ein Filtersystem schützt die Analysenvorrichtung vor Schmutzpartikeln.

Die Ansprechzeiten dieses Systems sind relativ lang (im Bereich einer Minute). Sie hängen zusätzlich noch vom Weg, den das Gas vom Bioreaktor bis zur Analyse zurücklegen muß, ab. Für schnelle, dynamische Messungen ist dieses Meßsystem eher ungeeignet.

Membranbedeckte Sonden bieten zahlreiche Vorteile für Sauerstoff- bzw. Kohlendioxid-Messungen, sie sind aber eigentlich für den Einsatz in der flüssigen Phase konzipiert (Abb. 7-16). Daher sind zwei Problemkreise besonders zu beachten:

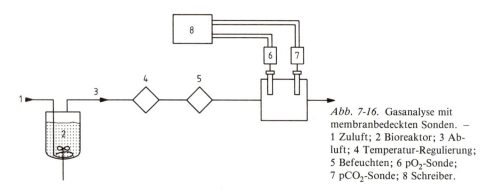

Abb. 7-16. Gasanalyse mit membranbedeckten Sonden. – 1 Zuluft; 2 Bioreaktor; 3 Abluft; 4 Temperatur-Regulierung; 5 Befeuchten; 6 pO_2-Sonde; 7 pCO_2-Sonde; 8 Schreiber.

- Der Elektrolyt kann beim Einsatz in der Gasphase austrocknen, und
- die Meßkammer ist zu konditionieren. Vor allem darf sich an der Membranspitze kein Kondenswasser bilden, denn sonst mißt die Sonde nicht mehr den Partialdruck in der Gasphase, sondern denjenigen in der Flüssigphase.

Das System beeindruckt durch seine Einfachheit. Da die membranbedeckten Sonden aber gelegentlich keine gute Langzeitstabilität aufweisen, ist die Meßvorrichtung oft nachzueichen.

Im *Gaschromatographen* können Gasanteile quantitativ bestimmt werden. Die Komponenten werden in verschiedenen Kolonnen getrennt und mittels Wärmeleitfähigkeitsdetektor bestimmt. Derartige Analysensysteme zeichnen sich durch hohe Genauigkeit und relativ geringe Anschaffungskosten aus. Die Auswertung der Analysenergebnisse und deren Umrechnung in Volumenanteile ist allerdings recht aufwendig. Die bisherigen Einsätze in der Bioreaktorabgasanalyse haben gezeigt, daß sich das System weniger für Routineanalysen, als vielmehr für Spezialuntersuchungen eignet.

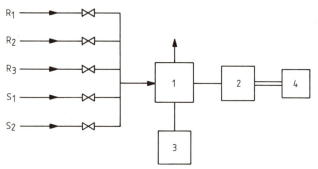

Abb. 7-17. Gasanalyse mit dem Massenspektrometer. – R_1 bis R_3 Abluft von verschiedenen Bioreaktoren. S_1 und S_2 Standardgemische, 1 Massenspektrometer, 2 Peakselektor, 3 Vakuumpumpe, 4 Schreiber.

Durch die Herstellung immer kleinerer und auch preiswerterer *Massenspektrometer* ist der Einsatz der Massenspektroskopie zur Analyse durchaus in den Bereich des wirtschaftlich Tragbaren gerückt (Abb. 7-17), vor allem dort, wo mehrere Komponenten für mehrere Bioreaktoren schnell und exakt gemessen werden müssen. Zur Auswertung ist aber ein Rechner unbedingt erforderlich. Bereits sind Anwendungen bis zu 20 Bioreaktorabgasanalysen pro Massenspektrometer bekannt. Die Geräte können Analysen in großer Frequenz durchführen, da eine mittlere Analysenzeit von 2–3 Sekunden genügt.

Gasdurchfluß

Die Genauigkeit der Berechnung von spezifischen Gasumsatzraten wird wesentlich beeinflußt durch die Genauigkeit der Gasdurchflußmessung. Leider läßt diese Genauigkeit bei Laborversuchen oft zu wünschen übrig, was die Interpretation von Gasstoffwechseldaten (vgl. Bemerkungen bei der Gasphasenbilanzierung) schwierig macht.

Die meisten Laboranlagen sind mit einem einfachen Rotameter ausgerüstet. Dieses gestattet, den Luftdurchfluß mit einer Genauigkeit von ± 0.1 L $\cdot$ min^{-1} zu messen, was etwa $\pm 10\%$ der Belüftungsmenge entspricht. Wie ebenfalls bereits erwähnt, ist zwischen dem Massenstrom und dem Volumenstrom zu unterscheiden. Für Rechner-gekoppelte Meßeinrichtungen sind Massenstrom-Messungen vorteilhafter, da so Druck- und Temperatureinflüsse kompensiert sind. Für größere Reaktoren sind Massenstrommmeter nach dem Wärmestromprinzip anwendbar. In diesem System wird ein Wärmestrom Q in ein Fluid geleitet. Dieser Wärmestrom bewirkt eine Temperaturerhöhung, welche dem Massenfluß proportional ist. Die Meßanordnung ist relativ aufwendig, jedoch sehr geeignet für Messungen des Gasdurchflusses.

7.4.2 Chemostat-Technik

Aus der Theorie der kontinuierlichen Kultur (Abschn. 3.4) ist bekannt, daß in einem chemostatisch wirkenden Prinzip einem konstant gehaltenen Volumen einer Zellsuspension im Bioreaktor kontinuierlich mit konstanter Geschwindigkeit frische Nährlösung zugeführt wird. Daher spielen die Konstanthaltung des Volumens im Bioreaktor sowie die Gewährleistung eines konstanten Zuflusses die zentrale Rolle beim Einsatz eines Chemostaten.

Die Mehrzahl der industriellen Bioprozesse wird chargenweise durchgeführt. Hingegen spielt die kontinuierliche Kultur in der Forschung eine immer wichtigere Rolle. Daher wird die Chemostat-Technik im folgenden vor allem im Hinblick auf deren Anwendung im Labor besprochen. Es ist aber bekannt, daß die Miniaturisierung einer Meßvorrichtung oft schwieriger ist als deren Erweiterung auf größere Dimensionen. Dies gilt besonders für die Regelung eines konstanten Durchflusses sowie eines konstanten Reaktorvolumens.

Volumenregelung

Voraussetzung für eine konstante Verdünnungsrate D ist neben der Konstanz der Flußrate F auch die Konstanz des arbeitenden Volumens. Im Gegensatz zum totalen Inhalt des Bioreaktors (Gesamtinhalt) ist das arbeitende Volumen definiert als derjenige Teil des Bioreaktors, der mit der flüssigen Phase gefüllt ist und effektiv an der Bioreaktion teilnimmt. Der restliche Teil des Reaktors besteht aus der Luftphase. Die Luftphase wiederum ist zum kleineren Teil in der flüssigen Phase dispergiert. Der größere Anteil befindet sich im Kopfraum des Bioreaktors und nimmt nicht direkt an der Reaktion teil. Diese Begriffe sind klar zu trennen vom Begriff „tote Zone" oder „Totraum", welche Teile des arbeitenden Volumens darstellen. Sie sind in einer anderen Weise gekennzeichnet, z. B. durch schlechte Durchmischung.

Üblicherweise wird das arbeitende Volumen V_{fl} nach dem Überlaufprinzip konstant gehalten, ein Siphon dient zur Konstanthaltung eines vorgegebenen Niveaus. Die Niveauregelung kann aber zu sehr großen Fehlern führen. Einerseits ist die Oberfläche einer Kultivationslösung sehr unruhig, andererseits ist das Niveau abhängig von Reaktionsparametern, wie Drehzahl, Belüftungsstrom, Förderstrom der Absaugpumpe etc. Die meisten dieser Reaktionsparameter beeinflussen den Gasgehalt der Flüssigkeit. Da die Niveauregelung aber die Summe von Gas- und Flüssigphase mißt, ist das arbeitende Volumen nur berechenbar über die Bestimmung des Gasgehaltes gemäß:

$$V_{fl} = V_{tot} - V_{Gas} \ .$$

Eine mögliche Verbesserung besteht darin, daß das Niveau an einem außen angebrachten, kommunizierenden Steigrohr abgetastet wird. Die Flüssigkeit in diesem Steigrohr enthält keine Luftblasen. Somit ist der Einfluß des Gas-Hold-up auf die Niveaukontrolle geringer. Erfahrungen haben gezeigt, daß bei einem Bioreaktor mit 3 L arbeitendem Volumen bei konstanter Rührerdrehzahl und Belüftung mit einer Volumenkonstanz von ±2%, d. h. ±60 mL zu rechnen ist. Diese Meßgenauigkeit wird verschlechtert, wenn die Flußrate F sprunghaft verändert wird (D-Shifts).

Die Regelung der kontinuierlichen Kultur kann auch durch eine Gewichtsmessung erfolgen. Damit kann direkt die Masse im Bioreaktor konstant gehalten werden; der Einfluß des Gas-Hold-up sowie der übrigen Reaktionsparameter kann weitgehend ausgeschlossen werden. Bei kleinen Bioreaktoren (z. B. 3 – 5 L arbeitendes Volumen) sind allerdings Waagen mit großem Auflösungsvermögen erforderlich. Nur so läßt sich das Gewicht des leeren Bioreaktors (Tara), das ein Mehrfaches des eigentlichen Reaktionsgewichtes ausmacht, kompensieren. Meßgenauigkeiten von ±1% des arbeitenden Volumens sind mit dieser Anordnung durchaus zu erreichen. Größere Bioreaktoren (ab 100 L Gesamtvolumen) können mit Gewichtsmeßdosen ausgerüstet werden, die eine zuverlässige Überwachung und Regelung des Bioreaktorinhaltes gestatten. Die Vorteile von Waagen liegen auf der Hand:

- Da sie extern am Bioreaktor angebracht werden, müssen sie nicht sterilisiert werden;
- die Eichung ist sehr einfach.

Messung und Regelung der Flußrate

Voraussetzung für einen stationären Zustand in einem Chemostaten ist u. a. die Konstanz der Flußrate F. Steril fördernde Pumpen (Schlauchquetschpumpen oder Membranpumpen) gewährleisten nur eine ungenügend konstante Fördermenge. Schuld daran sind namentlich Abnützungserscheinungen am Schlauch oder an der Membran. Es ist deshalb notwendig, den Durchfluß zu messen. Dies gilt im besonderen auch für die fortgeschrittene Chemostat-Technik, z. B. die Shifttechnik.

Die Meßgröße entspricht einem Volumenstrom $\overset{*}{V}$. Im klassischen Bereich der Volumenstrommessung gibt es unzählige Methoden. Da in Kleinreaktoren die Meßgrößen sehr klein sind ($\overset{*}{V}$ ist größer als 10 mm$^3 \cdot$ min^{-1}) und da das Meßsystem sterilisierbar sein muß, können viele Verfahren nicht angewandt werden. Bei sehr kleinem Volumenstrom als Meßgröße sind die physikalischen Effekte, die durch strömende Medien ausgelöst werden (Druckabfall, Staukraft, Induktion oder Änderung von Wärmeübergangskoeffizienten) fast unmeßbar klein und deshalb als Grundlage von Meßmethoden ungeeignet. Hingegen eignen sich das Prinzip des Schwebekörper-Durchflußmessers und die volumetrische Durchflußmessung auch für solche kleinen Volumenströme. Hier kann auch die Anforderung der Sterilisierbarkeit gerätetechnisch leicht erfüllt werden (Kuhn, 1979; Ruhm and Kuhn, 1980).

7.4.3 Dialyse

Zur Analyse von Reaktionslösungen im Bioreaktor ist es sehr oft notwendig, daß die Kulturlösung von festen Bestandteilen und auch von den Zellen befreit wird. In den meisten Fällen wird diese Separation durch Zentrifugation oder Filtration erreicht. Wenn aber ein Echtzeit-Signal für die on-line-Analyse benötigt wird, dann sind sowohl die Filtration als auch die kontinuierliche Zentrifugation ungeeignet.

Eine andere Möglichkeit besteht darin, die Kulturlösung zu dialysieren. Kontinuierliche Dialysatoren können sowohl extern als auch direkt im Bioreaktor verwendet werden. Die externe Anwendung hat den gleichen Nachteil wie die beiden anderen Methoden: sie liefert keine direkte Information aus dem Bioreaktor. Die Dialysemembran kann aber auch direkt im Bioreaktor (z. B. an Einbauten) fixiert werden. Zabriskie and Humphrey (1978) beschreiben ein derartiges System, wobei der Dialyse-Schlauch mit dem Strombrecher in der Nährlösung fixiert wird. Schlauchverbindungen gestatten über einen standardmäßig angebrachten Normstutzen einen sterilisierbaren Anschluß an das Analysengerät.

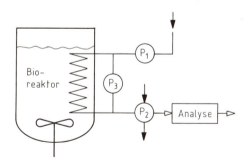

Abb. 7-18. Bioreaktoranalytik mit Dialyseschläuchen. – Eine Trägerflüssigkeit wird durch den Dialyseschlauch gepumpt (Pumpe P_1). Im Bioreaktor diffundieren gelöste Stoffe in den Dialyseschlauch. Durch die Pumpe (P_3) kann der Inhalt im geschlossenen Kreislauf geführt werden. Schließlich wird die Trägerflüssigkeit über Pumpe P_2 verdünnt und on-line einer Analyse zugeführt.

Der Dialyse-Schlauch kann mit dem Analysengerät funktionell verbunden werden, wie dies in Abb. 7-18 schematisch gezeigt ist. Die Dialysemembran ist nach Zielsetzung und Anforderung an die Anlage zu wählen. Kleine Moleküle in der Nährlösung treten durch die Membran und werden im Flüssigträgerstrom mitgetragen. Sie verlassen den Bioreaktor (gefördert durch die Pumpe P 1) und werden anschließend konditioniert (z. B. P 2 = Verdünnung). Die gesuchte Substanz befindet sich jetzt in dem für die Analyse geeigneten Bereich. Ein aliquoter Teil wird dem Analysengerät zugeführt, der Rest wird für andere Zwecke verwendet oder verworfen. Auf diese Weise ist eine kontinuierliche Analyse on-line durchführbar.

Allerdings ist die Messung durch eine Zeitkonstante zu korrigieren. Die Schlauchlänge ist derart zu wählen, daß die Moleküle bis zum Gleichgewichtszustand permeieren, anderenfalls wäre die Messung strömungsabhängig. Dies bedingt aber, daß der Schlauch sehr lang (bzw. die Membranfläche sehr groß) sein muß. Entsprechend ist die Durchflußzeit für das Trägermedium im Dialysat (z. B. Wasser) zu dimensionieren. Auf jeden Fall sind Verzugszeiten einzukalkulieren; die Analyse ist für dynamische Messungen oft nicht geeignet. Da die Dialysefläche über einen größeren Bereich im Bioreaktor verteilt ist, kann diese Analytik keine örtlichen Aussagen vermitteln. Vielmehr entspricht der Meßwert einem Mittelwert. Vorteilhaft ist dagegen, daß das Meßgut – da es von den Zellen abgetrennt wurde – nicht mehr metabolisiert wird. Zudem ist im eigentlichen Analysator keine sterilisierbare Meßeinheit notwendig. Ernsthafte Probleme treten auf, wenn die Membran verunreinigt oder verstopft ist, was zu einer Reduktion des Membranstofftransport-Koeffizienten führen kann. Das Dialysesystem ist erfolgreich für die kontinuierliche Analyse der Glucose in Nährlösungen eingesetzt worden (Zabriskie and Humphrey, 1978). Es läßt sich aber auf jeden Stoff erweitern, der durch eine Membran diffundiert, eingeschlossen anorganische Salze, Ionen, lösliche Gase (z. B. Kohlendioxid), Produkte mit niederen Molekulargewichten, wie z. B. Aminosäuren, organische Säuren oder Antibiotica.

7.5 Prozeßrechnereinsatz

7.5.1 Allgemeines

Die rasche Weiterentwicklung von Prozeßrechnersystemen hat dazu geführt, daß diese Geräte heute auch in der Biotechnologie ihren Einsatz gefunden haben. Die großen Erfahrungen aus der chemischen Prozeßtechnik haben die entsprechende Entwicklung in der Biotechnologie rasch vorangetrieben. Die Zahl der Veröffentlichungen über dieses neue Gebiet ist groß. Gute Übersichtsreferate finden sich bei: Samhaber (1983); Hatch (1982); Cooney (1980); Hampel (1979); Zabriskie (1979); Veres et al. (1981).

Neuere und bessere Einblicke in die Regulationsmechanismen im Inneren der Mikroorganismenzelle haben den Einsatz des Prozeßrechners in der Biotechnologie in den letzten Jahren sehr stark stimuliert. Es ist jetzt möglich, gezielt in diese Mechanismen einzugreifen und gewünschte Produktionsleistungen zu erhöhen. Allerdings führt die Notwendigkeit, weitere Produktivitätssteigerungen durch eine bessere Prozeßführung herbeizuführen, auch zu einer stärkeren Instrumentierung der Versuchsanlagen. Erst eine bessere Kenntnis des komplexen Einflusses der physikalischen und chemischen Umwelt-Parameter auf den Stoffwechsel der Mikroorganismen liefert die notwendigen Informationen in Form von Daten, um funktionale

Zusammenhänge zu erkennen und schließlich optimale Kontrollstrategien zu erarbeiten. Im gleichen Maße wie die Anzahl der Meßwerte zunimmt, wächst aber auch die Notwendigkeit einer sinnvollen und schnellen Informationsverdichtung, um die Interpretation der Ergebnisse zu erleichtern.

Eine optimale Prozeßleittechnik setzt die zuverlässige Ermittlung der Meßwerte voraus. Durch den Einsatz des Prozeßrechners können fehlerhafte oder nur sehr unsichere Meßwerte einer gewissen Kontrolle unterzogen und Fehlmessungen, z. B. durch Alarmmeldungen des Computers, angezeigt werden. Ebenfalls lassen sich mittels dieser Daten Bilanzierungen der Prozesse durchführen. Außerdem führt die zentrale, übersichtliche Überwachung von mehreren Bioreaktoren unter Zuhilfenahme eines Rechners zu einer besseren Betriebsführung und zu einem geringeren Personaleinsatz.

7.5.2 Systemanalyse

In der Systemanalyse wird das System Bioreaktor-Prozeßrechner unter Berücksichtigung der aufbauenden Elemente und der zwischen diesen Elementen bestehenden materiellen und informationellen Beziehung dargestellt.

Folgende, in Abb. 7-19 schematisch dargestellten Elemente bilden zusammen das System Bioreaktor-Prozeßrechner:

- Der eigentliche Prozeß, welcher im Bioreaktor durchgeführt wird;
- die Meßorgane (Sonden oder Sensoren) und die Stellglieder, welche die Informationen aus dem Prozeß und die Eingriffe in den Prozeß sicherstellen;
- die Peripheriegeräte, auf der Seite des Prozesses: analog/digital-Wandler und digital/analog-Wandler, auf der Seite des Rechners: Ein- und Ausgabeeinheiten (Interfaces);
- und schließlich die zentrale Rechnereinheit, welche das Rechenwerk, das Steuerwerk sowie die Speicher enthält.

Die konzeptionellen Anforderungen dieses Systems an verschiedene Einsätze in der Biotechnologie können sehr stark variieren. Wesentlich ist dabei die erste Entscheidung, ob der Prozeßrechner für eine Forschungs- und Pilot-Anlage oder für eine Produktionsanlage verwendet wird. Im ersten Falle (also als Forschungs- oder Pilot-Einheit) sind zwei verschiedene Schwierigkeitsstufen zu unterscheiden:

- der Rechner wird für Routineaufgaben gebraucht, oder
- der Rechner wird als wissenschaftliches Element eingesetzt.

Im Falle des Routineeinsatzes soll der Prozeßrechner »benutzungsfreundliche« Programme enthalten. Im wesentlichen müssen nur Startbefehle bekannt sein. Der Rechner sammelt Daten, analysiert und führt einfachere Prozeßleitaufgaben durch, und zwar in Form eines Frage/Antwortspiels mit dem Operator. Der Rechner gibt die Möglichkeit zur Erstellung von Bioreaktions-Dokumentationen oder Standardberichten und graphischen Darstellungen für mikrobiologische Prozesse.

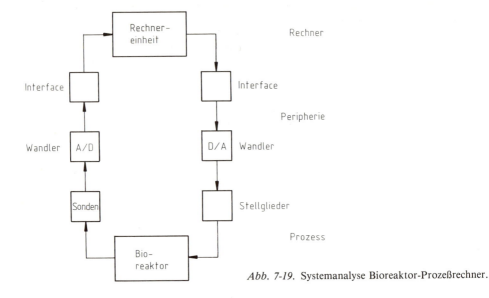

Abb. 7-19. Systemanalyse Bioreaktor-Prozeßrechner.

Wird der Rechner als wissenschaftliches Element eingesetzt, so benötigt er Personal, welches befähigt ist, zu programmieren. Interaktionen mit dem Rechner müssen im Hinblick auf die Entwicklung von Regelstrategien und Prozeßoptimierungs-Verfahren gewährleistet sein. Der Prozeßrechner sollte jederzeit freie Zu- und Eingriffsmöglichkeiten in den Prozeß bieten.

In der Produktionsphase eines biotechnischen Prozesses hat der Rechner anderen Prinzipien Genüge zu leisten. Dort sind durch einfache Befehle mit Standardroutinen jederzeit Prozeß-Zustandsinformationen zu ermöglichen sowie Fahrpläne für Prozeßoperationen durchzuführen. Einerseits sind Meldungen über den Prozeßverlauf notwendig (Rohmaterialverbrauch, Flußraten sowie Betriebsmengen für Dampf, Kühlwasser und Elektrizität). Andererseits müssen Prozeßablaufsteuerungen reproduzierbare Abläufe und Produkte garantieren.

Diese Überlegungen spezifizieren die Anforderungen an die einzelnen Elemente des Systems. Insbesondere kann damit auch entschieden werden, wie groß der eigentliche Rechner sein muß (Micro- oder Macrocomputer).

Microrechner haben den Vorteil, daß jedem Bioreaktor ein eigenes System fest und ausschließlich zugeordnet werden kann. Allerdings muß dann für Programmentwicklung und größere Berechnungen ein zusätzlicher Rechner off-line zur Verfügung stehen. Für umfassende Datenanalysen kann dieser beispielsweise mit einer Großrechneranlage kommunizieren.

Im Falle eines Macrorechners können viele Bioreaktoren an einen einzigen Rechner angeschlossen werden. Neben den in Tab. 7-8 hervorgehobenen Vor- und Nachteilen ist vor allem wichtig, daß in diesem Falle der Rechner (also der Macrorechner) gleichzeitig für eine umfassende Datenanalyse sowie für eine Programmentwicklung zur Verfügung stehen kann.

Tabelle 7-8. Vergleich der Einsatzmöglichkeiten von Klein- bzw. Großrechnern (Micro- bzw. Macrocomputer) im Bereich des Bioreaktors.

Eigenschaft	Kleinrechner (Microcomputer)	Großrechner (Macrocomputer)
Benutzerkreis	beschränkt	groß
Rechnergeschwindigkeit	klein	groß
Investitionskosten	geringe Erstinvestitionskosten, System modular ausbaubar	hohe Erstinvestition
Wartung (Hard- bzw. Software)	ohne Spezialist möglich	Spezialist erforderlich
Folgen von Systemausfall	ein Bioreaktor ist betroffen, Fehlersuche einfach, Ersatzsystem rasch verfügbar	mehrere Bioreaktoren sind betroffen, Fehlersuche schwierig, kein Ersatzsystem vorhanden

7.5.3 Prozeßführung

Ähnlich wie in der chemischen Prozeßtechnik läßt sich der Prozeßrechner ideal für die Steuerung von Ablaufsequenzen in biotechnischen Prozessen einsetzen. Eine solche Sequenz-Steuerung ist bereits im Zusammenhang mit dem Bereichskonzept (Abschn. 6.2.1) erwähnt worden.

Prozeßführung und Automatisierung wurden in Produktionsanlagen mit Großrechnern durchgeführt (Greiner, 1974). In Pilotanlagen werden dafür Microrechner eingesetzt (Samhaber, 1983). Greiner (1974) führt zur Unterstützung seines Konzepts die folgenden Gründe an:

Der Umfang der Großanlage führt bei konventioneller Ausrüstung (Überwachung durch Schreiber mit Alarmmeldung) zu einem kaum zu bewältigenden Datenanfall. Der Rechner-Einsatz ermöglicht die Reduktion dieses Datenanfalls auf den wesentlichen Teil.

Die zentrale Überwachung der Prozesse in Verbindung mit Protokollieren aller Alarmmeldungen und Eingriffe gestattet die genaue Fehlerverfolgung und die Reproduktion der Ereignisse bei Betriebsstörungen und Fehlbedienungen.

Die Archivierung der wesentlichen Daten und die Erstellung von Betriebs- und Lebenslaufprotokollen (vgl. Tab. 7-9) ist nur mit einem Rechner sinnvoll durchführbar.

Neben dieser auf einen Prozeßrechner zugeschnittenen Aufgabe des Sammelns, Analysierens und Aufbewahrens einer großen Anzahl von Daten, ist der Prozeßrechner von Anfang an zur Regelung von Parametern während der Prozeßführung herangezogen worden. Auch dies ist eine Aufgabe, welche der Rechner in der chemischen Prozeßtechnik bereits seit längerer Zeit übernommen hat. Ein Rechner kann auf verschiedene Arten einen Prozeß regeln: durch direkte digitale Regelung (direct digital control, DDC) oder direkte Festwert-Regelung (direct setpoint control, DSC). Im ersten Falle regelt der Rechner direkt das Geschehen, d.h. er übernimmt die Aufgabe des klassischen Reglers, gewährleistet aber eine flexiblere Regelung, da der Regelalgorithmus programmiert werden kann und nicht von den Gegebenheiten des klassichen Reglers abhängig ist. Außerdem ist es so möglich, mehrere analoge Regelkreise über einen einzigen Rechner zu regeln. Ein gewichtiger Nachteil liegt allerdings darin, daß bei Ausfall des Rechners die Prozeßregelung nicht mehr gewährleistet ist, sofern keine anderen Maßnahmen getroffen wurden, wie z. B. der parallele Einbau von klassischen Reglern (sog. Back-up-System).

Die Festwert- oder Sollwertregelung baut auf Regelkeisen klassischer Bauart auf, erlaubt es aber, Profile zu fahren oder den Prozeß nach einem gegebenen Schema zu führen.

Tabelle 7-9. Beispiel eines Lebenslaufprotokolls für einen Bioprozeß.

Bioreaktor-Protokoll für Prozeß Nr. ......

1.1.	Versuch Nr.		
2.	Stamm Nr.		
2.1.	Einfüllen:		
2.	Inoculum:		
	von Bioreaktor		Qualitätsbeurteilung
3.	....		....
4.	....		....
5.	überimpft		
	an Bioreaktor		Qualitätsbeurteilung
6.	....		....
7.	....		....
8.	verkocht:		
9.	abgelassen:		
10.	Ernten:		
3.1.	Fahrweise:		
2.	Nährlösung:		
3.	pH-Wert Soll:		
	Ist:		
4.	pH-Korrekturmittel	Säure..........benötigte Menge	
		Lauge ....benötigte Menge	
6.	Antischaummittelmenge:		
4.0.	Fahrzeiten	von	bis	absolut
1.	Aufheizen	....	....	....
2.	Sterilisieren	....	....	....
3.	Abkühlen	....	....	....
4.	Bioreaktion	....	....	....
5.	Gesamtzeit	....	....	....
5.0.	Gewichte		
1.	nach Füllung	....	
2.	nach Sterilisation	....	
3.	Beginn Bioreaktion	....	
4.	Bioreaktion	....	(alle Stunden)
5.	vor Ernte	....	

Tabelle 7-9. (Fortsetzung).

Bioreaktor-Protokoll für Prozeß Nr. . . . . . .

6.1. Off-line Analysenwerte . . . .
  2.   . . . .
. . .

7.1. Sollwerte   Alarmgrenzen
. . . Toleranzwerte Bereichsgrenzen
. . .

8.1. Grenzwertüberschreitungen von
. . . Toleranzgrenzen
. . . Alarmgrenzen
. . . Bereichsgrenzen

9.1. Rechnerausfall von . . . . bis . . . . absolut . . . .

7.5.4 Modellbildung und Optimierung

Durch den Einsatz des Prozeßrechners wird es möglich, ein Verfahren mittels Kontrollstrategien zu verbessern oder eine einzelne Prozeßvariable einem Optimum zuzuführen. Dazu ist die Unterscheidung folgender Modelle notwendig:

- physikalische Modelle (sie stellen den Stofftransport im Bioreaktor als Funktion der Betriebsparameter dar);
- biochemische Modelle (z. B. Monod-Kinetik);
- und schließlich eine Kombination der physikalischen und biochemischen Modelle.

Physikalische Modelle

Die bekanntesten physikalischen Modellvorstellungen betreffen den Sauerstoff-Übergang. Zum Entwurf von Bioreaktoren werden sie sehr oft herangezogen. Sie sind bereits in den Abschn. 4.1 und 6.1 behandelt worden. Kontrollstrategien auf der Basis von $K_L a$ sind typisch für Computeranwendungen. Konventionelle Regler sind für derartige Zwecke nicht geeignet.

Biochemische Modelle

Nützliche Kontrollstrategien können aufgrund von experimentellen Korrelationen erarbeitet werden. Ein typisches Beispiel stellt die Regelung eines konstanten Respirationsquotienten (RQ) dar. Mehrere Arbeiten benutzen dieses Prinzip zur Steuerung von kontinuierlichen Kulturen oder für Batch-Versuche nach dem Zufütterungsverfahren.

Systemmodelle

Systemmodelle oder Modelle eines gesamten Systems beinhalten sowohl physikalische als auch biochemische Kinetiken. Die Beziehungen sind aber im allgemeinen sehr komplex. Verschiedene Autoren diskutieren und benützen die Materialbilanzen, z. B. die Erfassung der Sauerstoff-Aufnahme, Kohlendioxid-Produktion, Ausbeuten und eine optimale Kohlenstoffquellenzufütterung. Massenbilanzen alleine sagen nichts aus über zukünftige Konzentrationen der verschiedenen Variablen (z. B. Trockensubstanz oder Substrat), da solche Modelle zeitunabhängig sind.

Prozeßoptimierungen

Allgemeine mathematische Modellformulierungen zu Prozeßoptimierungen sind aus der chemischen Verfahrenstechnik bekannt. In diesem Abschnitt werden einige Besonderheiten der biochemischen Verfahrenstechnik behandelt. Zwei verschiedene Ansätze sind möglich: Der eine geht über ein mathematisches Optimierungsschema, der andere konzentriert sich auf intuitive Regelschemata, nachdem ein prinzipielles Modell gefunden worden ist.

Im ersten Fall ist eine vertiefte mathematische Beschreibung des Bioprozesses notwendig. Kontinuierliche Optimierungen benötigen einen on-line-Rechner, der die aktuellen kinetischen Daten mit dem Modell vergleicht. Im Betrieb von biologischen Abwasserreinigungen ist eine Anwendung dieser Methode sehr wertvoll. Da oft die präzisen mathematischen Modelle fehlen, sind Kombinationen mit empirischen Optimierungsschemata notwendig. Beispielsweise wird sehr oft das Modell des ideal gerührten Tanks mit polynomischen Kurvenanpassungen für die Wachstumsrate und Produktbildung kombiniert. Eine weitere Möglichkeit ist der Einsatz der statistischen Optimierung unter Zuhilfenahme des Rechners. Bei Batch-Prozessen ist es sinnvoll, zu einem frühen Zeitpunkt verläßliche Angaben über die zu erwartenden Endausbeuten zu gewinnen. Eine Möglichkeit bietet die statistische Trendanalyse. Unter Verwendung von aus vorangehenden Experimenten ermittelten und den aktuellen Daten werden beim Vorliegen der ersten Prozeßdaten Hochrechnungen über die zu erwartende Endausbeute gemacht. Mit fortlaufender Prozeßdauer werden die Hochrechnungen immer genauer. Eine vollautomatische Optimierung unter Benützung eines on-line-Rechners könnte wie folgt ablaufen: Der Prozeß läuft mit einer bestimmten Parameter-Konstellation (pH-Wert, Temperatur, Rührung etc.) ab. Die anfallenden Daten werden unter Berücksichtigung der früheren Ergebnisse (aus dem gleichen Prozeß) einer statistischen Trendanalyse unterzogen. Dabei gibt die Hochrechnung frühzeitig Informationen, ob eine Verbesserung oder Verschlechterung des Ergebnisses zu erwarten ist. Dies kann unter Umständen zu einer Vorentscheidung über den Prozeß führen. Gleichzeitig werden die Parameter für die nächsten Prozesse berechnet, der Prozeß wird allmählich zu einem Optimum geführt. Weitere Beispiele zu diesem Kapitel sind bei Siebert und Hustede (1982); Küenzi (1978); Moser (1982) und Yousefpour and Williams (1981) zu finden.

8 Aufarbeitung

8.1 Aufgabenstellung der Aufarbeitung

Die Aufarbeitung in der Biotechnologie befaßt sich mit denjenigen Vorgängen, die sich an den eigentlichen Bioprozeß anschließen. Man versteht darunter die Weiterverarbeitung des im Bioreaktor gewonnenen Produktes ohne dessen Konfektionierung zu einem Endprodukt.

Die zur Aufarbeitung aus dem Bioreaktor anfallende Erntecharge besteht meistens aus einer festen Phase (Zellen, evtl. Feststoffanteile der Nährlösung) und einer flüssigen Phase (wäßrige Nährlösung). Das gesuchte Produkt kann sich entweder in der festen und/oder in der flüssigen Phase befinden, unter Umständen kann die feste Phase selbst das Produkt darstellen (z. B. Hefezellen für Futterzwecke). Voraussetzung für die Gestaltung eines Aufarbeitungsverfahrens ist in jedem Fall die Kenntnis über die Lokalisierung des Produktes.

8.1.1 Generelle Gesichtspunkte

Die in der Aufarbeitungstechnik verwendeten Verfahrensschritte werden oft bestimmt durch die physikalisch-chemischen Eigenschaften des gesuchten Produktes. Es ist deshalb für die Auslegung von Aufarbeitungsverfahren unerläßlich, das Produkt zu charakterisieren. Die *Produkteigenschaften* spielen für die Auswahl der einzelnen verfahrenstechnischen Operationen eine große Rolle (z. B. physikalische, chemische, biologische Eigenschaften der Produkte). Die Entscheidung für bestimmte Trennmethoden ist aufgrund der zweckmäßigsten Trennmechanismen zu treffen und ist daher auch von einer umfassenden Kenntnis dieser Produkteigenschaften abhängig. So ist es beispielsweise wichtig zu wissen, ob das Produkt ein lipophiler oder ein hydrophiler Metabolit ist.

Neben den Eigenschaften der Produkte selbst haben aber ebenso die begleitenden Nebenprodukte und Mikroorganismen aus dem Bioprozeß Einfluß auf die Aufarbeitung. Beispielsweise ist es von Bedeutung, mit welchen Mikroorganismen und in welchem Nährmedium das Produkt synthetisiert wurde (vgl. die bereits erwähnte Problematik im Zusammenhang mit der Aufarbeitung von Einzellerbiomasse auf der Basis von Erdöl, Kap. 2).

Weiter sind die *Produktkonzentrationen* im Bioprozeß oft wesentlich kleiner als in chemischen Prozessen. Erfahrungsgemäß werden in industriellen Produktionsprozessen sehr unterschiedliche Konzentrationen erreicht, die von einigen Milligramm bis zu mehr als 100 Gramm je Liter betragen können. Dabei werden durch Prozeßoptimierungen im Laufe der Produktion neben höheren Produktivitäten auch höhere Produktkonzentrationen angestrebt. Sehr eindrücklich ist beispielsweise die Optimierung der Penicillinherstellung: Wurden anfänglich Konzentrationen um 10 mg $\cdot$ L^{-1} erreicht, so liegen heute die Konzentrationen bereits bei ungefähr 50 g $\cdot$ L^{-1}. Bei der Herstellung von Aminosäuren werden in Bioprozessen noch wesentlich höhere Konzentrationen erzielt.

Die Aufarbeitung von Fermentationsbrühen mit niedrigen Produktkonzentrationen ist bedeutend aufwendiger als bei hohen Titern, weil der Anteil der begleitenden Nebenprodukte bei höheren Produktkonzentrationen wesentlich kleiner ist. Die Trenn- und Reinigungsoperationen zur Gewinnung von Produkten mit niedrigen Gehalten sind daher auch viel komplexer. Betrachtet man derartige Systeme, so kann man nicht mehr von einer Verunreinigung der interessierenden Produkte durch Nebenprodukte sprechen, sondern eher von einer Verunreinigung der Nebenprodukte durch das eigentlich zu gewinnende Produkt. Dadurch wird der Einfluß der Produktkonzentration auf die Prozeßgestaltung noch deutlicher. Der Problematik der jeweiligen Produktkonzentrationen ist im Aufarbeitungsprozeß Rechnung zu tragen. Dabei soll bereits bei der Aufgabenstellung eine mögliche Erhöhung der bestehenden Produktkonzentrationen durch weitere Verfahrensentwicklungen berücksichtigt werden. Die Veränderung der Erntechargen durch die ständige Optimierung des Bioprozesses in der Produktion kann ebenso wesentliche Auswirkungen auf die Aufarbeitung haben und sollte dementsprechend bei der Entwicklung und Planung des Aufarbeitungsprozesses Berücksichtigung finden.

Bei der Auswahl von Trennverfahren für die Aufarbeitung sind ferner die *Chargengrößen* des Bioprozesses zu beachten. Je nach Produkt umfaßt eine Erntecharge einige 100 L (z. B. Gewebekulturen) bis zu mehreren 100 m^3 (z. B. Einzellerprotein). Die Aufarbeitungstechnik ist dementsprechend differenziert zu betrachten.

Viele im Labor und in halbtechnischen Anlagen gebräuchliche Methoden sind nicht ohne weiteres auf größere Maßstäbe übertragbar. Einerseits lassen sich viele für die Aufarbeitung von kleineren Chargen zweckmäßige Methoden aus Kostengründen im technischen Maßstab nicht mehr rechtfertigen, andererseits sind einige dieser Methoden im großtechnischen Einsatz derzeit noch nicht realisierbar.

Ein weiterer Gesichtspunkt bei der Aufarbeitung von Produkten aus Bioprozessen ist die *Produktstabilität*. So werden an die Aufarbeitung empfindlicher Produkte bestimmte Anforderungen bzw. Grenzwerte hinsichtlich Verweilzeit, pH-Wert, Temperatur, Scherkräfte etc. gestellt, die durch die Prozeßbedingungen in den einzelnen Verfahrensschritten einzuhalten sind. Die genaue Einhaltung der produktspezifischen Anforderungen wirkt sich letzten Endes auf die erzielbaren Ausbeuten bei der Produktgewinnung aus und beeinflußt damit auch wesentlich die Wirtschaftlichkeit des eingesetzten Aufarbeitungsverfahrens.

8.1.2 Trennoperationen und Systematik

Das Ziel jeder Verfahrensauslegung zur Produktaufarbeitung besteht darin, die größtmögliche Ausbeute des gewünschten Produktes bei gleichzeitig minimalen Apparateinvestitionen und geringem Betriebsaufwand zu erhalten. Eine Aufgabe bei der Entwicklung eines Aufarbeitungsverfahrens ist es, in geeigneter Weise die zweckmäßigsten Einzeloperationen (Trennverfahren) aneinanderzureihen.

Die Verfahrenstechnik kennt eine große Zahl von Trennoperationen, die in den einzelnen Aufarbeitungsschritten verwendet werden können. Diese Trennverfahren können grundsätzlich in drei Kategorien eingeteilt werden:

- *Mechanische Trennverfahren:*
  z. B. Filtration
  Sedimentation
  Zentrifugation
- *Physikalisch-chemische Trennverfahren:*
  z. B. Adsorption
  Extraktion
  Kristallisation
- *Chemische Trennverfahren:*
  z. B. Fällung
  Aussalzung

Um den Verlauf einer Aufarbeitung mit Hilfe dieser Trennoperationen eingehender betrachten zu können, wird der Aufarbeitungsprozeß in einzelne Aufarbeitungsschritte gegliedert. Eine Darstellung der vier Aufarbeitungsschritte eines allgemein angewandten Aufarbeitungsprozesses zeigt Abb. 8-1. Die hier gewählte Systematik besagt aber keineswegs, daß jeder Prozeß nach genau diesem Schema ablaufen muß. Um das oben genannte Ziel der Verfahrensauslegung zur Aufarbeitung zu erreichen, müssen die vier Aufarbeitungsschritte den Eigenheiten der gesuchten Substanz sowie den Gegebenheiten des betreffenden Bioprozesses angepaßt werden.

Der erste Schritt der Aufarbeitung besteht in den meisten Fällen in einer *fest/flüssig-Trennung* (siehe Abschn. 8.2). Das Ziel dieser Trennung ist es, die Erntechargen derart aufzuspalten, daß anschließend eine effiziente Produktisolierung durchgeführt werden kann; gleichzeitig soll bereits eine möglichst große Reduktion der aufzuarbeitenden Volumina erreicht werden.

Bei diesem Aufarbeitungsschritt ist es von Bedeutung, in welcher Weise und wo das Produkt in der Erntecharge vorliegt. Hier sind drei Fälle zu unterscheiden: Das Produkt kann

- in der festen Phase (also in den Zellen, intrazellulär);
- in der flüssigen Phase (Kulturlösung, extrazellulär);
- oder in beiden Phasen verteilt sein.

Befindet sich das Produkt ausschließlich in der festen Phase des Erntebreies – also in der Biomasse –, so ist normalerweise eine fest/flüssig-Trennung zweckmäßig. Dasselbe gilt auch für den zweiten Fall. Durch die fest/flüssig-Trennung können bei intrazellulären Produkten oder bei Prozessen, bei denen die Biomasse selbst das Produkt darstellt (z. B. Einzel-

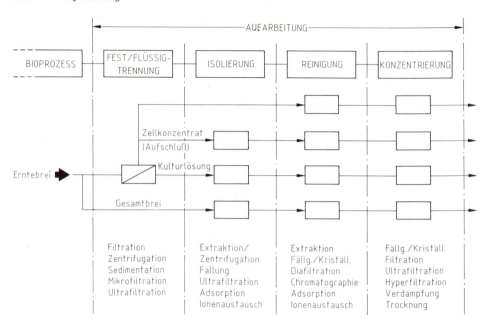

Abb. 8-1. Übersicht über die Verfahrensschritte der Aufarbeitung: Trennung, Isolierung, Reinigung, Konzentrierung mit entsprechenden Einheitsoperationen als Beispiele.

lerprotein), Volumensreduktions-Faktoren bis zu 10 erreicht werden. Bei der Klärung der Kulturlösungen für die Gewinnung von extrazellulären Produkten kommt es zu keiner wesentlichen Volumenreduzierung. Die Abtrennung der produktfreien Biomasse ist dann anzustreben, wenn die weitere Aufarbeitung dies erfordert, oder wenn die Aufarbeitung der Kulturlösung zusammen mit den Mikroorganismen einen höheren Reinigungsaufwand notwendig machen würde (zusätzliche Verunreinigung der Produkte durch extrahierte Substanzen aus der Biomasse).

Die Wahl einer effizienten Trennmethode richtet sich nach den jeweiligen Eigenschaften der Kulturbrühe, wie z. B. nach Filtrierbarkeits- und Sedimentationseigenschaften der suspendierten Phase (Biomasse, feste Kulturinhaltstoffe). Ist die Abtrennung der festen Phase von der Kulturlösung nur unter hohem Aufwand möglich, so kann es in diesen Fällen zweckmäßiger bzw. kostengünstiger sein, von einer fest/flüssig-Trennung als erstem Schritt abzusehen und das erwünschte Produkt direkt aus der gesamten Kulturbrühe zu isolieren (Direktbreiextraktion).

Für den dritten Fall, bei dem das Produkt sowohl in der Kulturflüssigkeit gelöst als auch in der Biomasse enthalten ist, kann wie in den beiden ersten Fällen zunächst die fest/flüssig-Trennung ausgeführt werden. Anschließend können die beiden Phasen getrennt der Produktisolierung zugeführt werden. Um ein solches Vorgehen zu rechtfertigen, muß die getrennte Aufarbeitung von fester und flüssiger Phase spezielle Vorteile bieten. Eine vorausgehende Phasentrennung kann darin begründet sein, daß die Biomasse vor der eigentlichen Produktisolierung aufgeschlossen werden muß und ein Aufschluß (vgl. Abschn. 8.3.1) in der gesamten

Kulturbrühe aufwendiger ist als die fest/flüssig-Trennung. Ist jedoch kein spezieller Aufschluß erforderlich, so ist es zweckmäßiger, das Produkt direkt aus der Kulturbrühe zu extrahieren (s. dazu Abschn. 8.3.2).

Im zweiten Schritt der Aufarbeitung – der *Isolierung* – geht es darum, die zu gewinnenden Produkte mit hoher Ausbeute in ein einphasiges System überzuführen. Dabei ist gleichzeitig eine höhere Konzentrierung mit Volumenreduzierung und eine wesentliche Verringerung des Anteils an begleitenden Nebenprodukten anzustreben.

Bei lipophilen Produkten werden für die Produktisolierung Extraktionsverfahren angewendet.

Bei hydrophilen Produkten kann diese Isolierung durch geeignete Sorptionsverfahren geschehen. Die Produkte werden hier z. B. mit Adsorberharzen, Ionenaustauscherharzen oder auch mit Aktivkohle aus der Kulturlösung isoliert und nachfolgend mit einem geeigneten Lösemittel wieder aus den Sorptionsmitteln ausgewaschen (eluiert). Produkte wie z. B. Enzyme können auch mit Hilfe einer Ultrafiltration aus der Kulturlösung isoliert und in einer konzentrierten Form (Retentat) erhalten werden.

Die Isolierung kann aber auch durch eine chemische Fällung geschehen, bei der das Produkt gemeinsam mit Nebenprodukten von ähnlichen chemischen Eigenschaften als Präzipitat aus der wässrigen Kulturlösung ausgefällt wird. Die gefällten Produkte werden von der wäßrigen Phase abgetrennt, nötigenfalls getrocknet und wiederum in geeigneten Lösemitteln aufgenommen. Diese Rohlösungen können dann im dritten Schritt der Aufarbeitung wie Extrakte aus den Extraktionsverfahren und Eluate der Sorptionsverfahren weiter behandelt werden.

Bei Produkten, die in der festen Phase (Biomasse) enthalten sind, ist häufig zuerst ein Aufschluß der Zellen vorzunehmen, um die Produktisolierung zu ermöglichen oder zu verbessern. Diese Aufschlußverfahren werden in Abschn. 8.3.1 beschrieben.

Im dritten Schritt des Aufarbeitungsprozesses – der *Reinigung* – kommen alle Arten von verfahrenstechnischen Grundoperationen zur Anwendung. Mechanische, physikalisch-chemische, chemische und biologische Eigenschaften der Produkte bestimmen hier die Auswahl der geeigneten Trenn- und Reinigungsoperationen. Richtlinien für die Auswahl und Beschreibungen von Reinigungsverfahren sind in Abschn. 8.4 wiedergegeben.

Das Ziel der Reinigung ist die Gewinnung einer Produktlösung, die den gewünschten Reinheitsanforderungen genügt. Diese Reinlösungen werden im vierten Aufarbeitungsschritt – der *Konzentrierung* – in ihre Endform gebracht. Zur Vorkonzentrierung der Reinlösungen können mechanische Trennverfahren eingesetzt werden. Konzentrierte Lösungen können eingedampft werden, oder man läßt die Produkte aus den Reinlösungen auskristallisieren. Empfindliche Produkte werden in einigen Fällen durch Gefriertrocknung gewonnen. Ebenso schonend können Zellen auch in Wirbelschichttrocknern getrocknet werden (siehe Abschn. 8.5).

Das Ziel dieses vierten und letzten Schrittes der Aufarbeitung besteht darin, die Substanzen in einer Form zu gewinnen, in der sie der weiteren Verwendung zugeführt werden können (z. B. Konfektionierung).

8.2 Fest/flüssig-Trennung

Eine fest/flüssig-Trennung wird in der Biotechnologie fast immer durchgeführt. Die Erntecharge besteht – wie bereits erwähnt – aus den gewachsenen Zellen, den Restbestandteilen des Mediums, den Produkten des Metabolismus sowie aus über 90% Wasser. Eine Ausnahme stellen hier neuere Bioprozesse mit Träger-fixiertem Biomaterial dar. In diesen Fällen bleiben die fixierten Zellen oder Enzyme im Reaktor zurück, d.h. die Erntechargen sind nahezu Partikel-frei. Für die Mehrzahl der klassischen Bioprozesse ist indessen der erste Phasentrennungsschritt unerläßlich. Die feste Phase, die sich aus relativ kleinen Partikeln zusammensetzt, ist hierbei von der wäßrigen Phase abzutrennen.

Die Partikelgrößen liegen im Bereich von ca. 0.1 µm bis 1.0 µm (Viren, kleine Bakterien) bis hin zu 1 bis 100 µm (Myzelklumpen). Es leuchtet ein, daß verschiedenartige Trennmethoden notwendig sind, um diesen großen Bereich abzudecken. Neben der Partikelgröße als Kriterium für die Wahl einer Trennmethode spielen vor allem die Oberflächenaktivität der Partikel sowie die Dichte, d.h. die Dichteunterschiede zwischen fester (Mikroorganismen) und flüssiger Phase (Kulturflüssigkeit), eine Rolle.

Abb. 8-2 zeigt die Systematik der fest/flüssig-Trennmethoden, bezogen auf die Trennkriterien (Partikelgröße, Oberflächenaktivität sowie Dichte der Partikel) und auf die Partikeldurchmesser.

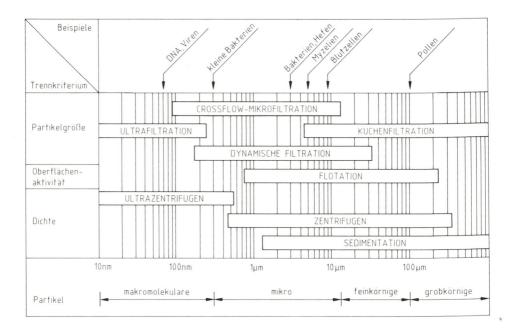

Abb. 8-2. Die fest/flüssig-Trennung: Einsatzbereiche von Trennmethoden für verschiedene Partikelgrößen der abzutrennenden Feststoffe mit Zuordnung zu den entsprechenden Trennkriterien.

Die Oberflächenaktivität wird vor allem bei der Flotation von Mikroorganismen ausgenützt (Abschn. 8.2.2). Die Dichteunterschiede zwischen Mikroorganismen und wäßriger Phase kommen bei den Zentrifugationen sowie bei der Sedimentation zum Zuge (Abschn. 8.2.3).

Zur Abtrennung von Mikroorganismen aus der Kulturflüssigkeit werden unterschiedliche Filtrationsverfahren eingesetzt. Dabei sind die verschiedenen Abscheidemechanismen durch bestimmte Eigenschaften der Filtermittel und die Betriebsweise der Filter gegeben (Abschn. 8.2.1).

8.2.1 Filtration

Unter einer Filtration versteht man allgemein die Abtrennung von festen oder auch flüssigen Teilchen (Tropfen) aus Flüssigkeiten und Gasen mit Hilfe eines Filtermittels. Je nach Art des Abscheidemechanismus, der im wesentlichen durch die Eigenschaften der Filtermittel (Filtermedien, Filter) bestimmt wird, unterscheidet man drei Filtrationsverfahren (Alt, 1972):

- Kuchenfiltration (Oberflächenfilter)
- Tiefenfiltration (Bettfilter)
- Siebfiltration (Membranfilter).

Die wichtigsten Filtrationsverfahren für die Aufarbeitung von Produkten aus Bioprozessen sind die Kuchenfiltration und die Siebfiltration. Die Tiefenfiltration ist für diese Aufgabenstellungen ungeeignet und daher in Abb. 8-2 auch nicht aufgeführt. Die Tiefenfiltration ist für die Sterilfiltration von Gasen und Flüssigkeiten sehr vorteilhaft (Abschn. 5.3 und 5.4), sie sei an dieser Stelle nur kurz (zur besseren Abgrenzung dieser Filtrationsarten) skizziert.

Bei der Tiefenfiltration werden die Feststoffteilchen in überwiegendem Maße durch Anlagerung (Adsorption) an der inneren Oberfläche des Filters abgeschieden. Im Laufe des Filtrationsvorganges sammeln sich Feststoffe im Innern des Filtermittels an, wodurch die Filtrationsleistung des Filters abnimmt. In der Folge müssen die Filtermittel gereinigt oder auch ausgetauscht werden. Daraus ist unschwer zu erkennen, daß die Tiefenfiltration als Verfahren zur Gewinnung von Feststoffen aus einer trüben Suspension nicht in Frage kommt. Sie ist vielmehr zur Erzeugung eines sehr reinen Filtrates einzusetzen, wobei die zu reinigende Suspension nur einen sehr geringen Feststoffgehalt aufweisen darf. Bei größerem Feststoffgehalt wird die Einsatzzeit dieser Tiefenfilter wesentlich verkürzt.

Kuchenfiltration

Wird bei der Filtration einer Suspension der Feststoff, der sich beim Trennvorgang auf dem Filtermedium aufbaut, nicht von der Filteroberfläche beseitigt, so entsteht ein Filterkuchen, man spricht daher von einer Kuchenfiltration. Die treibenden Kräfte für den Trennprozeß werden durch von außen aufgebrachte Druckkräfte erzeugt. Die Druckdifferenzen, die zwischen dem Raum vor und hinter dem Filtermedium (Filtermittel) wirksam werden, können durch einen Überdruck vor dem Filtermedium (Druckfiltration), durch einen Unterdruck hinter dem Filtermedium (Vakuumfiltration) oder auch durch den hydrostatischen Druck erreicht werden. Bei der Kuchenfiltration wird die Trennwirkung primär nicht durch das Filtermedium bestimmt, sondern durch den sich aufbauenden Kuchen selbst. Aus diesem Grund können auch Filtermittel verwendet werden, deren Poren größer sind als die abzutrennenden Feststoffpartikel. Ein Verstopfen der Poren wird dadurch weitgehendst verhindert, und man erhält so auch einen kleineren Strömungswiderstand durch das Filtermedium. Zu Beginn der Filtration kann ein gewisser Durchschlag von Feststoff in das Filtrat (Trübfiltrat) beobachtet werden. Das Trübfiltrat kann man, wenn nötig, in den Filtrationsprozeß zurückführen, bis ein klares Filtrat entsteht.

Die Kuchenfiltration beinhaltet folgende Vorgänge:

a) eigentliche Filtration mit anfänglicher Rückführung des Trübfiltrates;
b) Entwässerung des aufgebauten Kuchens nach Abstellen des Trübezulaufes durch Trockenblasen mit Luft;
c) Waschen des Kuchens anstatt oder nach der Entwässerung;
d) Entwässerung nach dem Waschvorgang;
e) Kuchenaustrag;
f) Reinigung des Filtermediums.

Neuentwicklungen im Filterapparatebau machen z. B. vor dem Kuchenaustrag eine zusätzliche Trocknung des Filterkuchens durch Einblasen von Stickstoff über einen Sintermetallboden innerhalb des Filterapparates möglich. Bei dieser Wirbelschichttrocknung dient ein Tellerpaket, in welchem die Filterplatten tellerartig übereinander angeordnet sind, als Trockengasfilter und scheidet hier die fluidisierten Partikel vom abströmenden Gas ab. Das getrocknete Produkt kann über ein Austragsventil am Boden des Apparates entnommen werden (Redeker et al.; 1982).

Der Filtrationswiderstand, der maßgebend ist für den Filtratfluß, wird im wesentlichen durch die Schichtstärke und die Eigenschaft des Kuchens und durch die Viskosität des Filtrates bestimmt. Im Verlauf der Filtration wird die Kuchenstärke infolge stetiger Ablagerung von Feststoffen zunehmen, die Kuchenstärke ist also eine Funktion der Filtrationszeit. Bei konstantem Filtrationsdruck wird der Filtratfluß durch die zunehmende Kuchenstärke und den damit ansteigenden Filtrationswiderstand ständig abnehmen. Für die Beschreibung des Filtratflusses können Filtergleichungen verwendet werden (vgl. Alt, 1972). Hierbei müssen bestimmte Vereinfachungen vorgenommen werden, die die stofflichen Eigenschaften des Kuchens und das Rückhaltevermögen für Flüssigkeit betreffen. Eine solche Gleichung kann jedoch die tatsächlichen Verhältnisse nur annähernd beschreiben, solange der Filterkuchen porös ist und eine Kompaktion durch den wirkenden Filtrationsdruck ausgeschlossen werden kann.

Zur Ermittlung der Filtrationsbedingungen und zur Beurteilung der Filtrierbarkeit einer Kulturbrühe ist es meist zweckmäßig, Filtrationsversuche durchzuführen. In diesen Versuchen werden Filtrat-Zeit-Kurven bei konstantem Druck in geeigneten Filtrationsvorrichtungen aufgenommen. Für diese Zwecke haben sich die Handfilterplatte für die Untersuchung der Vakuumfiltration und die C-P-Zelle (compression-permeability-cell) für die Druckfiltration vorzüglich bewährt (Alt, 1972).

Mit diesen Versuchseinrichtungen können die notwendigen Daten für die Beurteilung und Auslegung von Filtrationsprozessen ermittelt werden. Es können darüber hinaus auch die

Einflüsse von Filtermittel und Filterhilfsmittel sowie unterschiedlicher Betriebsparameter, wie z. B. Druck und Temperatur, auf den Filtrationsvorgang ermittelt werden. Aus der Filtrat-Zeit-Kurve ist die spezifische Filtratmenge für eine noch zweckmäßige Filtrationszeit zu bestimmen. Die Auswahl des geeigneten Betriebsdruckes kann ebenso aufgrund einiger Versuche erfolgen. Oft wird es günstiger sein, bei kleineren Betriebsdrücken zu arbeiten, weil jede weitere Druckerhöhung auch eine stärkere Kompression des Kuchens zur Folge hat. Die mit der Druckerhöhung an sich erreichbare höhere Effizienz wird dadurch zum größten Teil wieder aufgehoben. Kuchen aus Biomasse, die dazu meist noch eine schleimige Konsistenz aufweisen, sind durchweg kompressibel, so daß der Druckoptimierung hier größte Beachtung geschenkt werden muß. Erschwerend für die Auslegung von Kuchenfiltrationen sind noch die Schwankungen der Filtrationseigenschaften von Kulturbrühen unterschiedlicher Chargen.

Nach der eigentlichen Kuchenfiltration erfolgt eine weitere Entwässerung des Kuchens. Durch Einblasen von Luft oder Stickstoff wird das restliche Filtrat verdrängt. Anschließend kann der Kuchen mit Waschflüssigkeit gewaschen werden. Das Waschen des Kuchens ermöglicht eine weitere Abtrennung von löslichen Filtratbestandteilen aus dem Kuchen (Biomasse).

Der Waschvorgang unterliegt den Diffusionsgesetzen, wobei der Stoffübergang mit abnehmendem Konzentrationsgefälle ebenso ständig abnimmt. Für den dimensionslosen Auswaschgrad x besteht ein exponentieller Zusammenhang zur Waschwassermenge, der nach Hackl et al. (1964) durch die Gleichung

$$\frac{V_w}{h} = -a \ln(1-x) + b , \tag{8-1}$$

beschrieben wird, wobei:

V_w Waschwasserdurchsatz ($m^3 \cdot s^{-1}$)
h Kuchenstärke (m)
a, b Konstante

Aus dieser Gleichung ist entweder die Waschwassermenge bei gegebenem Auswaschgrad oder der Auswaschgrad bei gegebener Waschwassermenge zu ermitteln.

Das Auswaschen der Biomasse nach der Abtrennung des Kulturfiltrates wird in jenen Aufarbeitungsprozessen von großer Bedeutung sein, bei denen entweder gelöste Kulturfiltratinhaltsstoffe bei der weiteren Aufarbeitung der Biomasse stören und möglichst vollständig schon bei der fest/flüssig-Trennung abgetrennt werden müssen, oder gelöste Produkte sich schwer von der Biomasse abtrennen lassen.

Werden Kulturbrühen durch Filtration aufgetrennt, so kommen in den meisten Fällen Vakuum-Trommelfilter oder bei schwerer filtrierbaren Brühen Plattenfilter bzw. Filterpressen zur Anwendung.

Das Plattenfilter ist ein Druckfilter, bei dem die Filterkuchen verhältnismäßig einfach entnommen werden können. Es besteht aus einer Vielzahl von gerillten Platten, die mit Rahmen, deren Breite den jeweiligen Filtrationsbedingungen angepaßt werden kann, flache Filtrationsräume bilden. Für leichter filtrierbare Mikroorganismen-Suspensionen (auch mit hohen Feststoffgehalten) werden Vakuum-Trommelfilter verwendet. Bei diesen Trommelfiltern werden Trommelsaugfilter und Trommelzellenfilter unterschieden. Beim Trommelsaugfilter steht der gesamte Trommelinnenraum unter einheitlichem Unterdruck, wogegen beim Trommelzellenfilter der Trommelinnenraum in einzelne Segmente unterteilt ist. Die einzelnen Zellen besitzen separate Filtratabläufe, auf denen in bestimmten Bereichen (Eintauchbereich in die Suspension und Waschbadbereich) der Unterdruck wirksam wird.

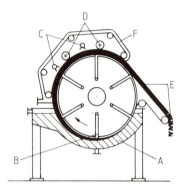

Abb. 8-3. Beispiel für einen fest/flüssig-Trennapparat: Vakuum-Trommelzellenfilter mit Waschbad. In dieser Zeichnung bedeuten: A Trübe, B Filtratabsaugleitung, C Waschmittelzufuhr, D Presswalzen, E Kuchenabnahme, F Waschband.

Die Trommel taucht zu etwa 30% in einen Trog ein, der sie relativ eng umschließt und in dem die Kulturbrühe durch einen Überlauf stets auf gleichem Niveau gehalten wird. Im eingetauchten Teil der Trommel saugt der Unterdruck die Flüssigkeit durch das Filtermittel in das Trommelinnere ein, wobei sich an der Außenseite der Filterkuchen aufbaut. Durch die stetige Drehung der Trommel wird der an der Trommel anhaftende Kuchen aus der Trübe heraus transportiert und im oberen Teil in einem Wasserbad gewaschen. Die in diesem Bereich abgesaugte Waschflüssigkeit kann getrennt vom eigentlichen Kulturfiltrat beim Zellenfilter gewonnen werden. Für die Abnahme des Kuchens von der Trommel gibt es je nach Kucheneigenschaften verschiedene Vorrichtungen und Verfahren: Die Abnahme des Kuchens mit einem Schaber ist die einfachste und verbreitetste Methode. Sie eignet sich besonders für feste, nicht verformbare Kuchen von mindestens 4 mm Stärke.

Neben der Schaberabnahme gibt es noch die Schnur- oder Kettenabnahme, bei der z. B. Schnüre mit über die Trommel laufen, die im Abnahmebereich mit Umlenkrollen von der Trommel weg und vor dem Trog wieder hingeführt werden. Bei sehr dünnen Filterkuchen (bis zu 1 mm) kann der Kuchen mit Walzen abgenommen werden, die sich angepreßt an die Trommel, mit gleicher oder geringfügig größerer Geschwindigkeit drehen. Die Abnahme des Kuchens von der Walze kann hier durch Schaber oder Messer erfolgen. In Abb. 8-3 ist ein Trommelzellenfilter mit einem Waschbad und Schnurabnahme gezeigt.

Siebfiltration

Bei der Siebfiltration, zu der die Hyperfiltration (umgekehrte Osmose, Reverse Osmosis), die Ultrafiltration, die Crossflow-Mikrofiltration und auch die dynamische Filtration gezählt werden, wird im Prinzip, wie bei der Kuchenfiltration, ein dünnschichtiges Filtermittel (Membranfilter) verwendet. Auf dessen sichtbarer Oberfläche werden gelöste Moleküle (Hyperfiltration, Ultrafiltration) oder feinste Partikel (Ultrafiltration, Mikrofiltration) zurückgehalten. Zur Aufrechterhaltung dieses Siebeffektes müssen die auf der Oberfläche des Filters abgeschiedenen Teilchen ständig entfernt werden.

In den letzten Jahren sind neue Siebfiltrationsverfahren mit Mikrofiltrationsmembranen entwickelt worden, die für die Aufarbeitung von Mikroorganismensuspensionen sehr geeignet sind. Es sind dies die dynamische Filtration oder auch Parafiltration (Murkes, 1983) und die Crossflow-Mikrofiltration. Beiden Verfahren ist die Anwendung von Scherkräften parallel zur Membranoberfläche gemeinsam, durch die die Kuchenbildung — also die Abscheidung von Partikeln auf der Membranoberfläche — verhindert werden soll. Diese Scherkräfte können einmal durch Bewegen der Membranen in der Trübe (dynamische Filtration) oder durch parallele Anströmung der Membran (Crossflow-Filtration) erzeugt werden. In Abb. 8-4 sind die Unterschiede zwischen Kuchenfiltration, Crossflow- und dynamischer Filtration verdeutlicht. Siebfiltrationsverfahren können überall dann vorteilhaft eingesetzt wer-

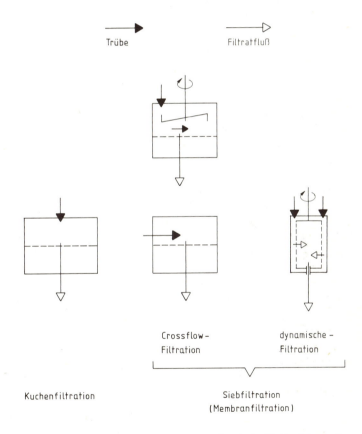

Abb. 8-4. Gegenüberstellung von Kuchen- und Siebfiltration (Membranfiltration). Die Funktionsweise ist vereinfacht durch Pfeile dargestellt; (→): Flußrichtung der Trübe; (→): Flußrichtung des Filtrates (Permeates).

den, wenn sehr kompakte Kuchen mit großen Filtrationswiderständen gebildet werden und daher der Einsatz einer Kuchenfiltration kaum mehr zweckmäßig ist. Derartige schlechte Filtrationseigenschaften sind bei vielen Kulturbrühen anzutreffen, wie zum Beispiel bei Bakteriensuspensionen, die durch begleitende Schleimstoffe noch wesentlich schwieriger filtrierbar werden. Siebfiltrationsverfahren, die eine Kuchenbildung und damit den hohen Filtrationswiderstand weitgehendst unterdrücken, sind daher zum Eindicken speziell von nicht-Newtonschen Suspensionen (strukturviskose, plastische oder thixotrope Trüben) besonders geeignet.

Sind Mikroorganismen durch Siebfiltration von der Kulturflüssigkeit abzutrennen, so müssen Filtermittel ausgewählt werden, deren Poren gerade kleiner sind als die abzutrennenden Mikroorganismen. Diese Filtermittel, Folien mit feinsten Poren, werden auch als Membranen bezeichnet. Unter einer Membrane (membrana, lat. = das Häutchen) versteht man ganz allgemein ein dünnschichtiges Medium (fest oder flüssig), das semipermeable Eigenschaften (für Flüssigkeiten oder Gase) besitzt.

Wie bereits in Abschn. 8.2 ausgeführt, liegt die Partikelgröße bei Mikroorganismen im Bereich von 0.1 µm bis 10 µm. Die Abtrennung von Partikeln in diesem Bereich durch Filtration wird auch als Mikrofiltration bezeichnet, die Filtermittel für diese Trennaufgabe als Mikrofiltrationsmembranen. Dieser Bereich stellt nur einen sehr kleinen Abschnitt innerhalb des Gebietes der fest/flüssig-Trennung dar, deckt aber genau jenen Bereich ab, der für die fest/flüssig-Trennung in der biotechnologischen Aufarbeitung besonders große Bedeutung besitzt.

Durch Siebfiltrationsverfahren sind Mikroorganismen bei höheren Konzentrationen abzutrennen oder zu gewinnen. Dazu wird die Siebfiltration mit Mikrofiltrationsmembranen oder, seltener, mit Ultrafiltrationsmembranen Einsatz finden.

Die Ultrafiltration zur fest/flüssig-Trennung findet Einsatz für die Abtrennung von Viren, kolloidalem Eiweiß und feinsten Feststoffpartikeln (<0.1 µm), wird jedoch vorwiegend zur Reinigung und Konzentrierung von Lösungen mit höhermolekularen, gelösten Substanzen eingesetzt. Ferner findet die Ultrafiltration auch dann Anwendung, wenn Mikroorganismen-Suspensionen durch Schleimstoffe oder andere noch feinere Partikel wie z.B. ausgefälltes, feinst verteiltes Eiweiß, enthalten. Mikrofiltrationsmembranen wären in diesen Anwendungen für die Abtrennung der Mikroorganismen sicherlich geeignet; die feineren Partikel, welche in die Porenstruktur der Mikrofiltrationsmembranen eindringen können, würden jedoch allmählich diese Membranen verstopfen. Als allgemeine Regel kann gelten, daß für eine fest/flüssig-Trennung mit Membranen die größten Poren der Membranen kleiner sein müssen als die kleinsten abzuscheidenden Feststoffpartikel.

Die Auswahl der geeigneten Membranen soll in jedem Fall Eigenschaftsschwankungen der Ansätze, die in Bioprozessen sehr oft auftreten, mitberücksichtigen. Der Schleimgehalt, Verunreinigungen, rheologische Eigenschaften, wechselnde Konzentrationen von Zusatzstoffen (Antischaummittel, Substrate etc.) sind nur einige bedeutende Einflußfaktoren, die Auswirkungen auf die einzelnen Aufarbeitungsschritte zeigen können. Am leichtesten beeinflußbar erweißt sich jedoch stets die fest/flüssig-Trennung.

Dynamische Filtration

Bei den dynamischen Druckfiltern wird ein enger Ringraum durch zwei koaxiale Zylinder gebildet, die an den Obeflächen, die dem Ringraum zugewandt sind, die Filtermedien

(Membranen) tragen. Die Scherkräfte werden dadurch erzeugt, daß der innere Zylinder in Rotation versetzt wird. Die Suspension wird am oberen Ende des Ringraumes zugegeben und strömt parallel zwischen den beiden Zylindern nach unten, wobei das Filtrat normal zur Zylinderoberfläche in den Außen- und Innenzylinder abströmt. Die Suspension wird durch die Rotationsbewegung des Innenzylinders ebenso in eine Drehbewegung versetzt, wodurch an der inneren und auch an der äußeren Membrane eine Relativbewegung zur axial strömenden Trübe entsteht. Diese erzeugt die erforderlichen Scherkräfte an der Membranoberfläche. Dynamische Druckfilter sind in der chemischen Technik schon länger bekannt (Tobler, 1979). Durch die Ausrüstung mit Mikrofiltrationsmembranen werden sie für Anwendungen in der Biotechnologie einsetzbar (vgl. Abb. 8-5). Auch gibt es bereits Versuche, Ultrafiltrationsmembranen in dynamischen Filtern einzusetzen. Die Entwicklung solcher Apparate ist heute sicher noch nicht abgeschlossen.

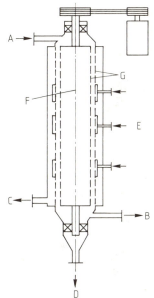

Abb. 8-5. Beispiel für einen fest/flüssig-Trennapparat: Das dynamische Filter (Druckfilter). Es bedeuten: A Zufluß des Suspension, B Abfluß des Konzentrates, C Abfluß des Filtrates (Außenzylinder) D Abfluß des Filtrates (Innenzylinder), E Zufluß der Waschflüssigkeit, F rotierender Innenzylinder, G Filtermittel mit Stützgewebe.

Für bestimmte Trennprobleme bietet die dynamische Filtration Vorteile gegenüber der Crossflow-Filtrationstechnik. Dynamische Filter sind kontinuierliche Filter, bei denen die erzielbare Entwässerung einer Suspension bei der Durchströmung des Ringraumes stattfindet; am Ausgang des Filters wird der eingedickte Feststoff entnommen. Die Schergeschwindigkeiten bei dynamischen Filtern liegen im Bereich von 15 bis 20 m · s^{-1}, wodurch der Kuchenbildung (Deckschichtbildung auf der Membran) besser entgegengewirkt werden kann als bei der Crossflow-Filtration (Schergeschwindigkeit bis 5 m · s^{-1}).

Crossflow-Mikrofiltration

Zur Verhinderung der Deckschichtbildung (Ausbildung eines Kuchens an der Membranoberfläche) wird die Membrane mit der aufzutrennenden Suspension mit hoher Strömungsgeschwindigkeit tangential angeströmt. Dabei existieren zwei unterschiedliche Systeme.

Im ersten wird die tangentiale Anströmung der Filtermedien durch eine von einer Pumpe erzeugten Zirkulationsströmung erreicht. Im zweiten wird die Überströmung der Filtermitteloberfläche durch geeignete Rührorgane (Scheibenrührer) erzeugt (Bagdasarian, 1983). Solche Apparate werden auch Druckscheibenfilter genannt. In der Literatur wird die Crossflow-Filtration heute oft auch zur dynamischen Filtration gezählt, was jedoch nicht korrekt ist.

Speziell die Crossflow-Mikrofiltration bietet wirtschaftliche Lösungen im Bereich der Eindickung oder Vorkonzentrierung von feinen Schlämmen, wie z. B. von unterschiedlichsten Mikroorganismen-Suspensionen, die mit Hilfe dieser Technik auch gewaschen werden können. Die zahlreichen Entwicklungen auf dem Gebiet der Crossflow-Mikrofiltration lassen heute ein verstärktes Interesse an dieser Technik erkennen und deuten vielleicht auch die zukünftige Bedeutung dieses fest/flüssig-Trennverfahrens in biotechnologischen Aufarbeitungsverfahren an.

Die Crossflow-Technik, die die Kuchenbildung an der Mikrofiltrationsmembrane verhindern soll, wird ebenso bei der Hyperfiltration (HF) und der Ultrafiltration (UF) verwendet. Der eigentliche Unterschied von Crossflow-Mikrofiltration, Ultrafiltration und Hyperfiltration liegt lediglich in der dabei verwendeten Membrane.

Mikrofiltrationsmembranen sind als Flach-, Kapillar- und Rohrmembranen erhältlich. Ebenso wie bei HF- und UF-Membranen können diese Mikrofiltrationsmembranen eine symmetrische oder auch eine asymmetrische Struktur aufweisen (siehe auch Abschn. 8.4.1).

Neben der Reduzierung der Deckschichtbildung durch die Überströmung der Membrane ist bei Rohr- und Kapillarmembranen eine *Rückspülung* möglich. Die Deckschichten, die bei der Mikrofiltration durch ständigen Transport von Feststoffpartikeln auf die Membrane entstehen, werden einerseits durch die wirkenden Scherkräfte kontrolliert, können aber andererseits auch periodisch während des Betriebes durch *impulsweise Flußumkehr* durch die Membrane verringert werden (Klein, 1981). Die Zielsetzung dieser Maßnahme ist hier, wie bei der UF und HF, ein möglichst ausschließlich membrankontrollierter Stoffaustausch.

Die Anlagen für die Crossflow-Mikrofiltration unterscheiden sich kaum von Ultrafiltrationsanlagen. Die Betriebsdrücke liegen, ebenso wie bei der Ultrafiltration, im Bereich zwischen 2 und 10 bar. Die Betriebsweisen dieser Anlagen sind fast immer diskontinuierlich, wobei die aufzutrennenden Suspensionen über einen Arbeitsbehälter rezirkuliert werden. Die erreichbaren Feststoffkonzentrationen werden durch das Fließverhalten der entwässerten Suspensionen begrenzt. Bei der Konzeption von Crossflow-Mikrofiltrations-Anlagen müssen zur Erreichung von hohen Eindickungsgraden die anzuströmenden Membranlängen der Trennstufe entsprechend kurz gehalten werden. Die Anzahl der hintereinander angeordneten Membranmodule, die die angeströmte Länge der Membrane darstellt, muß somit auf die zu erreichenden Endkonzentrationen abgestimmt werden. Bei einer gewählten Membranform (z. B. Rohrmembrane) wird sich mit der erforderlichen Strömungsgeschwindigkeit in dem Membranrohr entlang der Membranlänge ein bestimmter Druckabfall einstellen. Der maximale Anfangsdruck (am Eingang des Membranmoduls) ist durch die mechanische Festigkeit der Membrane festgelegt. Es ist jedoch nicht bei jeder Anwendung zweckmäßig, eine Crossflow-Mikrofiltration bei maximal zulässigem Druck zu betreiben. In bestimmten Fällen werden erfahrungsgemäß niedrigere Drücke einen höheren spezifischen Permeatfluß ergeben. Dies kann durch nicht zu vermeidende Deckschichtbildungen erklärt werden, die sich bei höheren Drücken wesentlich stärker ausbilden und damit höhere Filtrationswiderstände erzeugen.

Im Verlauf der Konzentrierung einer Suspension steigt also der Druckabfall in der Membran-Trennstufe an, womit der Druck am Ausgang der Membran-Trennstufe – bei konstantem Eingangsdruck – ständig sinkt. Hat so der Druck am Ausgang der Trennstufe den Umgebungsdruck erreicht, und ist die erforderliche Endkonzentration an Biomasse noch nicht erreicht, so sind zwei Maßnahmen möglich, um eine weitergehende Konzentrierung der Suspension zu erreichen: Zum einen kann die Membranlänge in der Trennstufe verkürzt werden (Verringerung der Anzahl der hintereinander geschalteten Membranmodule), zum andern kann der Strömungswiderstand in der Membrane verkleinert werden. Dies ist durch die Wahl einer andern Membranform möglich (z. B. Membranrohr mit größerem innerem Rohrdurchmesser).

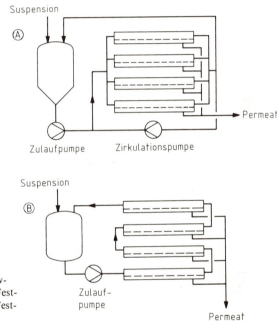

Abb. 8-6. Fließbild von zwei Crossflow-Mikrofiltrationsanlagen; A: für hohe Feststoffkonzentrationen, B: für niedrige Feststoffkonzentrationen.

In Abb. 8-6 ist das Fließ-Schema einer Crossflow-Mikrofiltrationsanlage für hohe (A) und niedrige (B) Feststoffkonzentrationen dargestellt. Die Mikroorganismen-Suspensionen werden hierbei chargenweise in den Arbeitsbehälter gegeben und zur Abtrennung des Kulturfiltrates über die Membranmodule (Membran-Trennstufe) zirkuliert. Bei der Durchströmung der Membranmodule wird ein bestimmter Filtrationsdruck eingehalten. Über die Membranen wird stetig Flüssigkeit (Permeat) abgepreßt, wodurch die Mikroorganismen im zirkulierenden Konzentratbrei (Arbeitsbehälter – Membran-Trennstufe) konzentriert werden. Nach Erreichen der gewünschten Feststoffkonzentration werden die Zulauf- und Zirkulationspumpen abgestellt, und die konzentrierte Kulturbrühe wird aus dem Arbeitsbehälter der weiteren Aufarbeitung zugeführt.

Bei der Auslegung und Dimensionierung einer Crossflow-Mikrofiltrationsanlage ist vom zu erreichenden Konzentrierungsgrad der Suspension auszugehen. In Vorversuchen ist vorerst der Permeatfluß im Verlauf der Konzentrierung zu ermitteln. Die Parameter zur Optimierung der Anlage sind dann:

- Membranlänge
- Membrandurchmesser (hydraulischer Durchmesser bei Flachmembranen)
- Filtrationsdruck (Eingangsdruck vorgegeben durch die mechanische Festigkeit der Membrane)
- Strömungsgeschwindigkeit.

Die Membranfläche berechnet sich dann wie folgt:

$$F = \frac{V}{t\,\dot{V}_{pm}} \quad (m^2) \tag{8-2}$$

wobei:

F Membranfläche (m^2)
V Chargenvolumen (L)
t Filtrationszeit (h)
$\dot{V}_{pm}$ mittlerer Permeatfluß ($L \cdot m^{-2} \cdot h^{-1}$)

Die Größe einer Filtrationseinheit (bei Crossflow-Mikrofiltration, UF, HF) hängt also von der zur Verfügung stehenden Filtrationszeit, vom mittleren Permeatfluß (über den ganzen Prozeß berechnet) sowie von der aufzuarbeitenden Chargenmenge ab.

Zur Konzentrierung von Kulturbrühen mit geringen Feststoffkonzentrationen werden Zentrifugalpumpen als Zulauf- bzw. Umwälzpumpen eingesetzt. Für Feststoffgehalte oberhalb von 10 bis 15% sind zwangsfördernde Pumpen (z. B. Exzenterschneckenpumpen) erforderlich.

Beispiel:

Eine myzelhaltige Kulturlösung soll mit einem Rohrmodul von 1 m^2 Membranfläche und 1.5 m Membranlänge aufgetrennt werden. Die Membranrohre des Moduls weisen einen inneren Durchmesser von 5.5 mm auf. Um die Membranen mit mehr als 3 $m \cdot s^{-1}$ anströmen zu können, müssen ca. 10 m^3 Suspension pro Stunde durch das Rohrmodul gefördert werden. Eine Zirkulationspumpe mit z. B. 40 $m^3 \cdot h^{-1}$ Durchsatzleistung kann somit höchstens 4 m^2 Membranfläche (also 4 parallelgeschaltete) Membranmodule versorgen.

Dieses Beispiel zeigt unter anderem, daß bei der Auslegung derartiger Trennanlagen der zweckmäßigen Dimensionierung der Zirkulationspumpen besondere Beachtung geschenkt werden muß. Der je m^2 Membranfläche erforderliche Zirkulationsstrom $\dot{V}_z$ im Membranmodul ist ferner gemeinsam mit dem sich einstellenden spezifischen Permeatfluß zu optimieren und für eine wirtschaftliche Bewertung unterschiedlicher Membranformen bzw. Anlagenkonzepte heranzuziehen (Investitionskosten für Zirkulationspumpen). Für die Untersuchungen von Anwendungen im Labor- oder im Pilotmaßstab kann folgendes zusammengefaßt werden: Der Permeatfluß ist über die Strömungsgeschwindigkeit in der Membrane und den Druck zu optimieren, die zu erreichende Konzentration an Biomasse parallel dazu über die Membranform und die Membranlänge.

Die maximal erreichbaren Biomassekonzentrationen liegen bei der Crossflow-Mikrofiltration bei 20 bis 25% Feststoffgehalt. Der Konzentrierungsgrad hängt sehr wesentlich von der Größe, der Dichte sowie der Morphologie der Mikroorganismen ab. Beeinflußt auch durch die übrigen Bestandteile der Kulturlösung verändern sich dazu noch im Lauf des Konzentrierungsvorganges die Fließeigenschaften des Konzentrates. Die erreichbaren Filtrationsleistungen können dabei durch Zusatzstoffe wie z. B. durch Antischaummittel ganz wesentlich beeinflußt werden.

Abb. 8-7 zeigt schematisch die Konzentrierung verschiedener Mikroorganismensuspensionen. Dargestellt ist die Abhängigkeit des Permeatflusses vom Konzentrierungsgrad. Man kann erkennen, daß sich Bakterien und Hefen unter stärkerem Permeatfluß höher konzentrieren lassen als myzelartige Suspensionen.

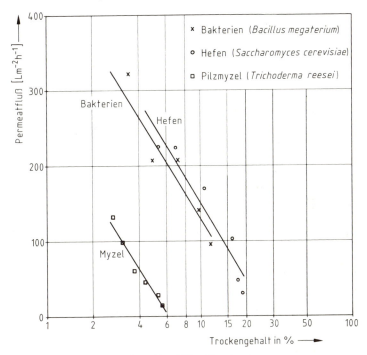

Abb. 8-7. Konzentrierung von Kulturbrühen durch Crossflow-Mikrofiltration:
Daten aus: Technischer Bericht, Enka AG; Membrana Wuppertal TR 1 E/83 (Accurel®-Rohr, Poren 0.2 µm, l = 1830 mm, ∅ = 5.5 mm).

Mikrofiltrations-Membranen verschmutzen während des Prozesses nicht nur durch eine feine Deckschicht (fouling), sondern auch durch feinste Feststoffteilchen, die sich an die innere Oberfläche der porösen Membrane anlegen (internal clogging). Der Reinigung der Membranen muß daher auch größte Beachtung geschenkt werden. Ziel der Reinigung ist die Erreichung der ursprünglichen Permeabilitätseigenschaften der Membranen. Die Entwicklung des Reinigungsverfahrens spielt bei der Prozeßauslegung deshalb eine wichtige Rolle, weil die jeweils erforderliche Reinigungszeit die Verfügbarkeit und damit die Größe der Anlagenfläche mitbestimmt. Als Reinigungslösungen können je nach thermischer und chemischer Beständigkeit der Membranen kalte und heiße Waschmittellösungen, Säuren, Laugen, organische Lösemittel etc. Einsatz finden.

Die Crossflow-Mikrofiltration steht bei Trenn- und Eindickprozessen in wirtschaftlicher Konkurrenz zu Druck- und Vakuumfiltrationsverfahren (mit Verwendung von Filterhilfsmittel) und natürlich auch zu der dynamischen Filtration, bei der höhere Schergeschwindigkeiten zu erreichen sind.

Das Verhältnis von Membranfläche zu Apparatevolumen ist bei der Crossflow-Mikrofiltration im Vergleich zur dynamischen Filtration größer; die Investitionskosten sind daher — bezogen auf die Apparatemembranflächen — niedriger. Bei wenigen m² Membranfläche sind die spezifischen Apparatekosten noch vergleichbar, steigen aber mit wachsender Membranfläche bei dynamischen Filtern wesentlich stärker an als bei Crossflow-Mikrofiltrationsanlagen. Entscheidend bei diesem Kostenvergleich ist der erreichbare spezifische Permeatfluß, der, wie bereits weiter oben erwähnt, die notwendige Membranfläche bestimmt. Der wirtschaftliche Einsatz von dynamischen Filtern wird mit kleiner werdenden Partikeln, womit engere Porenmembranen erforderlich werden, durch den Einsatz einer Crossflow-Mikrofiltration bzw. Ultrafiltration aus Kostengründen begrenzt. Mit wachsenden Partikelgrößen werden hingegen diese Siebfiltrationsverfahren durch die billigere Kuchenfiltration abgelöst. Die Crossflow-Mikrofiltration bietet für den Einsatz in biotechnologischen Prozessen interessante Aspekte. So kann dieses Trennverfahren neben der Verwendung für die fest/flüssig-Trennung in der Aufarbeitung auch dazu dienen, bei der Züchtung z. B. von tierischen Zellen Kulturflüssigkeit aus dem Prozeß abzutrennen, um Produkte oder störende Metabolite zu entfernen. Ebenso kann diese Technik für die sterile Entnahme von Kulturfiltrat für analytische Zwecke eingesetzt werden.

Voraussetzung für den vermehrten Einsatz der Crossflow-Mikrofiltration im technischen Maßstab wird zum einen die Weiterentwicklung der Rückspültechnik sein (um höhere spezifische Permeatflüsse zu gewährleisten), zum anderen die Entwicklung von Mikrofiltrationsmembranen mit asymmetrischer Struktur, die mechanisch widerstandsfähiger sind als die derzeit verfügbaren Mikrofiltrationsmembranen (vgl. auch Abschn. 8.4.1).

8.2.2 Flotation

Die Trennung durch Flotation basiert auf den Oberflächeneigenschaften der Feststoffpartikel, die an Gasblasen adsorbiert werden und sich so mit den aufsteigenden Gasblasen an der Flüssigkeitsoberfläche in Form einer Schaumschicht ansammeln. Diese Schaumschicht kann abgezogen und mit speziellen Zentrifugen entwässert werden. Das Ausmaß der Flotation hängt von der Art der Erzeugung der Gasblasen (Blasengröße und -verteilung) und von der Dichte der Teilchen ab. Der Auftrieb der Blasen muß größer sein als das relative Gewicht der

Teilchen in der Flüssigkeit. Für Teilchen unter 15 µm ist die Blasenbildung durch Ausscheidung von Gas aus der übersättigten Flüssigkeit der wichtigste Mechanismus. Von Rubin (1968) wurden derartige Mikroflotationsverfahren mit Bakteriensuspensionen untersucht.

Um sehr feine Blasen zu erzeugen, werden auch elektrochemische Methoden angewendet (Elektroflotation; vgl. Gnieser, 1977). Bei der Elektroflotation wird elektrolytisch Wasserstoff und Sauerstoff erzeugt, der in sehr feinen Blasen in die Flüssigkeit abgeschieden wird. Eine Flotation durch Gasblasen kann auch mittels Zusatz von Natriumbicarbonat erreicht werden. Der Einsatz dieser Flotationsverfahren ist bei Suspensionen mit relativ geringem Feststoffgehalt zweckmäßig, weil damit nur Anreicherungen von Biomasse bis ca. 10% erreicht werden können. Seipenbusch et al. (1977) konnten zeigen, daß eine Bakteriensuspension von 1.6% Feststoffgehalt durch Elektroflotation auf ein Feststoffkonzentrat von 10% konzentriert werden kann.

8.2.3 Sedimentation und Zentrifugation

Sedimentation und Zentrifugation finden dann Anwendung, wenn eine Trennung aufgrund der unterschiedlichen Dichte von Feststoffteilchen und Flüssigkeit durchgeführt werden kann. Zur Beschleunigung von Sedimentationsvorgängen können Zentrifugalkräfte sehr vorteilhaft eingesetzt werden. Die Abtrennung suspendierter Mikroorganismen von der Kulturflüssigkeit kann durch Sedimentieren (Absetzen) unter Einwirken der Schwerkraft erreicht werden. Je nach der weiteren Verwendung von Biomasse oder Kulturfiltrat wird entweder eine maximale Feststoffkonzentration (Eindickung) oder ein möglichst geklärter Überstand (Klärung) angestrebt. Ein ideal arbeitender Trennapparat sollte jedoch die Gewinnung von beiden Fraktionen ermöglichen. Für die Abscheidung von Feststoffen aus Flüssigkeiten werden sowohl periodisch als auch stetig arbeitende Trennapparate (Absetzapparate) verwendet. Unter diesen Absetzapparaten sind alle Behälter oder Becken zu verstehen, in welchen eine Suspension unter Einwirkung der Schwerkraft — wenn auch nicht ganz vollständig — in ihre Bestandteile aufgetrennt wird.

Beispiele für die technische Anwendung dieser Trennoperation bilden die aeroben und anaeroben Verfahren der biologischen Abwasserreinigung. Ferner ist das Absetzen von Hefe bei der Gewinnung von Einzellerprotein zu erwähnen.

Die Sedimentation ist die wirtschaftlichste Trenntechnik; die Investitions- und Betriebskosten von Absetzapparaten liegen viel niedriger als bei Filtrationsapparaten oder Zentrifugen. Werden Suspensionen mit geringem Feststoffgehalt verarbeitet, so empfiehlt es sich, den Absetzapparaten Vakuum- bzw. Druckfilter oder Zentrifugen nachzuschalten, sofern ein hoher Eindickungsgrad erforderlich ist.

Zur Verbesserung der Absetzeigenschaften oder um überhaupt ein Sedimentieren zu ermöglichen, können der Suspension Flockungsmittel zugesetzt werden. Die größte Bedeutung hat die Flockung bei der Alkohol- und Biomasseproduktion mit Hefen und in der Abwasserreinigung erlangt (Esser and Kües, 1983). Die Flockungsmittel bewirken den Aufbau von Makroflocken, die die Absetzgeschwindigkeit des Feststoffes erhöhen. Flockungsmittel im engeren Sinn sind chemische Verbindungen, die in Wasser schwer lösliche Niederschläge bilden und in vielen Fällen eine beschleunigte Ausfällung der suspendierten Feststoffe bewirken. Zu diesem Zweck haben sich Calciumhydroxid, Eisenchlorid, Aluminiumsulfat, aktive Kieselsäure oder auch Kombinationen dieser Verbindungen bewährt. Die Ausbildung von Flocken kann auch rein mechanisch durch Rühren oder spezielle Eintragsvorrichtungen ausgelöst werden. Seit einiger Zeit finden auch wasserlösliche Polymere mit sehr hoher Molmasse Verwendung, die natürlichen oder synthetischen Ursprungs sein können. Sie werden als Flockungs-Hilfsmittel bezeichnet, weil sie durch ihre fadenförmige Molekülstruktur die Flockenbildung lediglich unterstützen. Synthetische Flockungs-Hilfsmittel sind anwendungstechnisch viel wirksamer als natürliche.

Da die Sinkgeschwindigkeit von Zellen, selbst bei Partikeldurchmessern von 5 µm, unter $1 \text{ mm} \cdot \text{h}^{-1}$ liegt, kommt eine Sedimentation nur in Betracht, wenn das Produkt längere Verweilzeiten übersteht.

Die Sedimentation ist deshalb – außer bei der biologischen Abwasserreinigung – eher selten die Methode der Wahl für die fest/flüssig-Trennung. Häufiger wird die fest/flüssig-Trennung auf der Basis der Dichteunterschiede mit Hilfe von Zentrifugen durchgeführt. Die Wirkung von Zentrifugen beruht auf der darin erzeugten Zentrifugalbeschleunigung. Diese erzeugt Massenkräfte, womit eine intensivere Trennung erreicht wird. Die Zentrifugation wird in der Biotechnik eingesetzt, um:

- Zellen von der Nährlösung zu separieren;
- feste Ausfällungen zu trennen sowie
- gelöste Makromoleküle zu isolieren (Ultrazentrifuge).

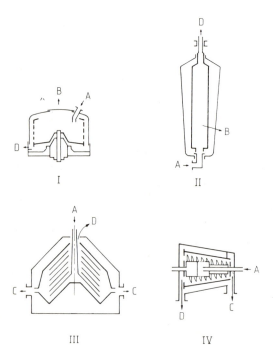

Abb. 8-8. Gegenüberstellung von verschiedenen Zentrifugen; I: Filterzentrifuge; II: Röhrenzentrifuge; III: Tellerzentrifuge; IV: Dekanter – A Zulauf der Trübe; B Entleerung des Feststoffes von Hand; C Ablauf des Feststoffkonzentrates; D Ablauf der klaren Flüssigkeit (leichtere Phase).

Im allgemeinen hängt die Zentrifugalleistung von der Zentrifugalbeschleunigung (Winkelgeschwindigkeit und Radius), von den Partikeldurchmessern, dem Dichteunterschied sowie dem Durchfluß durch die Zentrifuge ab.

Die Zentrifugen kann man nach ihrem Trennprinzip einteilen in Filtrationszentrifugen, Sedimentationszentrifugen und Zentrifugalseparatoren. Als untere Größe für Partikel, die heute mit Zentrifugen noch abtrennbar sind, werden ungefähr 0.5 bis 1 µm angegeben. Die obere Grenze liegt, je nach Dichteunterschied und Viskosität, bei einigen 100 µm.

Zur Abtrennung von Zellen, Zellbestandteilen und Fällungen werden vor allem Zylinderzentrifugen, Kammerzentrifugen und Tellerzentrifugen eingesetzt. Ferner findet in der Biotechnik bei der Schlammseparierung der Dekanter Anwendung. Ultrazentrifugen seien hier nur am Rande erwähnt, weil sie nur in relativ kleinen Einheiten verfügbar sind (Abb. 8-8). Sie sind den Röhrenzentrifugen ähnlich und zeichnen sich durch sehr hohe Zentrifugalbeschleunigungen aus (90 000 bis 100 000 g). Anwendung finden Ultrazentrifugen bei der Impfstoffherstellung, zur Reinigung von Viren, Abtrennung von Zellbestandteilen oder auch von sehr feinen Eiweißfällungen; sie dienen damit mehr Reinigungs- und Konzentrierungsoperationen (vgl. dazu Gerstenberg et al., 1980; Wang et al., 1979).

8.3 Isolierung

Die Isolierung des Produktes ist meist der zweite Abschnitt des Aufarbeitungsprozesses nach der fest/flüssig-Trennung. Hier wird das zu gewinnende Produkt aus dem Zellenkonzentrat oder/und der Kulturlösung isoliert.

Stellt die *Biomasse selbst das Produkt* dar, so hat eigentlich die Produktisolierung in der fest/flüssig-Trennung stattgefunden, und die konzentrierte Zellmasse kann direkt der Reinigung und Trocknung zugeführt werden.

Ist das *Produkt in der Biomasse* enthalten, so muß es aus dem Biomassekonzentrat herausgelöst werden.

Vor der Isolierung der erwünschten Substanzen aus dem Zellenkonzentrat ist es normalerweise erforderlich, die Zellen aufzuschließen, um an die Substanzen zu gelangen. Hierfür gibt es eine Reihe von Aufschlußverfahren (vgl. Abschn. 8.3.1).

Manchmal erweist es sich auch als zweckmäßig, das Zellenkonzentrat vor der Isolierung der Wirkstoffe zu trocknen, da es nach der fest/flüssig-Trennung immer noch einen Wassergehalt von 60 – 80% besitzt. Der Aufschluß der getrockneten Biomasse ist – trotz des Energieaufwandes für die Trocknung – oft günstiger als der direkte Aufschluß und die Isolierung aus dem wässrigen Zellenkonzentrat.

Ist das *Produkt in der Kulturflüssigkeit* gelöst, so sind zur Isolierung zwei unterschiedliche Wege angezeigt, je nachdem, ob das Produkt *hydrophil* oder *lipophil* ist. Für die Isolierung von lipophilen Sekundärmetaboliten (wie z. B. Antibiotica) ist die *flüssig/flüssig-Extraktion* die wichtigste Isolierungsmethode. Die Extraktion als Isolierungsmethode für biologische Produkte wird im Abschn. 8.3.2 behandelt.

Die Isolierung hydrophiler Produkte ist meistens schwieriger; sie werden meist in Sorptionsverfahren isoliert. Dafür werden Materialien mit speziellen Oberflächeneigenschaften, wie Adsorptions- und Ionenaustauscherharze, Aktivkohle etc., verwendet.

Weitere Methoden zur Isolierung hochmolekularer Stoffe sind die Gelpermeations- und die Affinitätschromatographie. Diese Methoden werden im Abschnitt über die Reinigung beschrieben (Abschn. 8.4.1).

Schließlich bleibt die Ultrafiltration als Isolierungsmethode speziell für höhermolekulare Stoffe zu erwähnen (Abschn. 8.3.3).

8.3.1 Zellaufschluß

In der Zelle gebildete Wirkstoffe können erst isoliert werden, nachdem die Zellen zerstört oder zumindest die Zellwände durchlässig gemacht worden sind. Grundsätzlich lassen sich die Zellaufschlußmethoden einteilen in mechanische und nicht-mechanische Methoden (Tab. 8-1). Die nicht-mechanischen Aufschlüsse sind wiederum zu unterteilen in physikalische, chemische und biologische Vorgänge.

Tabelle 8-1. Aufschlußmethoden für Mikroorganismen.

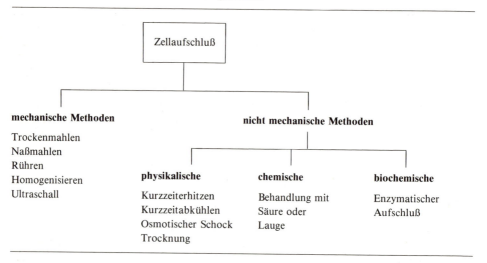

Grundsätzlich sollte der Aufschluß so schonend wie möglich sein, damit die zu gewinnende Wirksubstanz nicht zerstört wird. Ferner sollte die Methode selektiv sein und möglichst ausschließen, daß Begleitsubstanzen mitisoliert werden.

Unter den *mechanischen Verfahren* trifft man vor allem auf Rührwerkkugelmühlen, Kolloidmühlen sowie Hochdruck-Homogenisatoren. Das Problem bei der Zerkleinerung von Mikroorganismen in Kugelmühlen ist in der Erwärmung der Zellenmasse durch den Mahlvorgang zu sehen. Die Mahlvorrichtung muß ausreichend gekühlt werden, damit die Wirksubstanzen nicht denaturieren. Bei Kolloidmühlen ist die Wärmeabfuhr einfacher möglich: ein externer Wärmeaustauscher stellt sie sicher. Der Energieverbrauch bei der Zerkleinerung von Hefen liegt bei einem Aufschlußgrad von über 90% mit Werten zwischen 0.2 und

0.33 kWh · kg^{-1} (Zellmasse) recht niedrig (Gerstenberg et al., 1980). Der Aufschlußgrad in Mühlen wird beeinflußt durch den Mahlkörperfüllgrad sowie die Zellkonzentration in der festen Phase.

Das Aufbrechen der Zellen mit Hilfe eines Hochdruck-Homogenisators geschieht dadurch, daß das Zellenkonzentrat mit einer Kolbenpumpe einem Druck von mehr als 400 bar ausgesetzt und an einer Homogenisierdüse wieder auf Umgebungsdruck entspannt wird. Durch die Entspannung der Suspension über das speziell ausgebildete Ventil treten hohe Scherkräfte in der Entspannungszone (Kavitation) auf, die die Zerkleinerung der Zellen bewirken.

Unter den *physikalischen (nicht-mechanischen)* Aufschlußmethoden sind vor allem die Kurzzeit-Erhitzung (auch Thermolyse oder Thermoschock genannt) und die Kurzzeit-Abkühlung (Schock-Gefrieren) von Bedeutung. Die Erhitzungsmethoden haben grundsätzlich den Nachteil, daß durch unzweckmäßige Temperaturführung das Produkt geschädigt wird. Soll das Produkt getrocknet werden, so ist es energetisch vorteilhaft, die Thermolyse vor der Isolierung des Produktes vorzunehmen. Die Trocknung vor der Isolierung kann auch notwendig sein, wenn der Wirkstoff in der wäßrigen Phase durch Hydrolyse oder Ionenangriffe zerstört wird und die anschließenden Aufarbeitungsschritte deshalb wasserfrei erfolgen müssen.

Chemische Methoden sind nicht sehr spezifisch, die Behandlung mit Säuren oder Laugen führt zudem zu einer teilweisen Protein-Denaturierung. Damit ist der Einsatz derartiger Methoden sehr beschränkt.

Biologische Methoden sind viel spezifischer. Es werden vor allem Enzyme eingesetzt, die sehr selektiv Zellwände abbauen können. Lysozym wird in der biologischen Aufarbeitungstechnik schon seit langem eingesetzt. Experimente mit immobilisierten Lysozymen haben gezeigt, daß die Anwendung in dieser Form vorzuziehen ist. Hierbei werden die Enzyme an hochmolekularen Polymeren fixiert und können durch Ultrafiltration relativ einfach zurückgewonnen werden (Dunnill and Lilly, 1972).

8.3.2 Extraktion

Die Extraktion ist das klassische Verfahren zur Isolierung von Bioprodukten.

Als Lösemittel kommen bevorzugt Butanol, i-Propanol, Aceton, Chloroform, Buthylacetat etc. zur Anwendung. Das Extraktionsmittel muß einerseits den Gegebenheiten des zu extrahierenden Stoffes genügen; andererseits ist auch an die Wiederverwendung des Lösemittels (Aufbereitung) sowie dessen Umweltgefährlichkeit zu denken.

Als Extraktionsapparate kommen Misch- und Absetzeinrichtungen sowie Zentrifugalextraktoren in Frage.

Die Auswahl der zweckmäßigsten Apparate wird durch den jeweiligen Feststoffgehalt der zu extrahierenden Phase bzw. des zu trennenden Systems (fest/flüssig) bestimmt.

Misch- und Absetzeinrichtungen sind vielseitig verwendbar. Zentrifugalextraktoren haben dagegen den Vorteil kürzerer Verweilzeiten, der darum bedeutsam ist, weil viele Wirkstoffe im Lösemittel relativ schnell – innerhalb von wenigen Minuten – denaturieren. Kolonnenextraktoren sind deshalb oft nicht einsetzbar, weil ihre Verweilzeiten mehr als 30 Minuten betragen. Zentrifugalextraktoren werden in mehreren Bauarten konstruiert. Eine mögliche Form besitzt Siebtrommeleinsätze. Die Wirkungsweise dieser Zentrifugalextraktoren entspricht einer Siebbodenkolonne in einem Zentrifugalfeld (Gerstenberg et al., 1980).

Zur Auswahl von Extraktoren für die fest/flüssig- und die flüssig/flüssig-Extraktion sei hier auf die Arbeit von Theiler und Paschedag (1979) verwiesen.

Für die direkte Isolierung von Wirkstoffen aus der gesamten Kultursuspension werden heute bevorzugt Drei-Phasen-Zentrifugaldekanter eingesetzt. Bei diesem Isolationsverfahren kann der gesuchte Wirkstoff in einer kontinuierlichen, direkten Extraktion der Kulturbrühe sowohl aus dem Myzelium wie aus dem Kulturfiltrat gewonnen werden, ohne daß zuvor eine Trennung der Kultursuspension in eine Feststoff- und eine Flüssigphase stattfindet. Diese sogenannte *Direktbreiextraktion* wird z. B. in der Antibioticaherstellung angewendet (vgl. dazu Katinger et al. (1981)). Diese direkte Extraktion ist von Vorteil, wenn die Kulturbrühen schwer filtrierbar sind und der an die feste Phase gebundene Wirkstoff aus dem Filterkuchen nur schwer auswaschbar ist (Produktverlust).

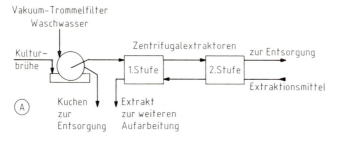

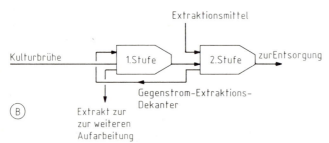

Abb. 8-9. Aufarbeitungsverfahren für Penicilline, A: mit fest/flüssig-Trennung; B: mit Direktbreiextraktion.

In Abb. 8-9 wird eine Direktbreiextraktion eines Antibioticums mit dessen klassischer Aufarbeitungsart verglichen. Bei der konventionellen Herstellung wird das Myzel über ein Vakuum-Trommelfilter abgetrennt. Das Kulturfiltrat sowie das Myzelwaschwasser werden anschließend in eine flüssig/flüssig-Gegenstrom-Extraktionsanlage geführt. Darin wird das gesuchte Produkt isoliert. Die Direktbreiextraktion im Gegenstrom-Extraktions-Dekanter stellt hier eine eindeutige Verfahrensverbesserung mit einer Ausbeuteerhöhung dar. Sie verkürzt den Zeitbedarf für die Isolierung des Produkts und umgeht den Filtrationsschritt, wodurch Verluste über einen Filterkuchen vermieden werden. Ein weiterer Vorteil der Direktextraktion ist ihre Unempfindlichkeit gegenüber Änderungen von Stamm- und Züchtungsbedingungen.

Ein Nachteil der Direktextraktion besteht darin, daß die Systeme manchmal zur Emulsionsbildung neigen. Der Einsatz von geeigneten Netzmitteln ist hier unumgänglich.

Ein Problem stellen die ablaufenden, extrahierten Myzelsuspensionen dar, die schlecht zu entwässern sind (Filtrierbarkeit) und noch organische Lösemittel enthalten (Entsorgung, Verwendbarkeit des Schlammes).

Wegen der geringen Stabilität von biologischen Substanzen können Extraktionsverfahren nur in einem engen pH-Bereich durchgeführt werden. pH-Änderungen führen dazu noch bei vielen Kulturlösungen zu Proteinfällungen. Dies kann besonders bei Zentrifugalextraktoren zu Verschmutzungen und Verstopfungen führen und den Zusatz von Hilfsmitteln (z. B. Tensiden) erforderlich machen.

8.3.3 Ultrafiltration zur Produktisolierung

Die im Zusammenhang mit der fest/flüssig-Trennung bereits erwähnte Ultrafiltration (Abschn. 8.2.1) wird insbesondere zur Isolierung von höhermolekularen, gelösten Stoffen eingesetzt. Die Isolierung von Produkten aus der geklärten Kulturlösung ist immer dann durch eine Ultrafiltration möglich, wenn die zu gewinnenden, gelösten Stoffe sich in ihrer Molmasse deutlich von den übrigen gelösten Stoffen in der flüssigen Phase unterscheiden. Die Ultrafiltration ist, wie schon erwähnt, ein Membrantrennverfahren und den Siebfiltrationsverfahren zuzuordnen. Die Membranen wirken quasi wie Siebe mit sehr kleinen Poren, deren Größenordnung zwischen 2 und ungefähr 20 nm liegt. Damit können größere Moleküle zurückgehalten werden, während kleinere mit dem Lösemittel durch die Membrane permeieren. In einer Ultrafiltrationsanlage wird die flüssige Phase in zwei Volumenteile aufgetrennt: in eine kleinere Fraktion, welche die höhermolekularen Anteile enthält (Retentat) und in eine größere Fraktion, welche die niedermolekularen Anteile beinhaltet (Permeat). Somit kann z. B. ein gesuchtes, höhermolekulares Produkt im Retentat isoliert werden. Man spricht bei diesem Vorgang auch von einer Konzentrierung. Tatsächlich ist jedoch eine Isolierung der höhermolekularen Inhaltsstoffe gemeint, in denen nahezu alles Produkt der gesamten Kulturlösung in der kleineren Fraktion (Retentat) erhalten wird.

Entscheidend für den zweckmäßigen Einsatz eines Ultrafiltrationsprozesses ist die Membranauswahl. Sie richtet sich nach der Größe und Form des Produktmoleküls. Die Trenncharakteristik der Membranen wird durch eine membranspezifische molekulare Trenngrenze festgelegt. Diese von Membranherstellern angegebene molekulare Trenngrenze (oder auch Trennschnitt) wird dabei auf eine bestimmte Substanz mit bekannter Molmasse bezogen (z. B. Proteine, Polymere etc.). Wird die molekulare Trenngrenze für eine Membran mit z. B. 10 000 g $\cdot$ mol^{-1} angegeben, so bedeutet dies, daß die Membrane ein bestimmtes Molekül mit einer Molmasse von 10 000 g $\cdot$ mol^{-1} nahezu vollständig zurückhält. Die Einschränkung „nahezu" muß hier deshalb gemacht werden, weil diese Trenneigenschaften von Membranherstellern nicht auf ein hundertprozentiges Rückhaltevermögen bezogen werden, sondern in den meisten Fällen auf ein 90 bis 95%iges. Neben der Molmasse, also der Molekülgröße, hat zudem noch die Molekülform einen wesentlichen Einfluß auf die Trenneigenschaften einer Membrane.

Das Rückhaltevermögen R_W ist definiert als:

$$R_W = \frac{c_1 - c_3}{c_1} \cdot 100\,(\%) ,\tag{8-3}$$

wobei c_1 die Konzentration der Wirksubstanz W vor der Membrane (Retentat) und c_3 jene hinter der Membrane (Permeat) ist. Die Beschreibung der Trenneigenschaften von Membranen und die Bestimmung des Rückhaltevermögens einer Membrane für eine gesuchte Substanz ist mit Hilfe von theoretischen Beziehungen sehr einfach möglich (Samhaber, 1981).

Die Berechnung der Trenneigenschaften geschieht auf der Basis von Versuchsergebnissen, die aus wenigen Laborexperimenten gewonnen werden können. Dabei sind unterschiedliche Betriebsweisen möglich, wobei die relevanten Betriebsbedingungen zu berücksichtigen sind. Eine Maßstabsvergrößerung und eine Auslegung von Betriebsanlagen ist damit ebenso möglich.

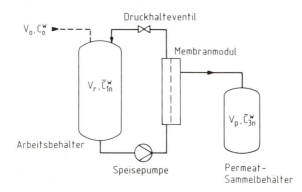

Abb. 8-10. Fließbild einer diskontinuierlichen Membrantrennanlage mit Rückführung des Retentates.

Die in der Praxis am häufigsten verwendete Betriebsweise einer Membrantrennanlage ist der diskontinuierliche Betrieb mit Rückführung des Retentats (vgl. Abb. 8-10). Bei dieser Betriebsart lassen sich die Konzentrationen eines gesuchten gelösten Stoffes W über den volumetrischen Einengungsfaktor n der Ausgangslösung wie folgt beschreiben:

$$\bar{c}_{1n}^W = c_0^W \cdot n^{R_W} \tag{8-4}$$

wobei:

$\bar{c}_{1n}^W$ mittlere Konzentration im Retentat
c_0^W Konzentration in der Ausgangslösung
n volumetrischer Einengungsfaktor
R_W Rückhaltevermögen ($0 < R < 1$)

Der volumetrische Einengungsfaktor kann berechnet werden aus:

$$n = \frac{V_0}{V_r} \text{ oder } n = \frac{V_0}{V_0 - V_p} \tag{8-5}$$

wobei:

V_0 Volumen der Ausgangslösung
V_r Retentatvolumen
V_p Permeatvolumen

Für genauere Berechnungen, bei denen auch Dichte-Veränderungen berücksichtigt werden können, sind hierbei anstatt der Volumina analog die Massen der Lösungen zu verwenden. Die Konzentration des Stoffes W im Permeat läßt sich über die Bilanzgleichungen ermitteln:

$$\bar{c}_{3n}^W = c_0^W \frac{n - n^{R_W}}{n - 1},$$

wobei: $\bar{c}_{3n}^W$ Konzentration von W, bezogen auf das bei einem Einengungsfaktor n gesammelte Permeat.

Mit der Bestimmung der Permeatkonzentration $\bar{c}_{3n}^W$ nach einer Einengung n ist damit das Rückhaltevermögen R_W zu erhalten:

$$R_W = \frac{\log\left[n - \frac{\bar{c}_{3n}^W}{c_0^W} \cdot (n - 1)\right]}{\log n} \; 100 \, (\%) \tag{8-6}$$

Die Ausbeute A der zu isolierenden Substanz ist als Funktion des Einengungsfaktors n und mit dem für die jeweilige Substanz bestimmten Rückhaltevermögen R_W zu erhalten durch die Beziehung:

$$A = n^{R_W - 1} \cdot 100 \, (\%) \tag{8-7}$$

Die einstufige UF-Membrantrennanlage ist prinzipiell wie die in Abb. 8-6 gezeigte Crossflow-Mikrofiltrationsanlage aufgebaut. Sie besteht aus dem Vorratsbehälter, einem oder mehreren Membranmodulen sowie Speise- und Zirkulationspumpe. Die Membranmodule werden hier je nach den rheologischen Eigenschaften der Lösungen parallel oder auch in Reihe geschaltet. Die Anzahl der Module wird von der erforderlichen gesamten Membranfläche und den jeweiligen spezifischen Membranflächen eines Moduls bestimmt. Die Zirkulationspumpe hat die Aufgabe, die erforderlichen hydrodynamischen Verhältnisse vor der Membrane sicherzustellen. Die Speisepumpe kontrolliert den Betriebsdruck im Zirkulationsloop der Membranmodule und fördert Lösung aus dem Arbeitsbehälter in dem Maß in den Loop ein, wie Permeat über die Membranen abströmt und Retentat in den Behälter zurückläuft. Der Rücklaufstrom an Retentat wird durch den Förderstrom der Speisepumpe und den sich ergebenden Permeatstrom bestimmt. Der Förderstrom der Speisepumpe ist hier derart auszulegen, daß eine maximal zulässige Konzentrierung in der Membrantrennstufe nicht überschritten wird (Produktausfällungen).

Für die periodische Reinigung der Membranen sind Reinigungstanks vorgesehen, mit deren Hilfe die Membranen über getrennte Reinigungskreisläufe von Verschmutzungen freigespült werden können.

Neben der eigentlichen Membranauswahl (Trenneigenschaften) spielt die Anordnung der Membranen in einem technischen Konzept (Modul) eine bedeutende Rolle. Entsprechend der Membranform bzw. des Modulkonzeptes werden bei Membrantrennverfahren verschiedene Modultypen unterschieden (vgl. Tab. 8-2).

Tabelle 8-2. Gegenüberstellung der Modultypen für Membrantrennverfahren.

Typ	Packungsdichte m^2/m^3	Anwendungen
Rohrmodul	20 bis 200	sehr viskose Lösungen, mit hohem Feststoffanteil
Plattenmodul	100 bis 400	mäßig viskose Lösungen, Suspensionen mit geringem Feststoffanteil
Kapillarmodul	500 bis 1000	mäßig viskose Lösungen Suspensionen mit kleinem Feststoffanteil
Wickelmodul	800 bis 1200	mäßig viskose Lösungen, keine Suspensionen
Hohlfasermodul	bis 10000	nur für Hyperfiltrationen

Die Entscheidung für ein bestimmtes Modulkonzept ist nur durch experimentelle Ergebnisse aus Labor- und Pilotversuchen möglich. Dort müssen Aussagen über die jeweils erreichbaren spezifischen Membranflächenleistungen bei der Aufarbeitung der aktuellen Lösungen gewonnen werden. Die Auslegungsaspekte von Membrantrennanlagen für die Dimensionierung der erforderlichen Einzelapparate werden hier nicht behandelt (siehe Samhaber, 1984).

Die Anwendung der Ultrafiltration zur Produktisolierung ist, wie bereits ausgeführt, überall dort möglich, wo z. B. makromolekulare Stoffe oder feinste Feststoffpartikel die Produkte darstellen. Seit längerer Zeit bewährt sich die Ultrafiltration bei der Gewinnung von Viren, Toxinen, Enzymen, Insulin etc. Andere Anwendungen der Ultrafiltration in der industriellen Produktion, z. B. bei der Isolierung von Interferon, monoklonalen Antikörpern u. ä., sind noch im Entwicklungsstadium.

8.4 Reinigung

Im Aufarbeitungsschritt der Reinigung werden die Produkte, die nun bereits in einem einfachen System vorliegen (Rohlösung), weiteren Trennoperationen unterzogen, deren Ziel die Abtrennung von Verunreinigungen und damit die Gewinnung der Produkte in reiner Form ist. Die isolierten Rohprodukte liegen in volumenmäßig bereits stark reduzierten Lösungen vor, so daß die Reinigungsoperationen in einem kleineren Maßstab durchzuführen sind.

Die Reinigung der Produkte kann auf verschiedene Arten erfolgen. Abb. 8-11 zeigt – analog zur fest/flüssig-Trennung (vgl. Abb. 8-2) – eine Anwendungssystematik. Die verschiedenen Methoden richten sich einerseits nach der Molmasse bzw. der Molekülgröße der zu reinigenden Produkte. Andererseits spielen Eigenschaften wie Dichteunterschiede, Löslichkeit, Ionenladung, Oberflächenaktivität sowie die Biospezifität von Molekülen eine wichtige Rolle.

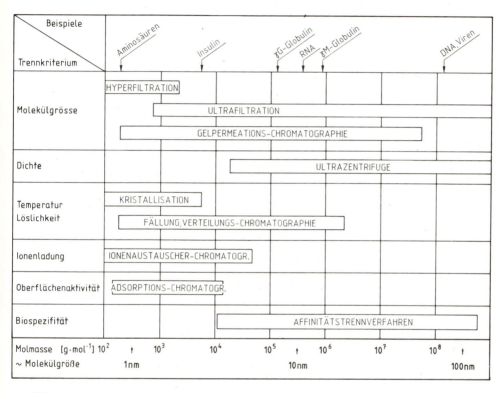

Abb. 8-11. Die Reinigung: Einsatzbereiche von Trennmethoden für verschiedene Molekülgrößen (Molmassen) der zu reinigenden Substanz mit Zuordnung zu den entsprechenden Trennkriterien.

Im folgenden werden vier unterschiedliche Reinigungstechniken behandelt:

- Membrantrennprozesse
- Kristallisation und Fällung
- Chromatographie
- Destraktion

Diese Reinigungsmethoden werden bereits im technischen Maßstab verwendet oder sind zumindest in der Entwicklungsphase für den industriellen Einsatz. Die Destraktion, eine relativ junge Reinigungstechnik, wird nur kurz beschrieben.

Die Ultrazentrifugation sei hier der Vollständigkeit halber erwähnt; sie hat jedoch wenig technische Relevanz.

8.4.1 Membrantrennprozesse als Reinigungsstufe

Die Reinigung von Lösungen, in denen Produkt und Verunreinigungen unterschiedlicher Molmasse enthalten sind, kann in einem Membrantrennprozeß erfolgen. Diese Reinigungsmethode wird als *Diafiltration* bezeichnet. Je nach Molmasse von Produkt und Verunreinigung werden Ultra- oder Hyperfiltrationsmembranen verwendet. Der wesentliche Unterschied zwischen Membrantrennprozessen für Reinigungsoperationen und solchen zur Produktisolierung (Abschn. 8.2.1 und 8.3.3) besteht darin, daß bei der Reinigung die Produktkonzentration in der Lösung während des Trennprozesses mehr oder weniger konstant bleibt.

Die Grenze zwischen *Ultrafiltration* und *Hyperfiltration* kann nicht scharf gezogen werden. Als Anhaltspunkt kann gelten, daß man von einer *Hyperfiltration* spricht, wenn aufgrund der Permeabilität der Membrane im Prozeß nennenswerte osmotische Druckdifferenzen zwischen Retentat und Permeat auftreten. Im Trennprozeß muß daher zuerst die osmotische Druckdifferenz zwischen Retentat und Permeat überbrückt werden, bevor überhaupt Lösemittel über die Membrane abgepreßt werden kann. Der osmotische Druck wird von der molaren Konzentration jener gelösten Stoffe bestimmt, die durch die Membrane zurückgehalten werden. Um z. B. Meerwasser bis zur Trinkwasserqualität zu entsalzen, sind osmotische Drücke von über 25 bar zu überwinden. Die Betriebsdrücke solcher Anlagen liegen daher meistens über 40 bar. Die Hyperfiltration wird auch vielmals als Umkehrosmose (Reverse Osmosis) bezeichnet.

Bei der *Ultrafiltration* werden Stoffsysteme mit höheren Molmassen getrennt (Molmasse über 1000 g · mol^{-1}), wobei die osmotischen Druckverhältnisse gegenüber den Filtrationsdrücken zu vernachlässigen sind.

Die Betriebsdrücke liegen daher bei Ultrafiltrations-Prozessen tiefer (zwischen 1 bar und 20 bar). Ultrafiltrationsmembranen werden als Porenmembranen bezeichnet; der Stofftransport ist durch einen viskosen Fluß zu beschreiben. Hyperfiltrationsmembranen sind Lösungs-Diffusions-Membranen, der Stofftransport ist hier ein Lösungs-Diffusionsvorgang.

In Tab. 8-3 sind die erwähnten Membrantrennprozesse aufgeführt, und zwar mit den entsprechenden Mechanismen (treibende Kräfte) sowie den im Permeat bzw. Retentat zu gewinnenden Stoffen.

Die *Diafiltration* ist hinsichtlich ihres Trenneinsatzes mit der *Dialyse* vergleichbar; jedoch ist bei der Diafiltration die Druckdifferenz die treibende Kraft für den Stoffaustausch. Bei beiden Prozessen permeieren niedermolekulare Stoffe bevorzugt durch eine UF-Memrane; höhermolekulare Substanzen werden nahezu vollständig zurückgehalten. Die Diafiltration ist technisch interessanter als die Dialyse, weil hier der Transport von niedermolekularen Stoffen durch den aufgebrachten hydrostatischen Druck wesentlich verstärkt und damit auch kontrolliert werden kann. Um die Konzentrationsverhältnisse bezüglich der höhermolekularen Anteile aufrechtzuerhalten, muß bei der Diafiltration ständig reines Lösemittel auf der Druckseite zugegeben werden. Man kann daher auch von einem Auswaschen der niedermolekularen Anteile sprechen.

8.4 Reinigung 225

Tabelle 8-3. Unterscheidungsmerkmale der zu Trenn- und Reinigungszwecken eingesetzten Membrantrennprozesse.

Prozeß	Membrane	treibende Kraft	Retentat	Permeat
Konzentrierung	HF	Druckdifferenz	niedermolekulare und hochmolekulare Stoffe	Lösemittel
	UF	Druckdifferenz	hochmolekulare Stoffe	Lösemittel mit niedermolekularen Stoffen
	MF	Druckdifferenz	feste Stoffe (z. B. kolloidale Stoffe, Mikroorganismen etc.)	Lösemittel mit nieder- und hochmolekularen Stoffen
Diafiltration	UF	Druckdifferenz	hochmolekulargelöste und feste Stoffe	niedermolekulare Stoffe (z. B. Salze, Aminosäuren etc.)
	MF	Druckdifferenz	feste Stoffe (z. B. Mikroorganismen)	niedermolekulare und hochmolekulare Stoffe
Dialyse	UF	Konzentrationsdifferenz	hochmolekulargelöste und feste Stoffe	niedermolekulare Stoffe

HF Hyperfiltration (Umkehrosmose, Reverse Osmosis), UF Ultrafiltration, MF Mikrofiltration

Die Dialyse hat in industriellen Produktionsverfahren keine große Bedeutung erlangt; als bekannteste Anwendung sei die Hämodialyse erwähnt. Es ist aber im folgenden nur noch von der Diafiltration die Rede.

Grundsätzlich ist die Reinigung von Wertsubstanzen durch einen Diafiltrationsprozeß dann möglich, wenn sich die Verunreinigung in ihrer Molmasse signifikant von der Wertsubstanz unterscheidet. Als signifikant ist ein Unterschied um einen Faktor 2 bis 10 zu bezeichnen. Welcher der beiden gelösten Stoffe nun die höhere Molmasse besitzt, ist lediglich für die Konzeption des Prozesses selbst von Bedeutung.

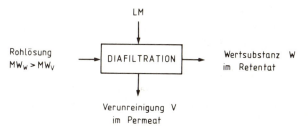

Abb. 8-12. Einstufiger Diafiltrationsbetrieb: Reinigung einer hochmolekularen Wertsubstanz W von einer niedermolekularen Verunreinigung V, MW = Molmasse.

Abb. 8-12 zeigt die Reinigung einer Wertsubstanz, die gegenüber der Verunreinigung die größere Molmasse aufweist. Hier wird also die Wertsubstanz im Retentat gewonnen, die Verunreinigung wird durch die Membrane mit dem Lösemittel ausgewaschen. Besitzt die Wertsubstanz die kleinere Molmasse, so muß diese zunächst durch die Membrane permeieren (also im Permeat gewonnen werden) und kann in einer nachfolgenden Trennstufe mit einer dichteren Membrane wiederum konzentriert werden (Abb. 8-13).

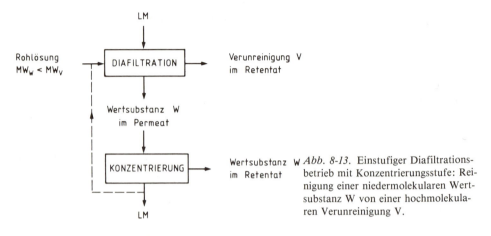

Abb. 8-13. Einstufiger Diafiltrationsbetrieb mit Konzentrierungsstufe: Reinigung einer niedermolekularen Wertsubstanz W von einer hochmolekularen Verunreinigung V.

Umfangreicher gestaltet sich der Reinigungsprozeß, wenn sich die Molmassen der gelösten Komponenten nicht genügend voneinander unterscheiden. In diesem Fall ist der Diafiltrationsprozeß mehrstufig zu konzipieren, wodurch aber die Wirtschaftlichkeit dieses Prozesses in Frage gestellt werden kann (Abb. 8-14).

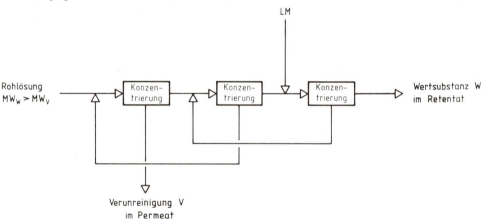

Abb. 8-14. Mehrstufiger kontinuierlicher Diafiltrationsbetrieb: Reinigung einer hochmolekularen Wertsubstanz W, von der niedermolekularen Verunreinigung V. Um zu verhindern, daß Wertsubstanz in das Permeat verloren geht, werden die Permeatlösungen der 2. und 3. Stufe in den Zulauf der entsprechenden vorangehenden Stufen rückgeführt.

Zur Auslegung einer Diafiltrationsanlage mit einer gegebenen Membrane kann aus dem Rückhaltevermögen für Produkt und Verunreinigung (R_W bzw. R_V), dem gesuchten Reinigungsgrad C und der Diafiltrationsrate D die Membranfläche F berechnet werden. Der Reinigungsgrad C, der die Entfernung der Verunreinigungen beschreibt, gibt hier das Verhältnis von der Konzentration der Verunreinigung in der Ausgangslösung (Rohlösung) zur angestrebten Restkonzentration dieser Nebenprodukte in der Reinlösung wieder.

Die Diafiltrationsrate D entspricht dem Verhältnis der Permeatmenge (V_p), die über die Membrane abgepreßt werden muß, zum Volumen der Rohlösung (V_0):

$$D = \frac{V_p}{V_0} . \tag{8-8}$$

Der Zusammenhang zwischen D, C, und R_v für die Diafiltration ergibt sich durch folgende Gleichung:

$$C = \operatorname{Exp}[D(1 - R_v)] . \tag{8-9}$$

Damit sind für eine geforderte Reinigungsoperation die notwendigen Lösemittelvolumina V_{LM}, die in einem kontinuierlichen Diafiltrationsprozeß zuzusetzen sind, zu errechnen:

$$V_{LM} = D \cdot V_0 . \tag{8-10}$$

Da das Volumen der Rohlösung während dieses Prozesses konstant bleibt, ist das zugesetzte Lösemittelvolumen V_{LM} gleich dem Volumen des Permeats V_p, das hierbei über die Membrane abgepreßt werden muß.

$$V_{LM} = V_p . \tag{8-11}$$

Die erforderliche Membranfläche der Reinigungsanlage läßt sich dann mit dem im Laborversuch ermittelten Permeatfluß errechnen:

$$F = V_0 \frac{\ln C}{t(1 - R_v) \cdot \dot{v}_{pm}} , \tag{8-12}$$

wobei:

F Membranfläche (m^2)
V_0 Volumen der Rohlösung (L)
t Reinigungszeit (h)
$\dot{v}_{pm}$ mittlerer Permeatfluß ($L \cdot m^{-2} \cdot h^{-1}$)

Ist das Rückhaltevermögen R_W für das Produkt in diesem Prozeß kleiner als 100 % (also $R_W < 1$), so kann die Produktausbeute A_W analog aus folgender Rechnung für diesen Reinigungsprozeß erhalten werden:

$$A_W = \operatorname{Exp}[D(R_W - 1)] \cdot 100 \, (\%) . \tag{8-13}$$

Die Diafiltration wird bei der Produktreinigung in den meisten Fällen mit einer Konzentrierung des gereinigten Produktes kombiniert. Für den Konzentrierungsbetrieb sind die in Abschn. 8.3.3 gegebenen Gleichungen analog anwendbar. Bei der Auslegung von kombinierten Reinigungs- und Konzentrierungsanlagen hat die Festlegung der zweckmäßigsten Prozeßparameter auf die erforderliche Membranfläche der Anlage einen wesentlichen Einfluß (Hsu et al., 1980). Bei der Optimierung dieser kombinierten Prozesse werden die Schritte einer Vorkonzentrierung, Diafiltration und Endkonzentrierung unterschieden. Die günstigsten Betriebsverhältnisse lassen sich z. B. über ein Berechnungsmodell aufgrund von in Laborversuchen ermittelten Kenngrößen bestimmen (Mathys und Samhaber, 1983).

Als Produkte, die mit Membrantrennprozessen zu reinigen und zu konzentrieren sind, kommen z. B. Peptide, Proteine, Enzyme, Vitamine, Hormone, Antikörper etc. in Frage; als Verunreinigungen können Salze, Aminosäuren und zahlreiche andere Nebenprodukte auftreten.

Obwohl der Einsatz von Membranen im großtechnischen Einsatz noch wenig verbreitet ist (Strathmann, 1982), gewinnen doch Membrantrennprozesse mehr und mehr Eingang in Entwicklungen der Biotechnik (Michaels, 1980). Die Anwendungsmöglichkeiten werden in der Zukunft noch erweitert werden, insbesondere im Zusammenhang mit der Entwicklung von neuen Membranen mit speziell Produkt-angepaßten Eigenschaften (Pusch und Walch, 1982).

8.4.2 Kristallisation und Fällung

Die Produktreinigung kann auch durch chemische Fällungen und durch Kristallisation erfolgen. Die Fällung und die Kristallisation bewirken neben einer Reinigung gleichzeitig auch eine Produktkonzentrierung. Beide Methoden sind produktschonend, da man nahezu immer bei niedrigen Temperaturen arbeiten kann. Die Kristallisation erfolgt durch kontrolliertes Abkühlen einer Lösung ohne Zugabe von weiteren Stoffen. Die Fällung wird dagegen durch eine Zugabe von fremden Stoffen durchgeführt. Kristallisation und Fällung werden durch Eigenschaften der Verunreinigungen, Rührbedingungen, pH-Wert und andere Parameter beeinflußt. Die pH-Abhängigkeit wirkt sich jedoch bei der Fällung wesentlich stärker aus als bei der Kristallisation. Die Kristallisationsvorgänge sind eingehend beschrieben worden von Nyvlt (1971) und Matz (1969).

Das Aussalzen spezieller Proteine (z. B. Enzyme) durch Zugabe von Natriumsulfat, Ammoniumsulfat etc. ist ein Prozeß von technischer Bedeutung. Proteine können aber auch durch die Zugabe von Polymeren (z. B. Polyethylenglykol) und verschiedenen organischen Lösemitteln (z. B. Aceton, Ethanol) gefällt und damit gereinigt werden.

8.4.3 Chromatographie

Unter dem Begriff Chromatographie werden mehrere mikroanalytische Trennverfahren zusammengefaßt, die jedoch auch für präparative Zwecke zur Gewinnung reiner Substanzen aus einem Substanzgemisch eingesetzt werden.

Es geht dabei um die Trennung von physikalisch oder chemisch ähnlichen Stoffen aus einem flüssigen Gemisch. Die Reinigung, d.h. die Trennung der in der Flüssigkeit gelösten Stoffe (mobile Phase), erfolgt unter Ausnützung von Bindungskräften zu einer zweiten, meist stationären Phase.

Als Trennapparat wird in den meisten Fällen eine Säule verwendet, die mit feinkörnigem Trägermaterial beschickt ist (stationäre Phase). Werden in der Analytik üblicherweise Säulen von 100 bis 250 mm Länge und 3 bis 5 mm Durchmesser verwendet, so finden sich heute bereits technische Chromatographie-Anlagen mit Säulenlängen von einigen Metern und mit Durchmessern von bis zu einem Meter. Heute wird die Säulenchromatographie fast ausschließlich bei höheren Drücken ausgeführt, dieses Chromatographie-Verfahren wird als HPLC (engl.: High Pressure (Performance) Liquid Chromatography) bezeichnet. Damit können dichtere und längere Säulenpackungen verwendet und eine höhere Trennleistung erreicht werden.

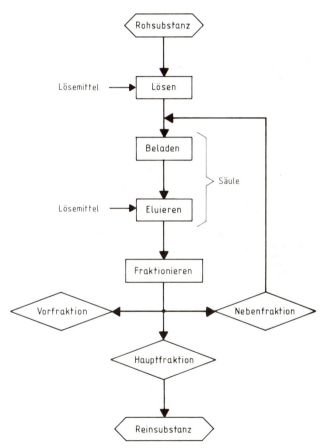

Abb. 8-15. Blockschema eines chromatographischen Reinigungsverfahrens.

Das Chromatographie-Reinigungsverfahren wird, wie im Blockschema (Abb. 8-15) dargestellt, durchgeführt. Das zu reinigende Produkt wird – oder ist bereits – in einem Lösemittel gelöst und wird im Beladungsvorgang mit niedriger Strömungsgeschwindigkeit durch die Säule geführt. Die Substanzen strömen mit der mobilen, flüssigen Phase durch die Säulenpackung und verteilen sich entsprechend ihrem Verteilungskoeffizienten zwischen mobiler und stationärer Phase. Bei der anschließenden *Elution* mit der mobilen Phase treten die Komponenten zeitlich aufgetrennt aus der Säule aus. Dies ist durch den unterschiedlichen Verteilungskoeffizienten der einzelnen Komponenten des Substanzgemisches zu erklären, wodurch die Komponenten mehr oder weniger stark an der Säule zurückgehalten werden. In der Analytik werden die einzelnen Komponenten quantitativ mit geeigneten Detektionssystemen erfaßt, indem die Flächen der Konzentrationspeaks vermessen und mit Standards verglichen werden.

Bei der präparativen Flüssigkeits-Chromatographie besteht das Ziel hingegen darin, bestimmte Substanzen in reiner bzw. angereicherter Form zu gewinnen. Hierfür werden entsprechende Fraktionen der mobilen Phase am Säulenablauf gesammelt. Es werden Vor-, Neben- und Hauptfraktionen unterschieden, wobei die Hauptfraktion die zu gewinnende Substanz in reinster Form enthält. Die Nebenfraktionen können neuerlich auf die Säule aufgegeben werden, um die darin noch enthaltenen Wertsubstanzen in der gewünschten Reinheit zu gewinnen. Die Vorfraktionen enthalten meist nur die Verunreinigungen. Sie werden zur Rückgewinnung des Lösemittels gesammelt und geeigneten Aufarbeitungsanlagen zugeführt oder entsorgt. Bei der präparativen Arbeitsweise muß die Trennsäule für möglichst viele Arbeitsvorgänge verwendet werden können. Substanzen, die sich an der Säule ansammeln und mit der mobilen Phase schwer oder überhaupt nicht eluierbar sind, müssen periodisch von der Säule entfernt werden, damit die Trennleistung der Säule erhalten bleibt. Dieses Regenerieren der Säulenfüllung kann durch Elution mit ausgewählten Lösemitteln durchgeführt werden. Bei technischen Chromatographie-Prozessen hat daher auch der jeweilige Elutions- und Regenerationsmittelaufwand in der Kostenrechnung eine wesentliche Bedeutung.

In der Praxis kann die Chromatographie zur Reinigung von Substanzen auf zweierlei Weise durchgeführt werden:

In einem off-line- oder on-line-Verfahren. Das erste besteht darin, daß bei der Elution der beladenen Säule eine ausgewählte Anzahl von gleichvolumigen Fraktionen gesammelt wird. Die einzelnen Fraktionen werden anschließend analysiert und der Vor-, Neben- und Hauptfraktion zugeordnet (off-line). Von besonderer Bedeutung ist hierbei die Festlegung der Fraktionenanzahl. Je größer sie gewählt wird, umso genauer kann geschnitten werden und de-

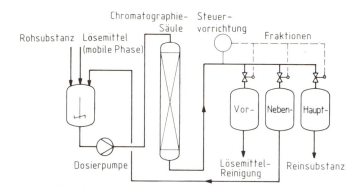

Abb. 8-16. Fließbild eines on-line Chromatographie-Verfahrens.

sto mehr läßt sich als Hauptfraktion gewinnen. Mit wachsender Zahl der Fraktionen steigt jedoch der analytische Aufwand und der Bedarf an apparativer Ausrüstung.

Eine zweite Möglichkeit besteht darin, die Substanzen im Ablauf der Säule mit einem geeigneten Detektionssystem meßtechnisch zu bestimmen (on-line). Bei diesem Verfahren kann das ablaufende Eluat unmittelbar, je nach entsprechender Qualität, einer Vor-, Neben- und Hauptfraktion zugeteilt werden. Das on-line-Verfahren ist zweckmäßiger, weil damit eine maximale Hauptfraktionsmenge aus dem Eluat herausgeschnitten werden kann. Gleichzeitig können die Nebenfraktionsmengen, die wieder auf die Säule aufgebracht werden müssen, auf ein Minimum reduziert werden. Ein Beispiel einer derartigen on-line-Chromatographie-Trennanlage ist in Abb. 8-16 dargestellt.

Die Trennleistung einer Säule hängt von der Säulenlänge und der Strömungsgeschwindigkeit der mobilen Phase ab. Säulenlänge und Strömungsgeschwindigkeit bestimmen unter anderem den erforderlichen Betriebsdruck der Säule. Die Säulenkapazität hingegen wird durch den Säulenquerschnitt (Säulendurchmesser) festgelegt.

Die Flüssigkeitschromatographie ist eine sehr effiziente Methode zur Konzentrierung und Reinigung von biotechnologisch hergestellten Stoffen. Diese Methode hat sich vielfach zur Gewinnung von Proteinen, Polysacchariden, Peptiden und vielen anderen biologischen Substanzen bewährt. Liegen bei analytischen Verfahren die zu trennenden Substanzmengen im Bereich von 1 µg bis 10 mg, so finden sich bereits heute industrielle Verfahren mit Produktionskapazitäten von einigen Kilogramm Reinsubstanz pro Stunde.

Chromatographische Trennverfahren werden diskontinuierlich gefahren. Versuche, sie kontinuierlich zu gestalten, ließen sich zwar realisieren, haben aber in der Praxis bisher keine Bedeutung gewonnen. Die Chromatographie kann, basierend auf entsprechenden Trennkriterien, auf verschiedenste Weise durchgeführt werden. Zu unterscheiden sind:

- Verteilungschromatographie
- Gelpermeationschromatographie
- Adsorptionschromatographie
- Ionenaustausch-Chromatographie
- Affinitätschromatographie u.a.m.

Verteilungs-Chromatographie

Bei der Verteilungs-Chromatographie verteilen sich die zu trennenden gelösten Substanzen der Probe zwischen zwei nicht mischbaren flüssigen Phasen, der mobilen Phase und der flüssigen stationären Phase, die als dünner Film auf die Oberfläche der Säulenpackung aufgebracht ist. Bei dieser flüssig/flüssig-Verteilungs-Chromatographie beruht die Trennwirkung auf der unterschiedlichen Löslichkeit der Substanzkomponenten in den beiden gegeneinander gesättigten flüssigen Phasen.

Bei diesem Chromatographie-Typ können zwei flüssig/flüssig-Verteilungssysteme unterschieden werden: entweder wird eine polare stationäre Phase mit einer unpolaren mobilen Phase oder eine unpolare stationäre Phase mit einer polaren mobilen Phase kombiniert.

Technisch hat diese Verteilungs-Chromatographie noch keine Bedeutung und Anwendung gefunden.

Gelpermeations-Chromatographie

Die Gelpermeations-Chromatographie wird auch als Ausschluß-Chromatographie bezeichnet. Mit diesem Chromatographie-Typ können Substanzen unterschiedlicher Molekülgröße voneinander getrennt werden. Die gelösten Moleküle verteilen sich zwischen dem bewegten Teil und dem ruhenden Teil der mobilen Phase. Als ruhender Teil wird jener Teil der mobilen Phase verstanden, der die Poren der Säulenpackung, also der festen stationären Phase, ausfüllt. Moleküle, die kleiner sind als die Poren des Packungsmaterials, können durch Diffusion dort eindringen, die größeren Moleküle bleiben ausgeschlossen und erscheinen daher bei der Elution früher als die kleineren. Bei der Gelpermeations-Chromatographie werden also die Moleküle nach sinkender Molekülgröße geordnet eluiert. Die Trennung ist außerdem noch von der Molekülform abhängig.

Die systematische Nutzung dieses Trennprinzips begann mit der gezielten Herstellung synthetischer Matrizen. Die Entsalzung von Eiweißlösungen mit diesen gelartigen Säulenfüllungen wird auch als Gelfiltration bezeichnet. Im Handel werden heute unterschiedliche Gele angeboten, wobei zwischen weichen, halbharten und harten Gelen unterschieden wird.

Weiche Gele sind nur bei kleinen Drücken und Fließgeschwindigkeiten verwendbar und bestehen aus vernetztem Polystyrol, Agarose, Polyacrylamid, vernetzten oder derivatisierten Dextranen (wie z. B. Sephadex).

Halbharte Gele sind bei Drücken bis zu 60 bar noch verwendbar und bestehen hauptsächlich aus vernetzten Polystyrolen. Harte Gele sind druckstabil, quellen und schrumpfen nicht und können mit beliebigen mobilen Phasen verwendet werden. Sie bestehen aus porösem Glas oder Silicagel.

Von den meisten Gel-Typen sind mehrere Gele mit unterschiedlichen Trennbereichen erhältlich, wobei Fraktionierungen von Molekülen mit Molmassen von einigen 100 bis zu 100 Mio g $\cdot$ mol^{-1} möglich sind.

Adsorptions-Chromatographie

Hier beruht die selektive Trennung auf einer Wechselwirkung der in der mobilen Phase gelösten Substanzen mit dem zugänglichen Teil der Oberfläche der Säulenpackung. Sie wird daher auch als flüssig/fest-Chromatographie bezeichnet. Als Packungsmaterialien existiert eine Vielzahl von pulverförmigen, körnigen und faserförmigen Stoffen, wobei sich im wesentlichen Aktivkohle, Hydroxylapatit, Silicagel, Aluminiumoxid und einige synthetische Polymere bewährt haben.

Bei der Adsorptions-Chromatographie unterscheidet man zwei verschiedene Verfahren: die Normal-Phase- und die Reverse-Phase-Chromatographie.

Bei der Normal-Phase-Chromatographie ist das Packungsmaterial polarer als die mobile Phase. Als typische nicht polare Lösemittel werden hier z. B. Hexan oder Heptan verwendet. Bei der Reverse-Phase-Chromatographie ist das Packungsmaterial chemisch behandelt, um eine extrem unpolare Oberfläche zu gewährleisten. Als mobile Phase werden hochpolare Lösemittel oder Pufferlösungen verwendet (wäßrige Pufferlösungen, Methanol, Acetonitril etc.).

Die Adsorptions-Chromatographie ist eine ideale Ergänzung zur Gelpermeations- und Ionenaustauschchromatographie, sofern Substanzen mit sehr ähnlicher Molmasse und kaum unterschiedlicher Ionenladung zu trennen sind. Als Anwendung seien hier die Fraktionierung von Steroiden, Phospholipiden oder Nucleinsäuren erwähnt (z. B. Plasmid-DNA aus der gesamten Zellen-DNA).

Ionenaustausch-Chromatographie

Die Ionenaustausch-Chromatographie kann als Spezialfall der Adsorptions-Chromatographie betrachtet werden. Die Wechselwirkung zwischen der Probe, also den in der mobilen Phase gelösten Substanzen, und der stationären Phase erfolgt im Idealfall nur über ionische Wechselwirkung. Die stationäre Phase enthält hier chemisch fixierte ionische Gruppen, deren Gegenionen durch Ionen aus der mobilen Phase ausgetauscht werden können.

Die Anwendung der Ionenaustausch-Chromatographie beschränkt sich daher auf wäßrige oder stark wasserhaltige mobile Phasen, in denen die Substanzkomponenten der Probe ionisiert vorliegen können. Die Ionenstärke der mobilen Phase wird von der erwünschten Trenneigenschaft bestimmt. Durch Variation der Pufferkonzentration oder des pH-Werts kann die Trennwirkung in geeignetem Maße beeinflußt werden. Alle Substanzen, die dissoziieren wie z. B. anorganische oder organische Säuren, Basen und Salze, können getrennt werden. Die Ionenaustausch-Chromatographie wird bei der Analyse von Aminosäuren häufig angewandt. Ihre wichtigste technische Anwendung findet sie bei der Wasseraufbereitung und der Reinstwassergewinnung. Weiterhin wird sie zur Entsalzung und Entfärbung von biochemischen Produkten eingesetzt, aber auch bereits zur Isolierung und Reinigung von Polysacchariden, Enzymen und Antibiotica.

Für die moderne Hochleistungs-Chromatographie sind Ionenaustauscher-Systeme erforderlich, die hohen Anforderungen an ihre mechanische und chemische Stabilität genügen müssen. Technische Bedeutung haben Harze auf der Basis vernetzter Polystyrole mit Sulfonsäuregruppen bzw. Trimethylammonium-Gruppen. Als weitere Polymere werden Cellulose-Derivate, Dextran-Polyacryl-Gele u. a. m. eingesetzt.

Affinitäts-Chromatographie

Bei dieser Methode besitzt die stationäre, feste Phase biologisch selektive Liganden, wodurch eine selektive Isolierung und Reinigung eines speziell zu dem Liganden komplementären Moleküls erreicht wird (zahlreiche Beispiele finden sich in der Literatur, z. B. bei Turková, 1978).

Heute finden u. a. Antikörper verstärktes Interesse für spezielle Reinigungsprobleme. So ermöglicht die Verwendung von monoklonalen Antikörpern in biologischen Reinigungsverfahren eine weitgehende Isolierung und Reinigung von biologischen Molekülen. Der Ersatz von vielstufigen Reinigungsmethoden ist bei speziellen Trennproblemen durch Affinitätstrennverfahren realisierbar. Der Reinigungseffekt mit Hilfe von Antikörpern resultiert aus der Komplexbildung eines immunologisch spezifischen, immobilisierten monoklonalen Antikörpers mit einem bestimmten Proteinmolekül. Diese Komplexbildung durch ein Antikörper-Antigen-Molekül ist als Grundlage der Immunreaktion (Immunität) bekannt.

Auf der stationären Phase werden z. B. in geeigneter Weise monoklonale Antikörper-Moleküle fixiert, so daß die aktiven Enden des Y-förmigen Antikörper-Moleküls für die Komplexbildung frei verfügbar bleiben. Aus der mobilen Phase werden dann genau jene Moleküle gebunden, die als die komplementären Moleküle (Antigene) erkannt werden. Nach dem Waschen der beladenen Säule kann die gebundene spezielle Substanz eluiert und aus dem Eluat in hoher Reinheit gewonnen werden. Heute findet die Affinitäts-Chromatographie mit monoklonalen Antikörpern bereits Anwendung zur Gewinnung von Urokinase, Interferonen, Blutkoagulationsfaktoren etc. (Janson, 1982).

8.4.4 Destraktion

Die Destraktion, die vielmals auch als Extraktion mit komprimierten Gasen bezeichnet wird, ist ein neuartiges Trennverfahren, bei dem Gase unter hohem Druck als Lösemittel für Stofftrennungen eingesetzt werden. Zum Stand der Extraktion mit komprimierten Gasen sei hier auf die Literatur verwiesen (Brunner und Peter, 1981).

Die Stofftrennung mit fluiden Gasen, die in diesem Zustand Eigenschaften von Lösemitteln besitzen, hat bei der Reinigung von Naturstoffen und von biotechnologisch hergestellten Produkten besondere Vorteile. Mit diesem Verfahren (z. B. mit Kohlendioxid als fluidem Gas) ist es möglich, thermisch empfindliche Stoffgemische zu trennen, wobei vollständig lösemittelfreie Produkte gewonnen werden können. Bei der Verwendung von Kohlendioxid liegt der Extraktionsdruck zwischen 50 und 300 bar, die Arbeitstemperaturen zwischen 10 und 100°C. Das jeweilige Lösevermögen hängt dabei in der Extraktionsstufe von Druck und Temperatur ab. Das Kohlendioxid durchströmt das Extraktionsgut in der Extraktionsstufe und belädt sich mit dem Extrakt. Durch eine anschließende Entspannung und/oder Wärmezufuhr wird das Kohlendioxid in den gasförmigen Zustand übergeführt, wobei sich der Extrakt abscheidet. Nach erneuter Komprimierung und/oder Wärmeabfuhr (Kondensation) gelangt das Gas wieder in fluidem Zustand in den Extraktor zurück.

Zur Anwendung gelangt dieses Trennverfahren in größerem Ausmaß in der Lebensmittelindustrie. Das bekannteste Beispiel ist hier sicherlich die Entkoffeinierung, die seit einigen Jahren technisch durchgeführt wird. Daneben findet dieses Verfahren Verwendung für die großtechnische Hopfenextraktion und Gewürzextraktion (z. B. Piperin). Weitere Beispiele sind die Extraktion von Nicotin, die Extraktion von Lignin, Tallöl, Wachsen aus Holz, Rinden und Blättern und vereinzelt auch die Wirkstoffextraktion in pharmazeutischen Produktionsbereichen.

8.5 Konzentrierung

Der vierte und letzte Abschnitt in der Aufarbeitung ist eine Konzentrierung, bei welcher der Wirkstoff in die Form und Konzentration gebracht wird, mit der die anschließende Konfektionierung durchzuführen ist. Das Ziel der Konzentrierung einer Reinlösung kann nun sein, eine hochkonzentrierte Lösung zu erhalten, oder auch, das Lösemittel vollständig vom Produkt abzutrennen, also das Produkt zu trocknen.

8.5.1 Herstellung von Produktkonzentraten

Aus dem Aufarbeitungsabschnitt der Reinigung resultieren prozeßbedingt zumeist Reinlösungen, die in einem weiteren Schritt auf den geforderten Produktgehalt zu konzentrieren sind. Diese Konzentrierung erfolgt, indem ein entsprechender Anteil an Lösemittel aus der Reinlösung abgetrennt wird. Diese Abtrennung von Lösemittel kann durch mechanische oder thermische Trennverfahren geschehen. *Thermisch* wird Lösemittel durch Zufuhr von Wärme aus der Lösung ausgetrieben (Verdampfung). Die Verdampfung kann in dafür geeigneten Verdampfern durchgeführt werden. Zum einen können indirekt beheizte und gerührte Reaktoren zur Anwendung kommen, zum andern auch Umwälzverdampfer, bei denen die zu konzentrierende Lösung durch einen externen Wärmeaustauscher zirkuliert. Die Umwälzung wird durch freie Konvektion (Naturumlaufverdampfer) oder durch erzwungene Konvektion (Zwangsumlaufverdampfer) mit Hilfe von Umwälzpumpen bewirkt. Sind Lösungen mit relativ hohen Viskositäten zu konzentrieren, so werden spezielle Verdampfer, wie z. B. Fallfilmverdampfer, Rotationsdünnschichtverdampfer etc., eingesetzt. Um empfindliche Produktlösungen thermisch konzentrieren zu können, besteht die Möglichkeit, die Verdampfungstemperaturen des Lösemittels durch das Erzeugen eines Unterdruckes im Verdampfungsreaktor entsprechend abzusenken (Vakuumverdampfung).

Mechanisch können Reinlösungen sehr schonend mit Hilfe von Membrantrennverfahren konzentriert werden. Je nach der Molmasse des gelösten Produktes kommen die Ultrafiltration (z. B. für Proteine, Enzyme, Peptide etc.) und die Hyperfiltration (z. B. für Antibiotica, Aminosäuren, Zucker etc.) in Frage (siehe auch Abschn. 8.3.3).

Neben der Auswahl von geeigneten Membranen, die für diese Zwecke ein genügend hohes Produkt-Rückhaltevermögen aufweisen müssen, ist wiederum auch hier der Membranform besondere Beachtung zu schenken. Können Kapillar- und Spiralmembranen sehr vorteilhaft für niederviskose Lösungen eingesetzt werden, so ist bei hochviskosen Lösungen auf Platten- und Rohrsysteme zurückzugreifen. Mit Rohrmembranen lassen sich die höchsten Viskositäten im Konzentrierungsprozeß erreichen, da in diesen Membranmodulen der Strömungswiderstand für die Konzentrate am kleinsten ist (siehe dazu auch Tab. 8-2).

8.5.2 Herstellung von Trockenprodukten

Für die Gewinnung von trockenen Produkten muß das Lösemittel vollständig entfernt werden. Diese vollständige Abtrennung der Lösemittel geschieht in sogenannten Trocknerapparaten. Je nach Art der Wärmeübertragung für den Trocknungsvorgang lassen sich Kontakt- und Konvektionstrockner unterscheiden. Schaufeltrockner, Taumeltrockner, Band- und Walzentrockner und ebenso der Trockenschrank sind einige Vertreter von Kontakttrocknern. Konvektionstrockner sind beispielsweise der Zerstäubungstrockner, der Stromtrockner und der Fließbetttrockner (Sittig und Zepf, 1977). Ein Auswahlkriterium für Trockner sind zum einen das Verweilzeitspektrum, zum andern die Trocknungstemperaturen. Die Zerstäubungs- oder auch Sprühtrocknung bietet den Vorteil einer kurzen Verweilzeit des Produkts in der heißen Zone; Fließbetttrockner zeigen hier eine breitere Verweilzeitverteilung. Hingegen können im Fließbetttrockner (Wirbelschichttrockner) wesentlich größere Partikeln erzeugt werden als in der Sprühtrocknung, was oft sehr vorteilhaft ist. Neben der Verweilzeit spielen aber gleichzeitig auch die herrschenden Trocknungstemperaturen eine bedeutende Rolle. Speziell bei thermisch empfindlichen Substanzen ist der Trocknungsvorgang hinsichtlich Verweilzeit und Temperatur sorgfältig auszulegen. Bei der Verwendung von Kontakttrocknern darf die Temperaturempfindlichkeit des Trockengutes nicht zu hoch sein. Als Vorteil dieser Trockner ist der geringe Anfall von Abgas anzusehen, da die Gasmenge nicht, wie bei Konvektionstrocknern, unmittelbar zur Wärmeübertragung verwendet wird. Um schonend mit niedrigen Heizflächentemperaturen trocknen zu können, werden Kontakttrockner oft im Unterdruckbereich (Vakuumtrocknung) betrieben, wobei kein Trägergas für die Austragung von Lösemitteldampf erforderlich ist. Wenn organische Lösemittel verdampft werden müssen, können diese beim Vakuum-Kontakttrockner leichter und wesentlich wirtschaftlicher zurückgewonnen werden als bei der Konvektionstrocknung, bei der auch das nicht kondensierbare Trägergas auf die Kondensationstemperatur des Lösemittels abgekühlt werden muß. Schaufeltrockner und Taumeltrockner weisen eine relativ breite Verweilzeitverteilung auf, während die Verweildauer bei Band- und Walzentrockner in sehr engen Grenzen liegt. Für klebrige Produkte, die zu Verkrustungen der Heizflächen neigen, sind Apparate mit speziellen Vorrichtungen entwickelt worden, die für eine ständige Reinigung der Heizflächen sorgen.

Die Vakuumtrocknung bei Temperaturen unterhalb von 0 °C, bei der das Eis aus dem gefrorenen Gut durch Sublimation entfernt wird, bezeichnet man als Gefriertrocknung. Durch das Einfrieren werden alle biologischen und auch chemischen Vorgänge weitgehend unterbunden, so daß die Aktivitäten des Trockengutes erhalten bleiben. Die Gefriertrocknung wird aus diesem Grund für die Gewinnung von äußerst empfindlichen pharmazeutischen und biologischen Produkten eingesetzt. So werden damit Mikroorganismen getrocknet; ferner dient dieses Verfahren zur Herstellung von Serum- und Plasmakonzentraten, Enzym-, Vitamin- und Hormonpräparaten. Normalerweise wird bei der Gefriertrocknung das Trocknungsgut vor der Trocknung in geeigneten Apparaten eingefroren; manchmal kann dies auch im Trockner selbst geschehen. Der Trockner besitzt flache Wannen, die durch Heizplatten erwärmt werden. Die Dämpfe schlagen sich in Form von Eis auf den Kühlflächen des Kondensators nieder und werden periodisch wieder abgetaut, wobei der Kondensator durch Absperrventile vom Trocknungsraum getrennt wird.

Kontinuierliche Gefriertrocknungsanlagen werden heute häufig in der Nahrungsmittelindustrie verwendet und werden in Zukunft auch vermehrt bei der Herstellung von biologischen und pharmazeutischen Produkten Eingang finden.

Literaturverzeichnis

Adams, R. L. P. (1980): in: Work, T. S. and Burdan, R. H. (eds.): *Laboratory techniques in biochemistry and molecular biology,* Vol. 8. Elsevier/North Holland Biomedical Press, Amsterdam.
Aiba, S., Humphrey, A. E., and Millis, N. F. (1965): *Biochemical Engineering.* Academic Press, New York.
Aiba, S., Humphrey, A. E., and Millis, N. F. (1973): *Biochemical Engineering.* 2nd ed., Academic Press, New York.
Aiba, S., and Okabe, M. (1977): *Adv. Biochem. Eng.* **7,** 111–130.
Allen, B. R., Coughlin, R. W., and Charles, M. (1979): *Ann. New York Acad. of Sciences* **326,** 105–117.
Atkinson, B., and Fowler, H. W. (1974): *Adv. Biochem. Eng.* **3,** 221.
Alt, C. (1972): in: Bartholomé, E., Bickert, E., Hellmann, H., Ley, H., Weigert, M. und Weise, E. (Hrsg.): Ullmanns Encyklopädie der technischen Chemie, Bd. 2. Verlag Chemie, Weinheim, S. 154 ff.
Bagdasarian, A., Cheng, K. S. and Tiller, F. M., (1983): *Filtration and Separation* Jan./Febr. p. 32–37.
Bailey, J. E., and Ollis, D. F. (1977): *Biochemical Engineering Fundamentals.* Mc Graw Hill Book Company, New York.
Bandyopadhyay, B., Humphrey, A. E., and Taguchi, H., (1967): *Biotechnol. Bioeng.* **9,** 533.
Bayer, K., and Fuehrer, F., (1982): *Process Biochem.* July/Aug. p. 42.
Beyeler, W., Einsele, A., and Fiechter, A. (1981): *Europ. J. Appl. Microbiol. Biotechnol.* **13,** 10–14.
Bisaria, V. S., and Ghose, T. K. (1981): *Enzym. Microb. Technol.* **3,** 90–104.
Blanch, H. W., and Einsele, A. (1973): *Biotechnol. Bioeng.* **15,** 861–877.
Blanch, H. W. (1981): *Chem. Eng. Commun.* **8,** 181–211.
Blenke, H. (1979): *Adv. Biochem. Eng.* **13,** 121–214.
Bühler, H., and Ingold, W., (1976): *Process Biochem.* April, p. 19.
Brattka, B. (1982): *Chemie-Technik* **11** (7), 858.
Brentrup, L., Wiland, P., und Onken, U. (1980): *Chem.-Ing.-Techn.* **52,** 72–73.
Brierley, C. L. (1978): „Bacterial Leaching" *CRC Critical Reviews in Microbiology* **6,** 207.
Brunner, K., (1983): *Chemie-Technik* **12** (2), 55–60.
Brune, G., and Sahm, H. (1981): in: Lafferty, R. M. (ed): *Fermentation,* S. 126–137, Springer-Verlag, Wien.
Brunner, G. und Peter, S. (1981): *Chemie-Ing.-Techn.* **53** (7), 529–542.
Cartwright, T., and Birch, J. R. (1978): *Process Biochem.* March, p. 3-4.
Charles, M. (1977): *Adv. Biochem. Eng.* **8,** 1.
Clarke, D. J., Kell. D. B., Morris, J. G., and Burns, A. (1982): *Ion-Selective Electrode Rev.* **4,** 75–131.
Cooney, C. L., Wang, D. I. C., and Mateles, R. I. (1968): *Biotechnol. Bioeng.* **11,** 269–281.
Cooney, C. L., (1980): *Biotechnol. Bioeng. Symp.* Series **9,** 1–11.
Cooper, C. M., Fernstrom, G. A., and Miller, S. A. (1944): *Ind. Eng. Chem.* **36,** 504.
Danielsson, B., and Mosbach, K. (1979): *FEBS Letters* **101,** 47.

Danielsson, B., Mattiasson, B., Karlsson, R., and Winquist, F. (1979): *Biotechnol. Bioeng.* **21**, 1749.
Darby, R. T., and Goddard, D. R. (1950): Am. J. Bot. **37**, 379.
Deindoerfer, F. H., and Humphrey, A. E. (1959): *Appl. Microbiol.* **7**, 256–264.
Deindoerfer, F. H. (1960): *Adv. Appl. Microbiol.* **2**, 321.
Demain, A. L. (1971): *Adv. Biochem. Eng.* **1**, 113–142.
Dills, S. S., Apperson, A., Schmidt, M. R., and Saier, M. H. (1980): *Microbiol. Rev.* **44**, 385–418.
Downing, A. L., and Wheatland, A. B. (1962): *Trans. I. Chem. Eng.* **40**, 91.
Dunn, I. J. (1978): *Chimia* **32**, 439.
Dunnill, P., and Lilly, M. D. (1972): *Biotechnol. Bioeng. Symp. Series* **3**, 97.
Einsele, A. (1977): Habilitationsschrift, ETH Zürich.
Einsele, A., and Maric, V. (1980): in: Moo-Young, M. (ed.),: *Adv. in Biotechnol.*, Vol. II. Pergamon Press, Toronto, p. 335–338.
Einsele, A., and Finn, R. K. (1980): *Ind. Eng. Chem. Process Des. Dev.* **19**, 600–603.
Einsele, A., and Karrer, D. (1980): *Europ. J. Appl. Microbiol. Biotechnol.* **9**, 83–91.
Einsele, A. (1983): in: Rehm, H. J., and Reed, G. (eds.): *Biotechnology, Vol. 3.*, Verlag Chemie, Weinheim, New York, pp. *44–81.*
Enari, H., Shibai, H., and Hirose, Y. (1982): *Annu. Rep. Ferment. Processes* **5**, 79–100.
Esser, K. (1981): *Chem.-Ing.-Techn.* **53**, 401–408.
Esser, K., and Kües, U. (1983): *Process Biochem.* (Dec), 21.
Fiechter, A., Fuhrmann, G. F., and Käppeli, O. (1981): *Adv. in Microbiol. Physiol.* **22**, 123–177.
Finn, R. K. (1954): *Bacteriol. Rev.* **18**, 254.
Finn, R. K. (1969): *Process Biochem.* **4**, (Nov.), p. 17.
Finn, R. K., and Fiechter, A., (1979): in: Bull, A. T., Ellwood, D. C., and Ratledge, C. (eds.): *Microbial Technology: Current State and future prospects.* Cambridge Univ. Press, Cambridge, pp. 83–105.
Flaschel, E., Wandrey, Ch., and Kula, M. R. (1983): *Adv. Biochem. Eng.* **26**, 73–142.
Fleischaker, R. J., Weaver, J. C., and Sinskey, A. J. (1981): *Adv. in Appl. Microbiol.* **27**, 137–167.
Flickinger, M. C., and Perlman, D. (1977): *Appl. Environm. Microbiol.* **33**, 706–712.
Freedman, D. (1969): *Process Biochem.* **4** (Nov.), 35–40.
Fritsche, W. (1978): *Biochemische Grundlagen der industriellen Mikrobiologie.* VEB Gustav Fischer Verlag, Jena.
Gaden, E. L. (1959): *J. Biochem. Microbiol. Tech. Eng.* **1**, 413.
Gerstenberg, H., Sittig, W., and Zepf, K. (1980): *Ger. Chem. Eng.* **3**, 313.
Girard, H. C., Sütcü, M., Erdem, H., and Gürhan, I. (1980): *Biotechnol. Bioeng.* **22**, 177–193.
Gnieser, J. (1977): *Arbeitstagung in Aufarbeitung der Biotechnologie,* ETH Zürich, 6. Mai.
Gramlich, H., and Lamadé, S. (1973): *Chem.-Ing.-Techn.* **45**, 116.
Greiner, B. (1974): *Chem.-Ing.-Techn.* **46**, 680–684.
Grünke, U. (1980): *Messen, Steuern, Regeln,* **23**, 497–501.
Hackl, A. E., Kindermann, P. E., und Orlicek, A. F. (1964): *Filtration,* Dechema Erfahrungsaustausch, Frankfurt.
Hampel, W. A. (1979): *Adv. Biochem. Eng.* **13**, 1–33.
Hansford, G. S., and Humphrey, A. E. (1966): *Biotechnol. Bioeng.* **8**, 85.
Harrison, D. E. F. (1976): *Adv. Microbiol. Physiol.* **14**, 243–343.
Hatch, R. T. (1982): *Ann. Rep. on Ferment. Proc.* **5**, 291.
Hepner and Associates Ltd. (1978): Persönliche Mitteilung.
Hofer, H., und Mersmann, A. (1980): *Chem.-Ing.-Techn.* **52**, 362–363.
Hsu, H. E., Bacher, S. and Rosas, B. C. (1980): *ACS Symp. Ser.* **124**, 457–467.
Jacob, H. E. (1971): *Z. Allg. Mikrobiol.* **11**, 691–734.
Janson, J.-C., and Hedman, P. (1982): *Adv. Biochem. Eng.* **25**, 43–100.
Jürgens, H.-H., and Knetsch, D. (1977): *Chem. Techn.* (Heidelberg), **6** (2), 273–276.
Just, F., Schnabel, W., and Ullmann, S. (1951): *Brauerei Wiss. Beil.* **4**, 57–60.
Käppel, M. (1973), *Chem.-Ing.-Techn.* **45**, 835.
Katinger, H., Wibbelt, F., and Scherfler, H. (1981): *Verfahrenstechnik* **15** (3), 179–182.
Katinger, H. W. D., and Scheirer, W. (1982): *Acta Biotechnol.* **2**, 3–41.

Kaufmann, K. D. und Pilhofer, T. (1980): *Chem.-Ing.-Techn.* **52**, 248–249.
Kell, D. B. (1980): *Proc. Biochem. Jan.*, pp. 18–29.
Kelly, D. P., Norris, P. R., and Brierley, C. L. (1979): in: Bull, A. T., Ellwood, D. C., and Ratledge, C. (eds.): *Microbial Technology: Current state and future prospects*. Cambridge Univ. Press, Cambridge.
Kent, C., Rosevear, A., and Thomson, A. R. (1978): in: Wiseman, A. (ed.) *Topics in Enzyme and Fermentation Biotechnology*. John Wiley and Sons, Chichester, Sussex, England, pp. 12–119.
Kjaergaard, L. (1977): *Adv. Biochem. Eng.* **7**, 131–150.
Klein, W. (1981): *VT Verfahrenstechnik* **15**, 490–492.
Klibanov, A. M. (1983): *Science* **219**, 722.
Kobayashi, T., van Dedem, G., and Moo-Young, M. (1973): *Biotechnol. Bioeng.* **15**, 27.
Kramer, H., Baars, G. M., and Knoll, W. H. (1955): *Chem. Eng. Sci.* **2**, 35.
Kubota, H., Hosono, Y., and Fujie, K. (1978): *J. of Chem. Eng. of Japan* **11**, 319–325.
Küenzi, M. T. (1978): *FEMS Symp.* **5**, 39–56.
Kuhn, H.-J. (1979): Dissertation ETH Nr. 6435.
Läderach, H. (1979): Dissertation ETH Nr. 6410.
Layné, E. (1957): in: Colowick, S. P., and Kaplan, N. O. (eds.): *Methods in Enzymology*. Acad. Press., New York, p. 447.
Lee, Y. H. (1981): *Biotechnol. Bioeng.* **23**, 1903–1906.
Lehninger, A. L. (1970): *Bioenergetik*. G. Thieme-Verlag, Stuttgart.
Levenspiel, O., (1980): *Biotechnol. Bioeng.* **22**, 1671.
Lowry, H. O., Rosenbrough, N. J., Farr, A. C., and Randall, R. J. (1951): *J. Biol. Chem.* **193**, 265.
Luedeking, R., and Piret, E. L. (1959): *J. Biochem. Technol. Eng.* **1**, 393.
Luong, J. H. T., and Volesky, B. (1982): *Europ. J. Appl. Microbiol. Biotechnol.* **16** (1) 28–34.
Maiorella, B., Wilke, C. R. and Blanch, H. W. (1981): *Adv. Biochem. Eng.* **20**, 43–92.
Mandelstam, J., McQuillen, K., and Dawes, I. (1982): *Biochemistry of Bacterial Growth*. Third Ed., Blackwell Scientific Publ., Oxford.
Märkl, H., (1983): Persönliche Mitteilung.
Mathys, P., und Samhaber, W. (1983): *Chem.-Ing.-Techn.* **55** (5), 404.
Matz, G. (1969): *Kristallisation*. 2. Aufl., Springer-Verlag, Berlin.
Mersmann, A. (1983): Persönliche Mitteilung.
Messing, R. A. (1975): *Immobilized Enzymes for Industrial Reactors*. Acad. Press, New York.
Metz, B., Kossen, W. F., and van Suijdam, J. C. (1979): *Adv. Biochem. Eng.* **11**, 103.
Metzger, I. (1968): *Environ. Sci. Technol.* **2**, 784.
Metzner, A. B., and Taylor, J. S. (1960): *Amer. I. Chem. Eng. J.* **6**, 109.
Michaelis, S., and Beckwith, J. (1982): *Ann. Rev. Microbiol.* **36**, 435–465.
Michaels, A. S. (1980): *Desalination* **35**, 329–351.
Michel, B. J., and Miller, S. A. (1962): *Amer. I. Chem. Eng. J.* **8**, 262–266.
Moo-Young, M., and Blanch, H. W. (1981): *Adv. Biochem. Eng.* **19**, 1–70.
Moser, A. (1981): *Bioprozeßtechnik*. Springer-Verlag, Wien.
Moser, A. (1982): *Biotechnol. Letters* **4**, 73–78.
Murkes, J. (1983): *Filtration and Separation*, January, Febr., 21.
Nyvlt, J. (1971): *Industrial Crystallisation from Solutions*. Butterworths, London.
Oldshue, J. (1969): *Process Biochem.* **4**, Nov., p. 57.
Oyama, Y., and Endoh, K. (1955): *Chem. Eng. (Japan)*, **19**, 2–11.
Papoutsakis, E., Lim, H. C., and Tsao, G. T. (1978): *Amer. I. Chem. Eng. J.* **24** (3), 406–417.
Pfeifer, V. F., and Vojnovich, C. (1952): *Ind. Eng. Chem.* **44**, 1940–1946.
Phillips, D. H., and Johnson, M. J. (1961): *J. Biochem. Microbiol. Technol. Eng.* **3**, 261.
Pirt, S. J. (1975): *Principles of Microbe and Cell Growth*. Blackwell Scientific Publ., Oxford.
Powell, E. O. (1963): *J. sci. Food Agric* **1**.
Präve, P., Faust, U., Sittig, W., and Sukatsch, D. A. (1982): *Handbuch der Biotechnologie*. Akad. Verlagsgemeinschaft, Wiesbaden.
Prinzing, P., and Hübner, W. (1971): *Chem.-Ing.-Techn.* **43**, 519.

Prochazka, G. J., Payne, W. J., and Mayberry, W. R. (1973): *Biotechnol. Bioeng.* **15,** 1007–1010.
Puhar, E., Guerra, L. H., Lorencez, I., and Fiechter, A. (1980): *Europ. J. Appl. Microbiol. Biotechnol.* **9,** 227.
Puhar, E., Einsele, A., Bühler, H., and Ingold, W. (1980a): *Biotechnol. Bioeng.* **22.** 2411–2416.
Pusch, W., and Walch, A. (1982): *Angew. Chem.* **94,** 670–695.
Rabotnowa, I. L. (1963): *Die Bedeutung physikalisch-chemischer Faktoren für die Lebenstätigkeit von Mikroorganismen.* VEB Gustav Fischer Verlag, Jena.
Rehm, H.-J. (1977): Dechema Monographien **81,** Verlag Chemie Weinheim, pp. 145–156.
Redeker, D., und Steiner, K. H. (1982): *Chem.-Ing.-Techn.* **54** (12), 1169–1176.
Rehm, H.-J. (1980): *Industrielle Mikrobiologie.* 2. Aufl., Springer-Verlag Berlin.
Rehm, H.-J., and Reiff, I. (1981): *Adv. Biochem. Eng.* **19,** 175.
Reuss, M., Bajpai, R. K., and Berke, W. (1982): *J. Chem. Technol. Biotechnol.* **32,** 81–91.
Richards, J. W. (1965): *British Chem. Eng.* **10,** 166–169.
Roseman, S., Meadow, N. D., and Kukruzinska, M. A. (1982): *Meth. in Enzymol.* **90,** 417–421.
Rubin, A. J. (1968): *Biotechnol. Bioeng.* **10,** 89–98.
Ruhm, K., and Kuhn, H.-J. (1980): *Biotechnol. Bioeng.* **22,** 655–659.
Rushton, J. H., Costich, E. W., and Everett, H. J. (1950): *Chem. Eng. Progress* **46,** 467–476.
Russell, T. W. F., Dunn, I. J., and Blanch, H. W. (1974): *Biotechnol. Bioeng.* **16,** 1261–1272.
Sadoff, H. L., Halvorson, H. O., and Finn, R. K. (1956): *Appl. Microbiol.* **4,** 164–170.
Samhaber, W. (1981): *Chem.-Ing.-Techn.* **53** (1), 53.
Samhaber, W. (1983): *Swiss Biotech* **1** (3), 21.
Samhaber, W. (1984): *Swiss Biotech* **2** (5), 37.
Sandford, P. A., and Laskin, A. (1977): in ACS Symposium Series Nr. **45,** American Chem. Soc., Washington.
Seipenbusch, R., Birckenstaedt, J. W., and Grosse, A. (1977): *Aufarbeitungstagung in der Biotechnologie,* ETH Zürich, 6. Mai.
Sharma, B., Bailey, L. F., and Messing, R. A. (1982): *Angew. Chemie* **94,** 836–852.
Shu, P. (1961): *J. Biochem. Microbiol. Technol. Eng.* **3,** 95.
Siebert, D., und Hustede, H. (1982): *Chem.-Ing.-Techn.* **54,** 659–669.
Sigurdson, S. P., and Robinson, C.W. (1977): *Dev. in Ind. Microbiol.* **18,** 529–545.
Sittig, W., und Zepf, K. (1977): *Chem. Rundschau* 30 (42), 1–7.
Sobotka, M., Prokop, A., Dunn, I. J., and Einsele, A. (1982): *Ann. Rep. Ferm. Proc.* **5,** 127–210.
Sonnleitner, B., Cometta, S., and Fiechter, A. (1982): *Biotechnol. Bioeng.* **24,** 2597–2599.
Steel, R., and Maxon, K. (1962): *Biotechnol. Bioeng.* **4,** 231.
Spano, E. A. (1975): in: Tannenbaum, S. R., and Wang, D. I. C. (eds.): *Single cell protein II.* M.I.T. Press, Cambridge MA.
Suzuki, S., and Karube, I. (1979): *Ann. New York Acad. Sciences* **326,** 255.
Swallow, B. R., (1979): M. S. Thesis, Cornell University, Ithaca, NY.
Schlegel, H. G. (1976): *Allgemeine Mikrobiologie.* 4. Aufl., G. Thieme Verlag, Stuttgart.
Schügerl, K. (1980): *Chem.-Ing.-Techn.* **52,** 951–965.
Schügerl, K. (1981): *Adv. Biochem. Eng.* **19,** 72–173.
Schumpe, A., und Deckwer, W. D. (1980): *Chem.-Ing.-Techn.* **52,** 468–469.
Schwedt, G. (1981): *Fluorimetrische Analyse.* Verlag Chemie, Weinheim.
Stanier, R. Y., Doudoroff, M., and Adelberg, E. A. (1973): *General Microbiology.* Third ed., Macmillan, London.
Stickland, L. H. (1951): *J. gen. Microbiol.* **5,** 698.
Strathmann, J. (1982): *Chemie-Technik* 11 (7), 813–819.
Taguchi, H. (1971): *Adv. Biochem. Eng.* **1,** 1–30.
Thauer, R. K., Jungermann, K., and Decker, K. (1970): *Bacteriol. Rev.* **41,** 100–180.
Theiler, U., und Paschedag, Th. (1979): *Seifen-Öle-Fette-Wachse* 9.
Thomas, D., and Gellf, G. (1982): *J. Chem. Technol. Biotechnol.* **32,** 14–17.
Topiwala, H. H., and Hamer, G. (1971): *Biotechnol. Bioeng.* **13,** 919.
Toplin, I., and Gaden, E. L. (1961): *J. Biochem. Microbiol. Technol. Eng.* **3,** 311.

Turkova, J. (1978): *Affinity Chromatography*. J. Chromatogr. Library **12**. Elsevier Sc. Publ. Comp., Amsterdam.
Tobler, A. (1979): *Escher Wyss Mitteilungen* 2/1978 – 1/1979, 21 – 23.
Uddrich, W. (1967): *Chem.-Anlagen-Verfahren,* Okt., S. 35 – 39.
Van de Vusse, J. G. (1955): *Chem. Eng. Sci.,* **4**, 178.
Veres, A., Nyeste, L., Kurucz, I., Kirchknopf, L., Szigeti, L., and Hollo, J. (1981): *Biotechnol. Bioeng.* **23**, 391 – 404.
Wang, D. I. C., and Fewkes, R. C. (1977): *Dev. in Ind. Microbiol.* **18**, 39.
Wang, D. I. C., Cooney, C. L., Demain, A. L., Dunnill, P., Humphrey, A. E., and Lilly, M. D. (1979): *Fermentation and Enzyme Technology*. John Wiley and Sons, New York.
Weaver, J. C., Mason, M. K., Jarrell, J. A., and Peterson, J. W., (1976): *Biochim. Biophys. Acta* **438**, 296.
Weaver, J. C., Perley, C. R., Reames, F. M., and Cooney, C. L. (1980): *Biotechnol. Letters* **2**, 133.
Weisz, P. B. (1973): *Science* **179**, 433.
Wilson, D. B. (1978): *Ann. Rev. Biochem.* **47**, 933 – 965.
Yagi, H., and Yoshida, F. (1977): *Biotechnol. Bioeng.* **19**, 801.
Young, T. B. (1979): *Ann. New York Acad. Sciences* **326**, 165 – 180.
Yousefpour, P., and Williams, D. (1981): *Biotechnol. Letters* 3 (9), 519 – 524.
Yoshida, F. (1982): *Ann. Rev. Ferment. Processes* **5**, 1 – 34.
Zabriskie, D. W., and Humphrey, A. E. (1978): *Biotechnol. Bioeng.* **20**, 1295.
Zabriskie, D. W. (1979): *Ann. New York Acad. Sciences* **326**, 223.
Ziegler, H., Meister, D., Dunn, I. J., Blanch, H. W., and Russell, T. W. F. (1977): *Biotechnol. Bioeng.* **19**, 507 – 525.
Zlokarnik, M. (1967): *Chem.-Ing.-Techn.* **39**, 539.
Zlokarnik, M. (1973): *Chem.-Ing.-Techn.* **45**, 689 – 692.
Zlokarnik, M. (1978): *Adv. Biochem. Eng.* **8**, 133.
Zlokarnik, M. (1979): *Adv. Biochem. Eng.* **11**, 157 – 180.

Register

Abluftmessung 88
Absorptionsmessung 46
Absorptionswirtschaftlichkeit 115, 129
Absterbegeschwindigkeit 93
Absterbephase 49, 54
Abtrennung 26
Abwasserreinigung 105, 115, 132
Adaptationsphase 48f.
Adenosinphosphat 4, 8
Adsorption 144
aerob 5f.
Affinitätschromatographie 233f.
Ähnlichkeitstheorie 133
Aktivierungsenergie 5, 99
Alginat 143f.
Alkane 4, 22, 61
Alkohol 4, 25
anaerob 5, 6
Antibiotika 30
Antischaummittel 79, 114, 159
Ansprechzeit 165, 183
Aspergillus 89
Aufarbeitung 195 ff.
Ausbeutefaktor 9, 10, 56
Auswascheffekt 59
Autoklav 94
autotroph 3
Azotobacter 69, 86

Bakterien 2
Bakterienmasse 2, 45
Balgventil 121
Batch-Kultur 48
Baustoffwechsel 4
Belüften 105
Belüftungsrate 106
Bereichskonzept 121, 191
Betriebskosten 123

Bezugselektrode 161, 163
Bilanzgebiet 75
Bilanzierung 178 f.
Biobergbau 34
Biofilm 85
Biogas 27
Biomasse 2, 17, 132
Biomassebestimmung 48
Biomassebilanz 56, 178
Bioprozeßkinetik 37 ff.
Bioreaktor 105 ff., 119, 124 ff.
Bioreaktorgrößen 132 ff.
Biosynthese 25
Blasensäule 126, 128, 150
Brechungsindex 46
Butanol-Aceton-Gärung 26

Candida 19, 23
Carrier-Molekül 12
Cell recycling 62
Cellulose 4, 20
chargenweise Kultur s. auch Batch-Kultur 48 ff.
chemische Arbeit 7
chemische Energie 8
chemolithoautotroph 34
Chemostat-System 55, 58
Chemostat-Technik 185
chemosynthetisch 3
Chromatographie 228 ff.
Coenzym 142
Cofaktor 49
Coulter counter 44
Cytoplasma 11

Dehnungsmeßstreifen 156
Dekanter 214 f.
Denaturierungsgeschwindigkeit 99
Destraktion 234

Dextran 29
Dialyse 187, 224
Diaphragma 162
Diffusion 11, 72, 80
–, erleichterte 11 f.
–, passive 11 f.
–, -skoeffizient 73, 80
Direktdampfinjektion 100
Dispersion 23
Drehzahl 157
Druck 155 f.
Durchflußgeschwindigkeit 55
Durchmischen 105 ff.
dynamische Methode 75

Effektivitätsfaktor 87
Einengungsfaktor 220 f.
Einzellerprotein 17
elektrochemische Sauerstoffversorgung 118
Elementaranalyse 40
Elution 230
endotherm 6
Endprodukthemmung 15
Energetik 6
Energie 99
–, -dissipation 99
–, -eintrag 123
–, freie (Gibbssche) 7, 12
–, -reservestoffe 65
–, -stoffwechsel 4
–, -quelle 2 f., 5, 59, 65
Enthalpie 7
Entkeimung 91
Entropie 6 f.
Enzym
–, -elektroden 171 f.
–, immobilisiertes 34
–, -induktion 14, 49
–, -kinetik 12 ff.
–, -reaktoren 142 f.
–, -thermistor 172
Erhaltungsstoffwechsel 42
Erzlaugung 34
Escherichia coli 42 f., 53, 90
Ethanol 26
Ethylenoxid 101
Eukaryonten 2
exotherm 6
exponentielle Phase 48, 50
Extraktion 217 f.

Fällung 199, 228 f.
Fermenter s. auch Bioreaktor 119
Festbettreaktor 145

Fest/flüssig-Trennung 200 ff.
Filtereffizienz 102
Filtration 201 ff.
–, Crossflow- 204 f., 211 f.
–, Dia- 224 f.
–, dynamische 204 f.
–, Kuchen- 201 f.
–, Platten- 203
–, Sieb- 204
–, Ultra- 219 f.
–, Vakuum- 201
fixiertes Biomaterial 34
Fixierung von Enzymen 142
Fließgleichgewicht 56, 58
Fließverhalten 81 f.
–, Newtonsches 82
–, nicht-Newtonsches 82
–, plastisches 82
–, pseudoplastisches 82
Flockung 213 f.
Flotation 212 f.
–, Elektro- 213

Gammastrahlen 92, 158
Gas
–, -analyse 183 f.
–, -chromatographie 169, 184
–, -durchfluß 185
–, -flußmenge 106
–, -/Flüssigkeits-Grenzphase 72
–, -Holdup 79, 85, 106, 116
–, -leerrohrgeschwindigkeit 106
–, -öl 22
–, -rückhaltevermögen (s. Gas-Holdup)
–, -stoffwechsel 10
Gateway-Sensor 152 f., 174
Gefälle, „treibendes" 12
Gefriertrocknung 199, 236
Genetik 13 f.
Gesamtkeimzahl 44
geschlossenes System 48
Gewebezelle 86
Gewichtsmessung 186
Glaswollefilter 102
Gluconsäure 89
Glucose 4

Hemicellulose 20
Hemmung 14
Henry-Konstante 71
heterotroph 3
Hohlfaserreaktor 145, 147
Holzzuckerhydrolysat 18
homogenes System 55

homogenisieren 110
Homoserin 29
Hybridomzelle 33
Hydrazin-Methode 77
Hydrolyse, enzymatische 21
Hydroxyethylcellulose 85

Idiophase 30
Immobilisierung ganzer Zellen 142
Impfgut 49
Impfstoff 33
Industrieabwasser 35
Inhibition 14
inhomogene Zone 61
Insulin 33
Interferon 33
Intermediärstoffwechsel 4
Ionenaustauschchromatographie 233
ionensensitive Elektrode 170 f.
Isolierung 215 f.
isotherm 7

Ketone 25
Kjeldahl-Methode 45
$K_L a$-Wert 73 f., 77, 84, 114, 137
   s. auch Stoffübergangskoeffizient
$K_L a$-Wert-Messung 166, 177
Kohlendioxid 120
–, -abgabe 47
–, -bedürfnis 39
–, -bilanz 180
–, -löslichkeit 88
–, -messung 168
Kohlenstoffbilanz 181 f.
Kohlenstoffquelle 2, 5, 18, 51
Kohlenwasserstoffe 22
Kontamination 91
kontinuierliche Kultur 55
–, Abweichungen von der Theorie 60
–, Bilanz 178 f.
–, einstufige Systeme 62
–, mehrstufige Systeme 63
Konzentrationsgradient 73
Konzentrierung 234 f.

Laboranlage 130
lag-Phase 48
Leaching 86
Lebendkeimzahl 44
Leistungsaufnahme 108, 110, 136
–, Messung 156
–, spezifische 139
Leistungskennzahl 108
Leitfähigkeits-Meßsonde 158

Leuconostoc mesenteroides 29
Lignin 20
limitierendes Substrat 53
lithotroph 3
Löslichkeitskoeffizient 164
Luedeking-Modell 167
Luftblase 84
Lymphokine 33
Lysin 28

Maisquellwasser 32, 38
Massenspektrometer 169 f., 185
Maßstabübertragung 130 ff.
   s. auch Scaling-up
Matrix 143
mechanische Vorbehandlung 20
Medium s. Nährlösung
mehrstufiges System 63
Melasse 18
Membran
–, -filter 102
–, -modul 209 f., 221
–, -reaktor 142, 145 f.
–, -trennanlage 220 f., 224 f.
–, -vesikel 13
mesophil 42
Meßfühler (Meßsonde) 151
Meßgrößen 152
–, direkte 154 ff.
–, indirekte 174 ff.
Meßort 153
Meßverfahren 152
Metabolismus 3
Metallkomplex 35
Methan 24 f., 27
Methanol 24

Nährlösung (Medium) 37
–, Hitze- und Sterilfiltration 41
–, für tierische Zellen 148
–, komplexe 37 f.
–, Stabilität von 41
–, synthetische 37 f.
Nährstoffe 37
Naßgewicht 45
Nephelometrie 46
Newtonsches System 72
nicht-Newtonsches System 81, 116
Nucleotid 28 f.

oberflächenaktive Substanz 79
Oberflächenfilter 101
Optimierung 193 f.
optische Dichte 46, 57, 160 f.

Register 245

organotroph 3
osmotische Verhältnisse 39
Oxidation 8

Paraffine 22
Pellet 28, 80, 86
Penicillin
–, Aufarbeitung 218
–, Bestimmung 171
–, Produktion 32, 68, 135
Peptide 32
Peripheriesystem 121 f.
Pfropfströmungssystem 55
pH-Wert-Messung 161 f., 174 f.
pH-Wert-Regler 162
Phase, wasserunlösliche 23
Phenoxyessigsäure 32
Phenylalanin 32
Phosphat 40
–, anorganisches 8
–, -bindung 9
Phosphotransferasesystem (PTS) 13
phototroph 3
Pilotanlage 130, 132
Polyacrylamid 85, 143
Polysaccharide 29

Quellung 20

Reaktionswärme, mikrobielle 10
Reaktor
–, mit fixiertem Biomaterial 142
–, systeme 118 f.
Redoxpotential 162
Regelkreis 151
Regler 151
Regulation 13
Reinigung 222 f.
Rekombinationstechnik 16, 33
Reservestoff 40
Reynoldsche Zahl 107 f., 136, 139
Rollerflasche 149
Rotameter 185, 187
Rotationsviskosimeter 83, 159
ruhende Kultur 44
Rückhaltevermögen 221
Rührerleistung 156
    s. auch Leistungsaufnahme
Rührerspitzengeschwindigkeit 108, 136, 141, 156 f.
Rührsysteme 124

Salzkonzentration 77
Sättigungskonstante 53

Sättigungsniveau 12
Sauerstoff
–, -aktivität 163
–, -aufnahme 70, 90
–, -bilanz 179
–, -eintrag 133 ff.
–, -elektrode 164
–, gelöst 163
–, -löslichkeit 70
–, -messung 163
–, -partialdruck 71, 163
–, -regelung 167
–, -transportkoeffizient 74
Säuren 25, 27
–, Amino- 28
Scaling-down 130
Scaling-up 130
Schaum 158
–, -messung 158
–, -separator 159
Scheibenrührer 109
Schergeschwindigkeit 81
Scherkraft 112, 127, 141
Schubspannung 81
Schüttelkolben 114, 131
Schwefelquelle 40
Screening 32
Sedimentation 63, 213 f.
Sekundärmetabolit 25, 30, 64, 66, 132
semilogarithmische Darstellung 52
Sensor
    s. auch Sonde
–, für chemische Meßgrößen 161 f.
–, mit fixierten Enzymen 171 f.
–, mit fixierten ganzen Zellen 173 f.
Separator 63
Serum 38, 148
Shift-Technik 62
Silicagel 143
Spezialreaktoren 142 ff.
Spurenelemente 37, 40
Starterkultur 18
stationäre Phase 48, 54
statische Kultur 48
Steady-state-Methode 74
Stellglied 151
sterile Prozeßführung 120
Sterilfilter 121
Sterilisation 91
–, Abtötungskinetik 92
–, Berechnungsgrundlagen 96
–, chargenweise 94
–, durch chemische Substanzen 101
–, durch Filtration 92

–, flüssiger Medien 94
–, kontinuierliche 98, 100
–, mit Dampf 94, 98
–, mit Membranfilter 101
–, von Gasen 102
Sterilitätskriterium 94
Steroide 33
Stickstoffquelle 39, 65
Stofftransport 69
–, -geschwindigkeit 72
Stoffübergangskoeffizient $K_L a$ 84
Stoffwechsel 3
–, -produkte 25, 65
Streulichtmessung 47
Strombrecher (Schikanen) 109
Strömungsbild 109
Strömungsleitrohr 127
Substrat
–, -bilanz 179
–, -hemmung 14
–, -konzentration 53
–, -spezifität 5
–, -transport 87
–, -vorbereitung 20
Sulfitablauge 18
Sulfitmethode 76
Sulfitsystem 114
Systemanalyse 189f.

Temperatur
–, -messung 154f.
–, -optimum 42
–, -regelung 151, 155
–, -Zeit-Diagramm 94
Thermodynamik 7
Thermometer 154
thermophil 42
Tiefenfilter 102f.
Torus 124
toxische Produkte 53f.
Trägermaterial 143
Transport 10
–, aktiver 11, 13
–, -arbeit 7
–, -klassen 13
–, membrangebundener 13
–, -phänomene, biologische 11
–, -widerstände 80
treibendes Gefälle 72
Trennoperationen 196f.
Trichoderma 21
Trockenmasse 45
Trocknung 235f.
Trombe 109

Trommelzellenfilter 204
Tropophase 30
Trübungsmessung 46, 160f.
Tubing method 166, 169
Turbidostat 56
Turbulenz 107

Überdruck 78
Übergangsphase 48, 53
Ultrafiltration 146, 204f.
Urangewinnung 35

Verbrennung 8
    s. auch Oxidation
Verbrennungswärme 9
Verdoppelungszeit 51
Verdünnungsrate 53, 58
Verdünnungsreihe 44
Verfahrensschema 19, 21
Verteilen 110
Vibromischer 150
Viskosimeter 159
Viskosität 82, 159
Vitamine 29, 37, 49, 135
Volumenregelung 185
Vorkultur 50
Vortex 109

Wachstum 37ff.
–, -sgeschwindigkeit, spezifische 41, 50
–, -skurve 48, 52, 175
–, -ssysteme 66
Wandwachstum 61, 124
Wärme
–, -ausbeutefaktor 10
–, -bilanz 182
–, -inhalt (Enthalpie) 7
–, -menge 7, 9
–, -tauscher 100
Waschvorgang 203
Wasserstoff 26
–, -donator 2
Wattmeter 156
Wirbelschichtreaktor 145
Wirkungsspezifität 5
Wirtschaftlichkeit 129

Xanthan 29, 83, 116
Xanthomonas campestris 29
x-D-Diagramm 59

Zählkammer 44
Zelle 2
–, Aufschluß 199, 215 ff.
–, Dichte 119, 161
–, fixierte 34
–, Größenordnung 2 f. 119, 200
–, morphologische Unterschiede 3
–, Pflanzen- 10, 86, 112, 118
–, Säugetier- 10, 86, 112, 118, 132, 147
–, Volumen 2

Zell
–, -aggregate 81, 85
–, -konzentration 46
–, -kultur 147
–, -masse 45
–, -rasen 149
–, -rückführung 63
–, -zahl 44, 160
Zentralrohr 127
Zentrifugation 213 f.
–, Ultra- 214